清华社"视频大讲堂"大系

CAD/CAM/CAE技术视频大讲堂

AutoCAD

2019中文版

完全自学手册（标准版）

钟日铭◎编著

清华大学出版社

北京

内 容 简 介

本书介绍了 AutoCAD 最基础、最实用的软件功能，并辅以范例引导读者通过自学迈向精通行列。本书精心设计了创新的知识框架结构，突出具备"常用命令速查手册"和"范例实训教程"两大特点，能够帮助读者快速掌握 AutoCAD 的主流设计功能，并能帮助解决读者在工作和学习中遇到的一些常见问题。本书虽然以最新的 AutoCAD 2019 版本来撰写，但力争做到本书同样适合使用 AutoCAD 以往版本的读者参考使用，即 AutoCAD 软件版本不应成为限制选择本书的一个局限因素。

本书适合从零开始学习 AutoCAD 软件的工科学生阅读使用，也适合需要提高绘图技能的绘图员和设计工程师参考使用，还可以作为相关培训机构或高等院校相关专业的教材参考用书。

本书封面贴有清华大学出版社防伪标签，无标签者不得销售。

版权所有，侵权必究。侵权举报电话：010-62782989 13701121933

图书在版编目（CIP）数据

AutoCAD 2019 中文版完全自学手册：标准版/钟日铭编著. —北京：清华大学出版社，2019（2019.9 重印）
（清华社"视频大讲堂"大系 CAD/CAM/CAE 技术视频大讲堂）
ISBN 978-7-302-52664-3

Ⅰ. ①A… Ⅱ. ①钟… Ⅲ. ①AutoCAD 软件-手册 Ⅳ. ①TP391.72

中国版本图书馆 CIP 数据核字（2019）第 053592 号

责任编辑：贾小红
封面设计：杜广芳
版式设计：魏 远
责任校对：马子杰
责任印制：宋 林

出版发行：清华大学出版社
   网   址：http://www.tup.com.cn, http://www.wqbook.com
   地   址：北京清华大学学研大厦 A 座   邮 编：100084
   社 总 机：010-62770175   邮 购：010-62786544
   投稿与读者服务：010-62776969, c-service@tup.tsinghua.edu.cn
   质 量 反 馈：010-62772015, zhiliang@tup.tsinghua.edu.cn
印 装 者：清华大学印刷厂
经 销：全国新华书店
开 本：203mm×260mm   印 张：20.75   字 数：544 千字
版 次：2019 年 4 月第 1 版   印 次：2019 年 9 月第 2 次印刷
定 价：69.80 元

产品编号：079845-01

前　言

　　AutoCAD 是应用最为广泛的计算机辅助设计软件之一，在设计业界具有很高的声誉，其系列版本广泛应用在机械、建筑、电气、广告、模具、航天航空、造船、汽车、装饰、家具和化工等领域。很多行业都要求工程技术人员能够较为熟练地使用 AutoCAD，甚至要求其他一些岗位的人员也能使用 AutoCAD 来读取和传递设计信息。

　　为了不断适应工程技术领域的快速发展，AutoCAD 软件的版本更新速度较快，基本上每年更新一个版本。这便给需要学习 AutoCAD 的人们带来了一定的困惑，例如，该选择哪个版本进行学习，学会的功能会不会在新的版本中产生使用上的困难。针对这些困惑，笔者认真地和一些设计同行进行了探讨，提出了可以尝试制作一本不同于常规 AutoCAD 图书的新书，该书立足于新版本但并不聚焦于新版本，以当前新版本最基础、最实用的功能为核心研究对象，兼顾以往版本的功能特点，并兼顾工程应用的实际需求。这样全新定位的 AutoCAD 图书很自然地便具有了这样两个属性：第一个是作为当前版本和以往版本的命令查阅工具书；第二个便是作为针对工程应用的实践范例学习教程。这本全新的《AutoCAD 2019 中文版完全自学手册（标准版）》不但适合使用 AutoCAD 2019 版本的读者学习，也适合使用较低版本 AutoCAD（尤其适用于 AutoCAD 2017、AutoCAD 2018 两个版本）的读者学习使用。

　　另外，经常有读者问道："学习 AutoCAD 有什么捷径？"面对这个问题，笔者只能说捷径就是自己的用心程度，这是因为学习本是没有特定捷径的（同一种学习方法用在不同人的身上，效果也不尽相同，学习路径一般要遵循从易到难、从基础到深入、从练习到应用的原则），只有用心与否。用心的人往往会有较强的学习动力，自然便会找到适合自己的快速学习方法，学习自然就会事半功倍，用心的人会经常思考和总结，在学习 AutoCAD 的过程中不断提高自己的领悟能力，并多练习，多实践，这样在不经意之间便触碰到成功了。对于一些领悟能力差或基础较差的初学者而言，首先要对自己有信心，根据自己实际情况制定好学习目标，一步一个脚印，充分发挥"笨鸟先飞"的精神，勤能补拙。

　　为了让读者更好地使用本书，有效吸收并消化本书提及的知识内容，需要读者了解以下关于本书的描述约定。

　　（1）本书按大的功能用途类别来编排 AutoCAD 功能命令，便于读者根据功能用途类别进行查询和检索。

　　（2）本书文中的截图主要来自 AutoCAD 2019 版本，但基本不会影响使用较低版本学习的读者对内容的理解。

　　（3）凡是本书中出现的命令名（命令行输入部分除外）和命令别名均使用大写字母。

　　（4）对于命令行内容的注释，放在命令行内容的右侧，并且在注释内容之前加"//"来标识。也就是在命令行操作描述中，"//"后面的一行文字便是对"//"之前一行命令行操作的注释。另外，本书在介绍命令行操作步骤时，"↙"表示按 Enter 键的动作，例如在命令行输入命令或坐标数据，按 Enter 键以完成输入操作。

（5）为了使描述简洁，如果没有特殊说明，凡是属于二维制图的均采用"草图与注释"工作空间。

（6）本书主要分为两大部分：第一部分为命令速查手册，第二部分为实践综合范例教程。

（7）为了便于读者学习，强化学习效果，本书特意提供配套资源，请扫描封底二维码获取下载方式。资源中包含了本书所有的配套实例文件，以及一组超值的视频教学文件，可以帮助读者快速掌握 AutoCAD 2019 的操作和应用技巧。配套资源中的原始实例模型文件及部分的制作完成的参考文件均放置在 CH#（#为相应的章号）素材文件夹中；视频教学文件放在"操作视频"文件夹中。视频教学文件采用 MP4 格式，可以在大多数播放器中播放，如 Windows Media Player、暴风影音等。

一分耕耘，一分收获。书中如有疏漏之处，请广大读者不吝赐教。谢谢。

天道酬勤，熟能生巧，以此与读者共勉。

钟日铭

目　录

第1章　AutoCAD 绘图环境和基础操作

本 章 导 读

　　AutoCAD 是领先的计算机辅助设计软件，在机械、建筑、电气、广告、模具、航天航空、造船、汽车、装饰、家具和化工等领域有着广泛的应用。

　　本章以 AutoCAD 2019 为应用基础，深入浅出地讲解 AutoCAD 绘图环境与基础操作的一些内容，为后面深入学习 AutoCAD 绘图功能等打下扎实的基础。

1.1　AutoCAD 的工作空间

　　AutoCAD 2019 的工作界面主要由工作空间来确定。所谓的工作空间是由分组组织的菜单、工具栏、选项板和功能区控制面板组成的集合，使得用户可以在专门的、面向任务的绘图环境中工作。使用工作空间时，只会显示与任务相关的菜单、工具栏、选项板或功能区，所谓的功能区其实是带有特定于任务的控制面板的特殊选项板。

　　AutoCAD 2019 提供了 3 个工作空间，即"二维草图与注释""三维基础""三维建模"。以要创建三维模型为例，用户可以使用"三维建模"工作空间，使用该工作空间的 AutoCAD 仅提供与三维相关的功能区控制面板、工具栏、图形窗口、命令行窗口和状态栏等，三维建模不需要的界面项会被隐藏，可以使用户的工作屏幕区域最大化，或者令用户可以更专注于三维建模，如图 1-1 所示。另外，用户可以根据制图任务自定义合适的工作空间。

　　要切换当前的工作空间，则可以在快速访问工具栏的"工作空间"下拉列表框中选择所需的一个工作空间选项，如图 1-2（a）所示，也可以在位于图形窗口下方的状态栏中单击"切换工作空间"按钮 ✿ ▾ 并从弹出的一个工作空间列表栏中选择所需的工作空间，如图 1-2（b）所示。

　　如果要更改工作空间设置，那么在快速访问工具栏的"工作空间"下拉列表框中选择"工作空间设置"选项，弹出如图 1-3 所示的"工作空间设置"对话框，利用该对话框根据需要更改工作空间设置，包括控制要显示在"工作空间"下拉列表框中的工作空间名称（包括工作空间的顺序，以及是否在工作空间名称之间添加分隔符），设置切换工作空间时不保存工作空间修改或是自动保存工作空间修改等。

　　用户可以根据不同的工作任务定制不同的工作空间，以提高设计效率。修改当前工作空间后，从快速访问工具栏的"工作空间"下拉列表框中选择"将当前工作空间另存为"命令，弹出如图 1-4 所示的"保存工作空间"对话框，在"名称"文本框中输入新工作空间名称，单击"保存"按钮，将当前修改后的工作空间按设定名称保存，以后要使用此工作空间，那么可以从"工作空间"下拉列表框中选择它。

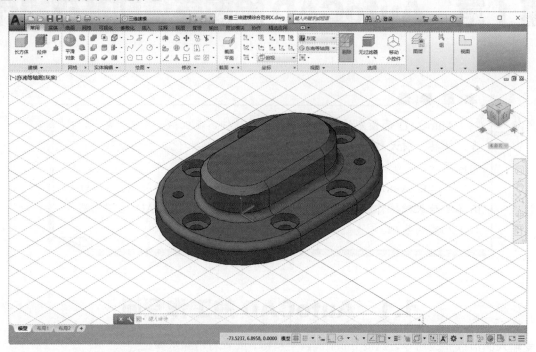

图 1-1 使用"三维建模"工作空间的 AutoCAD 工作界面

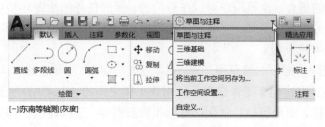 

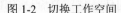

（a）通过快速访问工具栏　　　　　　　　　　（b）通过状态栏

图 1-2 切换工作空间

 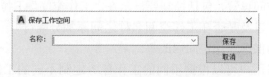

图 1-3 "工作空间设置"对话框　　　　图 1-4 "保存工作空间"对话框

1.2 命令调用方式

在 AutoCAD 中实现人机交互首先离不开调用命令。AutoCAD 调用命令的方式主要有以下 3 种。

☑ 通过键盘在命令窗口中输入命令或命令别名，命令别名是缩短的命令名称（它可以在命令提示下作为标准的完整命令名称的替代输入）。例如，要调用"多段线"命令，可以通过键盘在命令窗口的当前命令行中输入 PLINE 或 PL 并按 Enter 键确认。命令窗口是 AutoCAD 界面的核心部分，可显示提示、选项和消息，它通常位于应用程序窗口的底部区域、状态栏的上方。许多长期使用 AutoCAD 的用户喜欢直接在命令窗口中输入命令，而不使用功能区、工具栏和菜单。

☑ 在功能区或工具栏中单击工具按钮。例如，要调用"多段线"命令，则在"草图与注释"工作空间功能区的"默认"选项卡的"绘图"面板中单击"多段线"按钮⌐⌐。

☑ 使用菜单栏或右键快捷菜单调用命令。例如，要调用"直线"命令，在菜单栏中选择"绘图"→"直线"命令。

调用某些命令后，在命令窗口的命令行中会提供一些提示和选项。用户可以使用这些方法之一来响应其他任何提示和选项：要选择显示在尖括号中的默认选项或默认值，则按 Enter 键；要响应提示，则输入值或单击图形中的某个位置；要指定提示选项，则在命令行中输入在提示列表中大写的亮显字母并按 Enter 键，或者使用鼠标在命令行的提示列表中单击所需的提示选项；要接受输入的值或完成命令，则按 Enter 键或空格键，或者右击并从弹出的快捷菜单中选择"确认"命令，或者只是右击（取决于右击行为设置）。

请看以下一个绘制正六边形的操作范例。

```
命令：POLYGON✓              //通过键盘在命令窗口输入 POLYGON，按 Enter 键
输入侧面数 <6>:✓            //按 Enter 键接受显示在尖括号中的默认值
指定正多边形的中心点或 [边(E)]: 0,0,0✓        //输入坐标值响应提示
输入选项 [内接于圆(I)/外切于圆(C)] <I>: C✓
                           //输入 C 并按 Enter 键以选择"外切于圆(C)"提示选项
指定圆的半径: 25✓          //输入圆的半径为 25mm 以响应提示
```

1.3 重复命令与取消命令

在实际制图工作中，经常要进行重复命令与取消命令的操作。

1.3.1 重复使用最近使用的命令

要重复使用最近使用的命令，则可以执行以下常用操作之一。

☑ 在命令窗口的命令文本行左侧单击"最近使用的命令"按钮，接着从弹出的"最近

使用的命令"列表中选择要重复使用的命令。

☑ 在命令窗口的命令行中右击并从弹出的快捷菜单中展开"最近使用的命令"选项列表，从中选择最近使用的一个命令。

☑ 在图形窗口（绘图区域）中右击，然后从"最近的输入"列表中选择一个命令。

1.3.2　重复上一个命令

在绘图的过程中会经常连续重复地使用同一个命令，如果每一次使用时都单独调用会非常烦琐，AutoCAD 针对连续重复上一个命令的情形提供了以下常用方法。

☑ 完成一个命令后，按 Enter 键或空格键，可以重复使用上一个命令。

☑ 右击，接着在弹出的快捷菜单中选择"重复*"命令，可以重复调用上一个使用的命令。

☑ 在命令行中输入 MULTIPLE，按 Enter 键，接着输入要重复的命令名，可以在完成指定命令后继续重复该命令。

1.3.3　取消正在操作的命令

要取消正在操作的命令，按 ESC 键。

1.4　撤销（UNDO）与重做（REDO、MREDO）

撤销（UNDO）是指撤销上一个命令动作或撤销指定数据的以前的操作。但需要注意的是，UNDO 对一些命令和系统变量无效，包括用于打开、关闭或保存窗口（或图形）、显示信息、更改图形显示、重生成图形或以不同格式输出图形的命令及系统变量。在命令行中输入 UNDO 并按 Enter 键时，命令行将出现如图 1-5 所示的提示信息，此时可以通过输入要放弃的操作数目（初始默认时要放弃的操作数目为 1）来撤销指定数目的以前的操作。

图 1-5　执行 UNDO 命令时的提示信息

如果在快速访问工具栏中单击 UNDO 命令对应的"放弃"按钮　，则撤销上一个命令动作。

重做（REDO）用于恢复上一个用 UNDO 或 U 命令放弃的效果，对应的"重做"按钮　位于快速访问工具栏中。而 MREDO 命令用于恢复之前几个用 UNDO 或 U 命令放弃的效果。

1.5　选择对象的几种典型方法

在使用 AutoCAD 进行制图工作时，编辑图形通常离不开选择对象的操作。AutoCAD 提供多种选择对象的方法，用户应该根据实际情况和自身操作习惯选择最适合自己的选择方法。

很多时候，用户可以在执行编辑命令之前选择对象，此时选中的对象上会出现一些蓝色的小方框，即夹点，如图1-6所示，通过夹点可以快速编辑对象。用户也可以在执行编辑命令的过程中，在"选择对象"提示下选择对象，此时置于图形窗口中的指针变为一个空心小方框，该小方框被称为拾取框，将拾取框移动到对象上单击便可选中对象，选中对象高亮显示或以特定虚线显示，但不出现夹点，如图1-7所示，选择好对象后按Enter键结束选择操作。

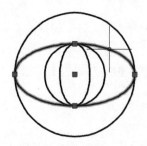
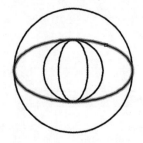

图 1-6　在调用命令之前选择对象　　　　　图 1-7　在调用命令之后选择对象

在 AutoCAD 中常用的选择对象的几种典型方法如下。

☑ 直接单击对象选择法：通过单击单个对象来选择它们。

☑ 窗口选择：从左到右移动光标指定两个角点形成矩形框，以选择完全封闭在矩形框中的所有对象。

☑ 窗交选择：从右到左拖曳光标指定两个角点形成矩形框，以选择由矩形框完全包围的以及与矩形框相交的所有对象，该选择方法也称相交选择。

☑ 栏选：在执行某些编辑命令时，在"选择对象"提示下输入 F 并按 Enter 键可以启用栏选功能，此时指定若干点创建经过要选择对象的选择栏，按 Enter 键即可完成选择。

☑ 套索选择方法：在 AutoCAD 2019 中还提供了一种操作极为灵活的套索选择方法，即在空白处按住鼠标左键并拖曳，能启用套索选择方式来选择对象，在使用套索过程中按空格键能在 3 种套索方式（即窗口套索、栏选套索和窗交套索）之间循环切换。按住鼠标左键拖出套索区域并通过按空格键切换至所需的套索方式时释放鼠标左键即可完成对象选择。使用套索选择方法基本上能满足绝大多数的对象选择要求，操作效率也高。

☑ 选择重叠或靠近的对象：确保在状态栏中选中"选择循环"按钮█以启用"选择循环"功能，将光标置于要选择的对象处将出现一个图标█，该图标表示有多个对象可供选择，此时单击对象则弹出"选择集"对话框以供用户查看可用对象的列表，如图1-8所示，然后在列表中单击以选择所需的对象。

☑ 使用 QSELECT 命令根据过滤条件创建选择集：在命令窗口的"键入命令"提示下输入 QSELECT 并按 Enter 键，或者在功能区的"默认"选项卡的"实用工具"面板中单击"快速选择"按钮█，弹出如图1-9所示的"快速选择"对话框，分别利用该对话框的"应用到"下拉列表框、"对象类型"下拉列表框、"特性"列表框、"运算符"下拉列表框、"值"下拉列表框和"如何应用"选项组来指定组合的选择过滤条件，以根据该过滤条件从整个图形创建选择集，或者将过滤条件应用于用户指定的对象集（需要单击位于"应用到"下拉列表框右侧的"选择对象"按钮█并选择对象集）。

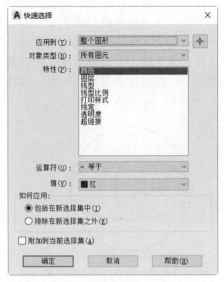

图 1-8　"选择集"对话框　　　　　　　图 1-9　"快速选择"对话框

1.6　AutoCAD 的坐标输入基础

　　图形中的所有对象均可由其世界坐标系（WCS）中的坐标精确定义，世界坐标系无法移动或旋转。而用户坐标系（UCS）则是可移动的坐标系，是一种常用于二维制图和三维建模的基本工具。对于 UCS 而言，在其中创建和修改对象的 XY 平面被称为工作平面，用户可以使用 UCS 命令来新建或更改用户坐标系以满足用户的设计需要。尤其在三维环境中创建或修改对象时，通常需要在三维空间中的任何位置移动和重新定向 UCS 以简化设计工作，实践证明，在很多设计场合下，巧用 UCS 可以有效提高设计效率。在默认情况下，用户坐标系（UCS）和世界坐标系（WCS）在新图形中最初是重合的。

　　AutoCAD 中较为常用的坐标系是笛卡儿坐标系和极坐标系，坐标的输入又分绝对坐标和相对坐标两种。绝对坐标是以当前 UCS 坐标原点（0,0,0）为基础所获得的坐标值，而相对坐标则是相对于上一个指定点为参照所获得的坐标值。在实际制图中，有时使用相对坐标是很实用的，因为设计者此时关心的是当前定义点与关键目标点之间的相对位置，而其绝对坐标并不重要或者其绝对坐标一时难以获得。

　　在命令提示输入点时，用户既可以使用定点设备（如鼠标）指定点，也可以通过键盘在命令窗口的命令文本行中输入坐标值，如果打开动态输入模式，还可以在光标旁边的工具提示中输入坐标值。

1.6.1　笛卡儿坐标输入

　　笛卡儿坐标系有 X、Y 和 Z 3 个轴，在关闭动态输入模式的情况下，输入绝对笛卡儿坐标的格式如下，即输入以逗号","（在英文状态下输入）分隔的 X 值、Y 值和 Z 值。

X,Y,Z

如果只是在二维环境中绘制平面图形，那么可以省略 Z 值，即只需输入以逗号 "," (在英文状态下输入) 分隔的 X 值和 Y 值，X 值是沿水平轴以单位表示的正的或负的距离，Y 值是沿垂直轴以单位表示的正的或负的距离。

X,Y

如果启用动态输入，那么可以使用#前缀来指定绝对坐标 (不是在命令行中输入而是在工具提示中输入)。

相对坐标是基于上一个输入点的，如果知道某点与前一个点的位置关系，那么可以使用相对坐标。在关闭动态输入模式的情况下，要指定相对坐标，则在坐标前面添加一个符号 "@"，例如输入 "@5,18" 指定一点，该点表示沿着 X 轴方向距离上一个指定点有 5 个单位，沿 Y 轴方向距离上一个指定点有 18 个单位。

1.6.2　极坐标输入

极坐标使用距离和角度来定位点，同笛卡儿坐标一样，极坐标也可以基于原点 (0,0) 输入绝对坐标，或者基于上一个指定点输入相对坐标。下面介绍输入二维极坐标的基础知识。

要使用极坐标指定一点，那么输入以角括号 (<) 分隔的距离和角度。绝对极坐标从 UCS 原点 (0,0) 开始测量，其输入格式如下 (关闭动态输入模式时)。

距离<角度

这里的角度是指与 X 轴形成的角度。在默认情况下，角度按逆时针方向增大，按顺时针方向减少，输入 "3<270" 和输入 "3<-90" 都代表相同的点。

要在非动态输入模式下输入相对极坐标，那么在坐标前面添加一个符号 "@"，例如输入 "@3<45" 表示该点距离上一个指定点有 3 个单位，并且与 X 轴成 45° 角。

1.6.3　直接距离输入

还可以采用直接距离输入法指定点，即通过移动光标指示方向，然后输入距离。该方法通常与正交模式、对象捕捉模式和相关追踪模式一起配合着使用。

1.7　动态输入模式

AutoCAD 新近的一些版本都提供动态输入模式，该模式在绘图区域中的光标附近提供命令界面，也是一种输入命令和响应对话的一种方法，可以让用户更专注于绘图区域。当动态输入处于启动状态时，工具提示将在光标附近动态显示更新信息；当命令正在运行时，可以在工具提示文本框中指定选项和值。动态输入不会取代命令窗口，虽然用户可以隐藏命令窗口以增加更多绘图区域，但是在某些操作中还是需要显示命令窗口的。

在状态栏中单击 "动态输入" 按钮可以打开或关闭动态输入模式。按 F12 键同样可以临时打开或关闭动态输入模式。

　　动态输入模式界面有 3 个组件：指针（光标）输入、标注输入和动态显示。在状态栏中右击"动态输入"按钮，接着从弹出的快捷菜单中选择"动态输入设置"命令，则弹出"草图设置"对话框且自动切换至"动态输入"选项卡，如图 1-10 所示，从中可以控制启用"动态输入"时每个组件所显示的内容。

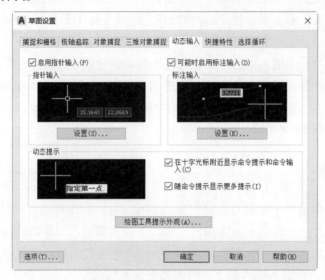

图 1-10　"草图设置"对话框的"动态输入"选项卡

下面列举动态输入的一些应用特点和操作技巧等。

　　（1）当指针（光标）输入处于启动状态且命令正在运行，十字光标的坐标位置将显示在光标附近的工具提示输入框中，此时用户可以在工具提示中输入坐标，而不用在命令行中输入坐标值，注意：第二个点和后续点的默认设置为相对极坐标（对于 RECTANG 命令，为相对笛卡儿坐标）；不需要输入符号"@"来表示相对坐标。如果需要使用绝对坐标，则使用"#"作为前缀。

　　（2）确认动态输入处于启用状态，可以使用以下方法之一来输入坐标值或选择选项。

　　☑　要输入二维笛卡儿坐标，则输入 X 坐标值和逗号","（在英文状态下输入），接着输入
　　　　Y 坐标值并按 Enter 键。

　　☑　要输入极坐标，则输入距第一点的距离并按 Tab 键，然后输入角度值并按 Enter 键；对
　　　　于标注输入，在字段输入框中输入值并按 Tab 键后，该字段将显示一个锁定图标，并且
　　　　光标会受用户输入的值约束。

　　☑　如果提示后有一个下箭头，则可以在键盘上通过按↓键以查看选项，直到使所需选项
　　　　旁边出现一个点为止，此时按 Enter 键便选择该选项。

　　☑　按键盘中的↑键可访问最近输入的坐标，也可以通过右击并选择"最近的输入"，从快
　　　　捷菜单中访问这些坐标。

　　（3）当动态输入工具提示显示红色错误边框时，在选定的值上输入以替换它，也可以使用右箭头键、左箭头键、空格键和 Delete 键更正输入。完成更正后，按 Tab 键、逗号","（在英文状态下输入）或左尖括号"<"来删除红色边框并完成坐标。

　　（4）要在动态提示工具提示中使用粘贴文字，则输入字母，然后在粘贴输入之前用退格键

将其删除，否则输入将作为文字粘贴到图形中而非在动态提示工具提示中使用。

【范例：体验启用动态输入绘制一个圆】

　　通过一个在启用动态输入状态下绘制圆的简单范例，让读者对"动态输入"有个较为清晰的认识。该范例的具体操作步骤如下。

　　（1）启用动态输入模式后，在功能区"默认"选项卡的"绘图"面板中单击"圆心，半径"按钮⊙。

　　（2）输入圆心的 X 坐标值为 0，如图 1-11 所示。按 Tab 键，切换到下一个字段输入框，而上一个字段将显示有一个锁定图标。在第二个字段的输入框中输入 Y 坐标值为 50mm，如图 1-12 所示，然后按 Enter 键。

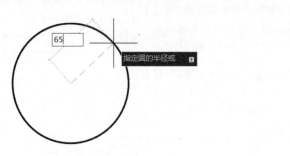

| 图 1-11　输入 X 坐标 | 图 1-12　输入 Y 坐标 |

　　（3）在工具提示中输入圆的半径为 65mm，如图 1-13 所示，然后按 Enter 键。完成该圆的创建，如图 1-14 所示（特意设置在原点显示 UCS 图标）。

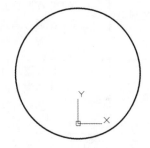

| 图 1-13　输入圆的半径 | 图 1-14　完成绘制一个圆 |

　　知识点拨： 设置是否在原点显示 UCS 图标的方法是在图形窗口中右击当前 UCS 图标，接着选择"UCS 图标设置"→"在原点显示 UCS 图标"命令，即可设置在原点显示 UCS 图标，或者不在原点显示 UCS 图标，当不在原点显示 UCS 图标时，UCS 图标将默认始终显示在图形窗口的左下角。

1.8　状态栏中的实用工具与草图设置

　　状态栏提供对某些最常用的绘图工具的快速访问，也提供一些会影响绘图环境的工具，例如，前面介绍的动态输入模式工具可以在状态栏中访问到，另外在状态栏中还可以设置显示光标位置。以 AutoCAD 2019 版本为例，在默认情况下，AutoCAD 2019 状态栏并不会显示所有工具，用户可以通过单击状态栏上最右侧的"自定义"按钮☰，接着从"自定义"菜单中设置状态栏要显示或隐藏的工具。下面列举状态栏中常用一些实用工具，如表 1-1 所示。

表 1-1　状态栏中常用的一些实用工具

序号	图标	工具名称	功能用途	备注
1	栅格		用于设置显示或关闭图形栅格；所谓栅格是覆盖用户坐标系（UCS）的整个 XY 平面的直线或点的矩形图案	使用栅格类似于在图形下放置一张坐标纸；利用栅格可以对齐对象并直观显示对象之间的距离。不打印栅格；其快捷键为 F7
2	捕捉模式		用于设置是否启用栅格捕捉	按 F9 键也可以启用或临时禁用捕捉
3	动态输入		用于设置打开或关闭动态输入模式	按 F12 键也可以打开或关闭动态输入
4	正交模式		用于设置打开或关闭正交模式；启用正交模式时，光标将限制在水平或垂直方向上移动，便于精确地创建和修改对象	按 F8 键也可以打开或关闭正交模式，正交模式和极轴追踪不能同时打开，例如打开正交模式时将关闭极轴追踪
5	极轴追踪		用于设置打开或关闭极轴追踪；使用极轴追踪时，光标将按指定角度进行移动	按 F10 键也可以打开或关闭极轴追踪
6	对象捕捉追踪		设置是否启用对象捕捉追踪；使用对象捕捉追踪时，可沿着基于对象捕捉点的对齐路径进行追踪，可一次获取多个追踪点	按 F11 键也可以打开或关闭对象捕捉追踪；与对象捕捉一起使用对象捕捉追踪，必须设定对象捕捉，才能从对象的捕捉点进行追踪
7	对象捕捉		设置是否启用对象捕捉；对象捕捉对于在对象上指定精确位置非常重要，可以通过右击该按钮并选择"对象捕捉设置"命令来设置默认的对象捕捉样式	按 F3 键也可以打开和关闭执行对象捕捉；要在提示输入点时指定对象捕捉，可以在状态栏上单击"对象捕捉"按钮旁边的下三角按钮▼，接着从列表中选择所需的对象捕捉样式
8	线宽		设置是否在图形窗口中显示线宽；所谓线宽是指定给图形对象、图案填充、引线和标注几何图形的特性，可生成更宽、颜色更深的线	设置显示线宽时，如果看不到任何变化，可能是由于与监视器的显示分辨率相比，线的宽度结合在一起
9	透明度		显示或隐藏对象的透明度	透明度不会自动显示
10	选择循环		控制选择循环功能是否处于启用状态	选择循环允许用户通过按住 Shift+空格键来选择重叠的对象
11	三维对象捕捉		打开或关闭三维对象捕捉，可通过单击该按钮旁边的下三角按钮▼并选择"对象捕捉设置"命令，利用弹出的"草图设置"对话框的"三维对象捕捉"选项卡来对三维对象的执行对象捕捉模式进行设置	按 F4 键也可以打开或关闭其他三维对象捕捉；要在提示输入点时临时指定三维对象捕捉的样式，可以在状态栏中单击该按钮旁的下三角按钮▼，接着从列表中选择所需的三维对象捕捉样式
12	动态 UCS		打开和关闭 UCS 与平面曲线的自动对齐	按 F6 键也可以控制动态 UCS 模式的状态
13	切换工作空间		用于切换当前工作空间，以及对工作空间进行自定义、保存等	和快速访问工具栏的"工作空间"下拉列表框的功能用途是一样的
14	快捷特性		设置打开或关闭快捷特性功能	选中此按钮时将打开快捷特性功能，此时在图形窗口中单击对象时，弹出"快速特性"选项卡以供用户查看和修改其特性

续表

序号	图标	工具名称	功能用途	备注
15	⊘/⊘	硬件加速	显示硬件加速状态，⊘表示硬件加速状态为开，⊘表示硬件加速状态为关；图形性能调节将检查图形卡和三维显示驱动程序，并决定是使用软件加速还是硬件加速	要更改硬件加速状态，可以在状态栏中右击"硬件加速"状态图标，接着选择"图形性能"命令，利用弹出来的"图形性能"对话框设置硬件加速状态为"开"还是"关"等；仅在遇到图形问题或视频卡不兼容时禁用硬件加速
16	⤢/⤢	全屏显示	设置是否启用全屏显示，单击⤢，则启用全屏显示，此时按钮图标变为⤢，单击⤢则返回全屏显示之前的屏幕显示状态	全屏显示可以使图形窗口更大

可以为状态栏中的"捕捉""栅格""极轴追踪""对象捕捉""三维对象捕捉""动态输入""快捷特性""选择循环"这些绘图辅助工具进行相应的草图设置，它们均是在"草图设置"对话框的对应选项卡中进行设置的。

以设置"对象捕捉"为例，在状态栏中右击"对象捕捉"按钮□或者单击该按钮旁的下三角按钮▼，接着选择"对象捕捉设置"命令，弹出"草图设置"对话框，在"对象捕捉"选项卡中控制对象捕捉的相关设置，如图 1-15 所示，其中在"对象捕捉模式"选项组中列出可以在执行对象捕捉时打开的对象捕捉模式，由用户根据设计情况来设定。并不是打开的对象捕捉模式越多越好，打开的对象捕捉模式太多的话，有时捕捉点时会被很多无关的捕捉方案干扰。经验证明在实际绘图时，根据具体需要只打开几个常用的对象捕捉模式是最好的，如"端点""中点""圆心""交点""切点"等。如果遇到制图需要其他特殊位置的点时，则可以临时按住 Shift 键的同时并在绘图区的合适位置处右击以弹出一个快捷菜单，如图 1-16 所示，从中选择适用的临时对象捕捉模式。

图 1-15　"草图设置"对话框　　　　　图 1-16　指定临时对象捕捉模式

要打开"草图设置"对话框，也可以在命令行中输入 DSETTINGS 或 SE 命令，并按 Enter 键。

1.9　巧用功能键 F1～F12

键盘上的功能键 F1～F12 控制着在使用 AutoCAD 时经常要打开和关闭的设置，如表 1-2 所示。细心的读者应该注意到，很多功能键的功能含义和状态栏中一些实用工具的功能含义是一样的，也给用户在实际操作时带来了巧用上的高效率（在操作速度上比在状态栏中单击相应按钮要快一些）。

表 1-2　功能键 F1～F12 在 AutoCAD 中的应用

功　能　键	功　　　能	说　　　明
F1	帮助	显示活动工具提示、命令、选项板或对话框的帮助
F2	展开的历史记录	在命令窗口中显示展开的命令历史记录
F3	对象捕捉	打开和关闭对象捕捉
F4	三维对象捕捉	打开和关闭其他三维对象捕捉
F5	等轴测平面	循环浏览二维等轴测平面设置
F6	动态 UCS（仅限于 AutoCAD）	打开和关闭 UCS 与平面曲面的自动对齐
F7	栅格显示	打开和关闭栅格显示
F8	正交	锁定光标按水平或垂直方向移动
F9	栅格捕捉	限制光标按指定的栅格间距移动
F10	极轴追踪	引导光标按指定的角度移动
F11	对象捕捉追踪	从对象捕捉位置水平和垂直追踪光标
F12	动态输入	显示光标附近的距离和角度并在字段之间使用 Tab 键时接受输入

注意： F8 和 F10 键相互排斥，打开一个将关闭另一个，即如果打开正交模式，则关闭极轴追踪模式；而如果打开极轴追踪模式则关闭正交模式。

1.10　设置图形单位（UNITS/UN）

和国外某些企业进行技术交流时，有时会碰到彼此使用的图形单位并不一样的情况，如和英国使用英制单位的企业进行技术交流。在这种情况下，我们在绘图时可以设置合适的图形单位，以避免因为图形单位不同而造成失误。

设置图形单位的步骤如下。

（1）在命令行的"键入命令"提示下输入 UNITS 或 UN，并按 Enter 键，弹出如图 1-17 所示的"图形单位"对话框。

（2）在"长度"选项组中设置长度类型和精度。其中可供选择的长度类型有"小数""分数""工程""建筑""科学"。

（3）在"角度"选项组中设置角度类型和精度。默认的正角度方向为逆时针方向，可以根据需要设置以顺时针方向计算正的角度值。角度的类型包括"百分度""度/分/秒""弧度""勘测单位""十进制度数"。

（4）在"插入时的缩放单位"选项组中设置用于缩放插入内容的单位。如果块或图形创建时使用的单位与该选项指定的单位不同，则在插入这些块或图形时，系统对其按比例缩放。插入比例是源块或图形使用的单位与目标图形使用的单位之比。如果希望插入块时不按指定单位缩放，那么选择"无单位"选项，但是要注意当源块或目标图形中的"插入比例"设置为"无单位"时，将使用"选项"对话框的"用户系统配置"选项卡中的"源内容单位"和"目标图形单位"设置。

（5）在"输出样例"选项组中显示用当前单位和角度设置的例子。

（6）在"光源"选项组中设置用于指定光源强度的单位，可供选择的选项有"国际""美国""常规"。如果在"图形单位"对话框中单击"方向"按钮，则打开如图 1-18 所示的"方向控制"对话框，接着设置基准角度，然后单击"确定"按钮。

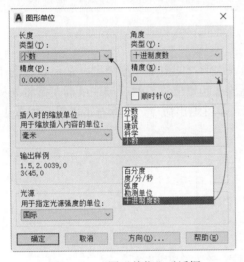

图 1-17　"图形单位"对话框

图 1-18　"方向控制"对话框

（7）在"图形单位"对话框中单击"确定"按钮，保存设置并关闭对话框。

1.11　设置图形界限（LIMITS）

在 AutoCAD 中使用 LIMITS 命令可以在绘图区域中设置不可见的图形边界，图形界限决定了栅格的显示区域，但要绘制的图形可以位于图形界限外。

要设置图形界限，则可以在命令行的"键入命令"提示下输入 LIMITS 并按 Enter 键，此时命令窗口出现的提示信息如图 1-19 所示。在该提示下指定左下角点和右上角点，或者输入 ON 或 OFF，或者按 Enter 键接受默认当前提示的设置。默认的图形界限的左下角点坐标为"0.0000,0.0000"，右上角点坐标为"420.0000,297.0000"。

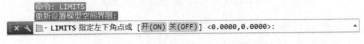

图 1-19　命令窗口出现的提示信息

☑ 左下角点：指定图形界限的左下角点。指定左下角点后，再根据提示指定右上角点（即在表示矩形限制边界的对角点的绘图区域中指定点）。

☑ 开(ON)：用于打开界限检查。当界限检查打开时，将无法输入栅格界线外的点。因为界限检查只测试输入点，所以对象（例如圆）的某些部分可能会延伸出栅格界限。

☑ 关(OFF)：用于关闭界限检查，但是保持当前的值用于下一次打开界限检查。

1.12　平移或缩放视图

在制图工作中，经常需要平移视图以重新确定其在绘图区域中的位置，或缩放视图以更改比例，从而有利于用户检查、修改或删除几何图元。

1.12.1　平移视图（PAN）

PAN 命令用于改变视图而不更改查看方向或比例，即用于平移视图。在命令行的"键入命令"提示下输入 PAN 并按 Enter 键后，将光标放在起始位置，然后按住鼠标左键将光标拖曳到新的位置，从而动态地平移视图，按 Esc 键或 Enter 键退出命令，或者右击以显示如图 1-20 所示的一个快捷菜单。

图 1-20　平移视图时的一个右键快捷菜单

另外，还有一种快捷的方法用于平移视图，即按住鼠标滚轮（中键）的同时并拖曳鼠标。

1.12.2　缩放视图（ZOOM/Z）

ZOOM 命令（其简写命令为 Z）用于增大或减小当前视口中视图的比例，即通过放大和缩小操作更改视图的比例，类似于使用相机进行缩放。使用该命令不会更改图形中对象的绝对大小，它更改的仅仅是视图的比例。

在命令行的"键入命令"提示下输入 ZOOM 并按 Enter 键，命令窗口提供如图 1-21 所示的提示内容，根据提示内容进行相应的操作。

图 1-21　ZOOM 命令的提示内容

将鼠标指针置于图形窗口中，滚动鼠标滚轮（中键）也可以缩放视图。

☑ 指定窗口的角点：指定一个要放大的区域的角点。

☑ 全部(A)：缩放以显示所有可见对象，系统会自动调整绘图区域的放大，以适应图形中所有可见对象的范围，或适应视觉辅助工具（例如栅格界限 LIMITS 命令）的范围，取二者中较大者。

☑ 中心(C)：缩放以显示由中心点和比例值/高度所定义的视图。高度值较小时增加放大比例；高度值较大时减小放大比例，在透视投影中不可用。

☑ 动态(D)：使用矩形视图框进行平移和缩放。视图框表示视图，可以更改它的大小，或在图形中移动。移动视图框或调整它的大小，将其中的视图平移或缩放，以充满整个视口。在透视投影中不可用。要更改视图框的大小，则单击后调整其大小，然后再次单击以接受视图框的新大小；若要使用视图框进行平移，则将其拖曳到所需的位置，然后按 Enter 键。

☑ 范围(E)：缩放以显示所有对象的最大范围。

☑ 上一个(P)：缩放显示上一个视图。最多可恢复此前的 10 个视图。

☑ 比例(S)：使用比例因子缩放视图以更改其比例。输入的值后面跟着 x，则根据当前视图指定比例；输入值并后跟 xp，则指定相对于图纸空间单位的比例；输入值，则指定相对于图形栅格界限的比例（建议少采用此方式）。

☑ 窗口(W)：缩放显示矩形窗口指定的区域。

☑ 对象(O)：缩放以便尽可能大地显示一个或多个选定的对象并使其位于视图的中心。可以在启动 ZOOM 命令前后选择对象。

☑ 实时：按 Enter 键选择"实时"选项时，光标将变为带有加号"+"和减号"–"的放大镜符号，此时可以交互缩放以更改视图的比例。

1.12.3　使用触摸板平移和缩放

如果电脑使用的是触摸板，则可以使用手势进行平移和缩放，操作方法如表 1-3 所示。

表 1-3　使用触摸板平移和缩放视图的操作方法

序　号	操作视图	操作方法
1	放大	将拇指和食指滑开
2	缩小	将拇指和食指捏合
3	平移	使用两指滑向想要移动内容的方向

注意： 当电脑使用触摸板时，"触摸"选项在默认情况下显示在功能区的"选择模式"面板中。用户可以使用"触摸"选项取消触摸板模式。

1.13　打开多个图形文件（OPEN）

使用 OPEN 命令可以打开一个图形文件。在实际设计工作中，有时需要同时打开几张图纸来进行审核等工作，如果一张一张地打开，虽然能达到目的，但是过程所需时间相对较长。实际上，使用 OPEN 命令可以一次打开选定的多个图形文件。

在命令行的"键入命令"提示下输入 OPEN 并按 Enter 键，弹出"选择文件"对话框，选择要打开的其中一个文件，按住 Ctrl 键选择要打开的其他文件，如图 1-22 所示，接着单击"打开"按钮，从而打开所选的几个图形文件。在 AutoCAD 2019 中，用户可以使用图形窗口上方的文件选项卡来在各个图形文件之间切换。

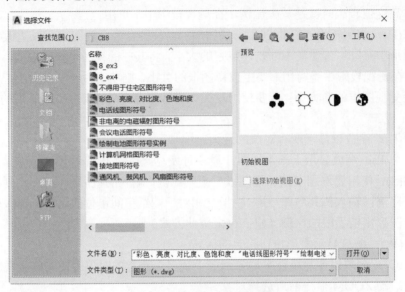

图 1-22 "选择文件"对话框

为了能让在图形窗口中同时显示几个已打开的图形文件，可以在功能区中切换"视图"选项卡，在"界面"面板中单击"水平平铺"按钮 或"垂直平铺"按钮 ，典型示例如图 1-23 所示。

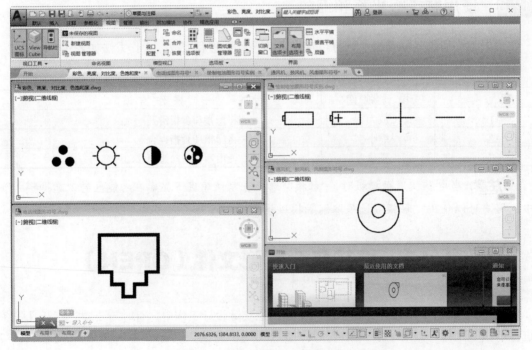

图 1-23 同时显示几个图形文件

1.14　清理图形（PURGE）

　　使用 AutoCAD 进行制图时经常要用到各类线型、图层、图块和文字样式等，这些对象有些是需要最终保留的，有些是临时应用而对最终图形并无实际作用，有些是完全多余的，对于最终图形而言，用户可以使用"清理"（PURGE）命令对那些已经没有用到的对象进行清理，为图形对象"瘦身"，保存后所占硬盘空间较小。

　　这里以清理一个图形文件未使用的图块为例进行介绍。打开要处理的一个图形文件后，在功能区中单击"应用程序"按钮 A 并接着从应用程序菜单中选择"图形实用工具"→"清理"命令，或者在命令行的"键入命令"提示下输入 PURGE 并按 Enter 键，系统弹出"清理"对话框。在"已命名的对象"选项组中选中"查看能清理的项目"单选按钮，接着在"图形中未使用的项目"列表框中展开"块"节点，在"块"节点下选择未使用的几个图块作为要清理的对象，如图 1-24 所示，并选中"确认要清理的每个项目"复选框，然后单击"清理"按钮，弹出"清理-确认清理"对话框让用户确认要清理的项目，如图 1-25 所示，这里单击"清理所有项目"选项，从而将所选的全部项目从图形文件中清理干净。如果单击"清理此项目"选项，则还会弹出对话框让用户确认其他要清理的项目，直到对所有要清理的项目完成清理为止。

图 1-24　"清理"对话框

图 1-25　"清理-确认清理"对话框

为了让用户更有效地掌握"清理"（PURGE）命令，下面对"清理"对话框的主要组成要素进行进一步说明。

☑ "查看能清理的项目"单选按钮：用于切换树状图以显示当前图形中可以清理的命名对象的概要。

☑ "查看不能清理的项目"单选按钮：用于切换树状图以显示当前图形中不能清理的命名对象的概要。此时出现的列表框是"图形中当前使用的项目"列表框，其中列出不能从图形中删除的命名对象，这些对象的大部分在图形中当前使用，或为不能删除的默认项目。当选择单个命名对象时，树状视图下方将显示不能清理该项目的原因。

☑ "图形中未使用的项目"列表框：列出当前图形中未使用的、可被清理的命名对象。可以通过单击加号或双击对象类型列出任意对象类型的项目。通过选择要清理的项目来实施清理。

☑ "确认要清理的每个项目"复选框：清理项目时显示"清理-确认清理"对话框。

☑ "清理嵌套项目"复选框：从图形中删除所有未使用的命名对象，即使这些对象包含在其他未使用的命名对象中或被这些对象所参照。此复选框用于单击"全部清理"按钮或选择树状图中的"所有项目"或"块"选项时删除项目。

☑ "未命名的对象"选项组：在该选项组中如果选中"清理零长度几何图形和空文字对象"复选框，则将删除非块对象中长度为零的几何图形（直线、圆弧、多段线等），同时还删除非块对象中仅包含空格（无文字）的多行文字和文字。PURGE 命令不会从块或锁定图层中删除长度为零的几何图形或空文件、多行文字对象；在该选项组中如果选中"自动清理孤立的数据"复选框，则将执行图形扫描并删除过时的 DGN 线型数据。

☑ "清理"按钮：用于清理所选项目。

☑ "全部清理"按钮：用于清理所有未使用的项目。

1.15　修复受损的图形文件

在实际工作中，由于程序故障、电源冲击和系统故障等因素，例如在程序发生故障时要求保存图形，可能会对图形文件造成一定程度的损坏。AutoCAD 在加载图形文件时会自动对文件进行检查，如果发现有错误会尝试对错误进行自动修复，在尝试自动修复不成功的情况下，用户还可以使用"修复"（RECOVER）命令进行修复。

可以按照以下步骤来修复损坏的图形文件。

（1）单击"应用程序"按钮，接着从打开的应用程序菜单中选择"图形实用工具"→"修复"→"修复"命令，或者在命令行的"键入命令"提示下输入 RECOVER 命令并按 Enter 键，系统弹出"选择文件"对话框。

（2）通过"选择文件"对话框选择要修复的一个图形文件，单击"打开"按钮。系统对图形文件进行核查，核查后将所有出现错误的对象置于"上一个"选择集中，以便用户访问。如果将 AUDITCTL 系统变量设定为 1（开），则核查结果将写入核查日志（ADT）文件。

用于修复文件的相关命令还有以下几个。

☑ RECOVERALL：与"修复"（RECOVER）命令类似，它还将对所有嵌套的外部参照进行操作，结果将显示在"图形修复日志"窗口中。

☑ AUDIT：在当前图形中查找并更正错误。

☑ RECOVERAUTO：控制在打开损坏的图形文件之前或之后恢复通知的显示。

当使用"修复"（RECOVER）等命令无法对图形文件进行修复时，用户可以找到相应的备份文件（后缀名为.bak），将该备份文件的后缀名.bak 更改为.dwg，然后使用 AutoCAD 来打开，即可回到受损之前的备份图形状态。

1.16　思考与练习

（1）如何理解 AutoCAD 的工作空间概念？

（2）AutoCAD 2019 命令调用方式主要有哪几种？

（3）在 AutoCAD 2019 中，选择对象的操作主要有哪几种典型方法？

（4）在 AutoCAD 2019 的非动态输入模式下，点的绝对笛卡儿坐标和绝对极坐标输入形式是怎么样的？相应的相对坐标输入形式又是怎样的？可以举例进行说明。

（5）如何理解动态输入模式？

（6）在 AutoCAD 2019 中，功能键 F1、F2、F3、F4、F5、F6、F7、F8、F9、F10、F11、F12 分别对应什么功能？

（7）如何设置图形单位？

（8）如何设置图形界限？

（9）上机操作：举例演示如何平移视图和缩放视图？

（10）如何清理图形？以及如何修复受损的图形文件？

第 2 章　基本绘图工具命令

本 章 导 读

　　AutoCAD 的基本图形主要包括直线、射线、构造线、多段线、圆、圆弧、矩形、正多边形、椭圆、点和圆环等。任何复杂图形都可以看作是由这些基本图形组合而成的，只有灵活掌握了这些绘制基本图形的工具命令，并且掌握图形编辑的操作知识，才能高效地绘制出复杂二维图形。本章将讲解基本绘图工具命令的运用，而图形编辑的操作知识将在第 3 章中详细介绍。

2.1　直线（LINE/L）

　　使用"直线"（LINE/L）命令，可以创建一系列连续的直线段，每条线段都是可以单独进行编辑的直线对象。

　　单击"直线"按钮／，或者在命令行的"键入命令"提示下输入 LINE 或 L 并按 Enter 键，接着依次指定第一个点和第二个点即可绘制一条直线段，还可以继续指定下一个点来绘制连续的直线段，后续直线段的开始点为上一条直线段的终点。当绘制有连续的多条直线段（两条或两条以上）时，如果在"指定下一点或 [闭合(C)/放弃(U)]:"提示下输入 C 并按 Enter 键（即选择"闭合(C)"选项），那么以第一条线段的起始点作为最后一条线段的端点，从而形成一个闭合的线段环。

　　在执行"直线"（LINE/L）命令的过程中，从提示选项中选择"放弃(U)"选项（或者输入 U 并按 Enter 键）将删除直线序列中最近绘制的线段，多次选择"放弃(U)"选项将按绘制持续的逆序逐个删除线段。

　　"直线"（LINE/L）命令的操作步骤虽然简单，但要绘制精确的由各直线段组合而成的图形却不是那么简单的，重点在于如何精确定位各直线段的端点，不同的端点可以灵活采用不同类型的坐标或通过指定的对象捕捉模式等来指定，如绝对坐标、相对笛卡儿坐标和相对极坐标等。

　　下面介绍一个绘制范例。

　　（1）启动 AutoCAD 2019 后，按 Ctrl+N 快捷键弹出一个对话框，选择 acadiso.dwt 样板，单击"打开"按钮。

　　（2）在命令行的"键入命令"提示下输入 LINE 并按 Enter 键，接着根据命令行提示进行以下操作。

扫码看视频

直线绘制范例

```
命令: LINE↙
指定第一个点: 0,0↙
指定下一点或 [放弃(U)]: 100,0↙
指定下一点或 [放弃(U)]: @20,20↙
指定下一点或 [闭合(C)/放弃(U)]: @35<90↙
指定下一点或 [闭合(C)/放弃(U)]: @-20,20↙
指定下一点或 [闭合(C)/放弃(U)]: @100<180↙
指定下一点或 [闭合(C)/放弃(U)]: @0,-10↙
指定下一点或 [闭合(C)/放弃(U)]: @20,-20↙
指定下一点或 [闭合(C)/放弃(U)]: @0,-15↙
指定下一点或 [闭合(C)/放弃(U)]: @-20,-20↙
指定下一点或 [闭合(C)/放弃(U)]: C↙         //输入 C 并按 Enter 键, 即选择 "闭合(C)" 选项
```

完成绘制的图形如图 2-1 所示。

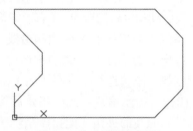

图 2-1　完成绘制的图形

（3）在命令行的"键入命令"提示下输入 SAVE 命令并按 Enter 键，弹出"图形另存为"对话框，指定要保存于的目录路径，将文件名设置为"直线绘制范例_end"，单击"保存"按钮，从而将该图形文件保存为"直线绘制范例_end.dwg"。

2.2　射线和构造线

在绘图设计中，射线和构造线常用作创建其他对象的参照。射线其实是从某一个特定的点向一个方向无限延伸的直线（始于一点，通过第二点并无限延伸），构造线则是通过两个点并向两个方向无限延伸的直线。需要用户注意的是，显示图形范围的命令会忽略射线和构造线。在一些设计场合下，用射线代替构造线有助于降低视觉混乱。

2.2.1　射线（RAY）

射线是只有起点并沿着第二点延伸到无穷远的直线，创建射线的步骤如下。

（1）在命令行的"键入命令"提示下输入 RAY 并按 Enter 键，或者在功能区"默认"选项卡的"绘图"面板中单击"射线"按钮 。

（2）指定射线的起点。

（3）指定射线要经过的点以创建一条射线。

（4）根据需要继续指定点以创建其他射线，所有后续射线都经过第一个指定点（射线的

起点）。

（5）按 Enter 键结束命令。

2.2.2 构造线（XLINE/XL）

构造线可放置在三维空间的任何位置。构造线和射线一样，常作为创建其他对象的参照。

要创建构造线，则在命令行的"键入命令"提示下输入 XLINE（或输入其命令别名 XL）并按 Enter 键，或者在功能区"默认"选项卡的"绘图"面板中单击"构造线"按钮，此时命令行出现"指定点或 [水平(H)/垂直(V)/角度(A)/二等分(B)/偏移(O)]:"提示信息，该提示信息中各提示选项的功能含义如下。

- ☑ 指定点：将创建通过指定点的构造线，即用无线长直线所通过的两点定义构造线的位置。这是创建构造线的默认方法，指定的第一点将作为构造线的根，指定第二点是构造线要经过的点，此后可以根据需要继续指定新构造线，所有后续构造线都经过第一个指定点（根）。
- ☑ 水平(H)：创建一条通过指定点的平行于 X 轴的构造线。
- ☑ 垂直(V)：创建一条通过指定点的平行于 Y 轴的构造线。
- ☑ 角度(A)：以指定的角度创建一条构造线。选择"角度(A)"选项，系统将出现"输入构造线的角度(0)或 [参照(R)]:"提示信息，此时指定放置构造线的角度，或者选择"参照(R)"选项以指定与选定参照线的夹角（此角度从参照线开始按逆时针方向测量）。
- ☑ 二等分(B)：创建一条构造线，它经过选定的角顶点，并且将选定的两条线之间的夹角平分。此构造线位于由 3 个点确定的平面中。
- ☑ 偏移(O)：创建平行于另一个对象的构造线。选择"偏移(O)"选项，系统出现"指定偏移距离或 [通过(T)] <通过>:"提示信息，此时指定构造线偏离选定对象的距离，或者选择"通过(T)"选项创建从一条直线偏移并通过指定点的构造线。

下面介绍一个创建构造线的范例。

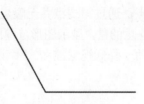

扫码看视频

创建构造线范例

（1）在快速访问工具栏中单击"打开"按钮，弹出"选择文件"对话框，选择本书配套资源中的"构造线创建范例.dwg"文件，单击"打开"按钮，已有图形如图 2-2 所示。

图 2-2 已有图形

（2）在命令行的"键入命令"提示下输入 XLINE 并按 Enter 键，根据命令行提示进行以下操作。

```
命令：XLINE↙
指定点或 [水平(H)/垂直(V)/角度(A)/二等分(B)/偏移(O)]: V↙  //输入 V 并按 Enter 键
指定通过点:                                      //选择如图 2-3 所示的中点
指定通过点: ↙                                    //按 Enter 键
```

（3）在功能区"默认"选项卡的"绘图"面板中单击"构造线"按钮，接着根据命令行提示进行以下操作。

```
命令：_xline
指定点或 [水平(H)/垂直(V)/角度(A)/二等分(B)/偏移(O)]：B↙     //输入 B 并按 Enter 键
指定角的顶点：                          //选择角的顶点，如图 2-4 所示
指定角的起点：                          //选择一条边的另一个端点（非角顶点），如图 2-4 所示
指定角的端点：                          //选择另一条边的另一个端点，如图 2-4 所示
指定角的端点：↙                         //按 Enter 键结束命令
```

采用"二等分"方式绘制的一条构造线如图 2-5 所示。

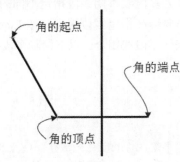

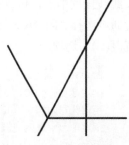

图 2-3 绘制平行于 Y 轴的构造线   图 2-4 指定角的顶点、起点和端点   图 2-5 绘制第 2 条构造线

2.3 多段线（PLINE/PL）

多段线是作为单个对象创建的相互连接的序列线段，该序列线段由直线段和圆弧段组合形成。多段线提供单个直线或圆弧所不具备的编辑功能。

要启动多段线绘制命令，则可以在命令行的"键入命令"提示下输入 PLINE 或 PL 并按 Enter 键，或者在功能区"默认"选项卡的"绘图"面板中单击"多段线"按钮，接着指定多段线线段的起点，再指定多段线线段的下一端点，可根据需要指定其他多段线线段，在绘制多段线的过程中，用户可以在提示选项中选择"圆弧"以启用"圆弧"模式，或者选择"直线"以启用"直线"模式，此外，还可以根据设计需要选择其他提示选项进行设置，如"半宽""长度""宽度""放弃"等。

扫码看视频

绘制跑道型的
多段线

绘制多段线的简单范例如下。

```
命令：PL↙                              //输入 PL 并按 Enter 键
PLINE
指定起点：100,100
当前线宽为 0.0000
指定下一个点或 [圆弧(A)/半宽(H)/长度(L)/放弃(U)/宽度(W)]：@60<0↙
指定下一点或 [圆弧(A)/闭合(C)/半宽(H)/长度(L)/放弃(U)/宽度(W)]：A↙
指定圆弧的端点(按住 Ctrl 键以切换方向)或 [角度(A)/圆心(CE)/闭合(CL)/方向(D)/半宽(H)/
直线(L)/半径(R)/第二个点(S)/放弃(U)/宽度(W)]：@25<90↙
```

```
      指定圆弧的端点(按住 Ctrl 键以切换方向) 或 [角度(A)/圆心(CE)/闭合(CL)/方向(D)/半宽(H)/
直线(L)/半径(R)/第二个点(S)/放弃(U)/宽度(W)]: L↙
      指定下一点或 [圆弧(A)/闭合(C)/半宽(H)/长度(L)/放弃(U)/宽度(W)]: @-60,0↙
      指定下一点或 [圆弧(A)/闭合(C)/半宽(H)/长度(L)/放弃(U)/宽度(W)]: A↙
      指定圆弧的端点(按住 Ctrl 键以切换方向) 或 [角度(A)/圆心(CE)/闭合(CL)/方向(D)/半宽(H)/
直线(L)/半径(R)/第二个点(S)/放弃(U)/宽度(W)]: CL↙
```

绘制的一条跑道型的多段线如图 2-6 所示。

如果要绘制一条宽多段线，则在启动"多段线"命令后，指定多段线直线段的起点，接着选择"宽度(W)"选项，输入直线段的起点宽度，并指定直线段的端点宽度（可创建等宽的多段线，也可以为多段线不同线段指定不同的宽度），再指定多段线线段的端点，可以根据需要继续指定线段端点，按 Enter 键结束命令，或者通过选择"闭合(C)"选项来使多段线闭合。以下绘制多段线的范例使用了"宽度(C)"选项。

扫码看视频

绘制具有可变
宽度的多段线

```
命令: PLINE↙
指定起点: 200,100
当前线宽为 0.0000
指定下一个点或 [圆弧(A)/半宽(H)/长度(L)/放弃(U)/宽度(W)]: W↙
指定起点宽度 <0.0000>: ↙
指定端点宽度 <0.0000>: 10↙
指定下一个点或 [圆弧(A)/半宽(H)/长度(L)/放弃(U)/宽度(W)]: @25,0↙
指定下一点或 [圆弧(A)/闭合(C)/半宽(H)/长度(L)/放弃(U)/宽度(W)]: W↙
指定起点宽度 <10.0000>: 4↙
指定端点宽度 <4.0000>: ↙
指定下一点或 [圆弧(A)/闭合(C)/半宽(H)/长度(L)/放弃(U)/宽度(W)]: @30,0↙
指定下一点或 [圆弧(A)/闭合(C)/半宽(H)/长度(L)/放弃(U)/宽度(W)]: W↙
指定起点宽度 <4.0000>: 10↙
指定端点宽度 <10.0000>: 0↙
指定下一点或 [圆弧(A)/闭合(C)/半宽(H)/长度(L)/放弃(U)/宽度(W)]: @25,0↙
指定下一点或 [圆弧(A)/闭合(C)/半宽(H)/长度(L)/放弃(U)/宽度(W)]: ↙
```

完成绘制的具有可变宽度的多段线如图 2-7 所示。

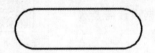

图 2-6　绘制一条跑道型的多段线　　　　图 2-7　绘制具有可变宽度的多段线

2.4　点

在 AutoCAD 中，可以通过多种方式绘制点对象，为了让点对象便于选择和辨认，可以在绘制点对象之前创建点样式。

2.4.1 点样式（PTYPE）

在 AutoCAD 2019 中，用于指定点对象的显示模式及大小的命令为 PTYPE，而在较早的旧版本中则使用 DDPTYPE。

要指定当前点样式和大小，则在命令行的"键入命令"提示下输入 PTYPE 并按 Enter 键，弹出如图 2-8 所示的"点样式"对话框，在该对话框中选择一种点样式，在"点大小"文本框中相对于屏幕或以绝对单位指定一个大小，然后单击"确定"按钮。

图 2-8 "点样式"对话框

📢 **知识点拨**：点的显示大小存储在 PDSIZE 系统变量中，以后绘制的点对象将使用新值。既可以相对于屏幕设定点的大小，也可以用绝对单位设定点的大小。相对于屏幕设定点的大小是按照屏幕尺寸的百分比设定点的显示大小，当进行缩放时，刷新画面后点的显示大小并不改变；按绝对单位设定点的大小后，当进行缩放时，刷新画面后显示的点大小会随之改变。

2.4.2 单点（POINT）

单点操作是指一次命令操作只能在图形窗口中绘制一个点。

在命令行"键入命令"提示下输入 POINT 并按 Enter 键，接着在图形窗口中指定一个点的位置即可。

2.4.3 多点

多点操作是指一次命令操作可以在图形窗口中连续绘制多个点。

在功能区"默认"选项卡的"绘图"面板中单击"多点"按钮∴，接着在绘图区域中指定一个点或连续指定多个点。

2.4.4 定数等分（DIVIDE）

定数等分点是指在指定对象上沿着对象的长度或周长按照设定的数目将点等间距排列，如

图 2-9 所示（线段被等分为 5 份）。

图 2-9　创建定数等分点

　　要创建定数等分点，则在命令行的"键入命令"提示下输入 DIVIDE 并按 Enter 键，或者在功能区"默认"选项卡的"绘图"面板中单击"定数等分"按钮❀，接着选择要定数等分的对象，此时命令行出现"输入线段数目或 [块(B)]:"提示信息，若输入线段数目则将对象等分为几份。如果选择"块(B)"选项，则需输入要插入的块名，设定是否对齐块和对象，再输入线段数目，从而在等分后的标记点处插入相同块作为对象。

2.4.5　定距等分（MEASURE）

　　定距等分是指沿着对象的长度或周长按指定间距创建点对象或块。定距等分将从最靠近对象选择位置的一端开始进行距离量度，这样可能导致最后一段距离（长度）小于其他段，如图 2-10 所示。

图 2-10　创建定距等分点

　　要创建定距等分点，则在命令行的"键入命令"提示下输入 MEASURE 并按 Enter 键，或者在功能区"默认"选项卡的"绘图"面板中单击"定距等分"按钮❀，接着选择要定距等分的对象，然后输入线段长度即可。当然也可以在"指定线段长度或 [块(B)]:"提示下选择"块(B)"选项进行相应操作，以在定距等分的点位置处插入指定的块对象。

2.5　圆（CIRCLE）

　　圆是最常见的基本几何图形之一。在 AutoCAD 中，绘制圆的命令为 CIRCLE，其命令别名为 C。在命令行的"键入命令"提示下输入 CIRCLE 或 C 并按 Enter 键，命令行出现"指定圆的圆心或 [三点(3P)/两点(2P)/切点、切点、半径(T)]:"提示信息，从该提示信息可以看出，可以使用多种方法创建圆，默认方法是指定圆心和半径。另外，AutoCAD 还提供多种绘制圆的按钮，包括"圆心，半径"按钮⊘、"圆心，直径"按钮⊘、"两点"按钮○、"三点"按钮○、"相切，相切，半径"按钮⊘和"相切，相切，相切"按钮○，这些工具按钮的功能其实也基本包含在 CIRCLE 命令中。

1. "圆心，半径"方式

绘制一个半径为 50mm 的圆，该圆的圆心坐标为"0,0"，如图 2-11 所示。

```
命令：CIRCLE✓
指定圆的圆心或 [三点(3P)/两点(2P)/切点、切点、半径(T)]：0,0✓
指定圆的半径或 [直径(D)] <82.8546>：50✓
```

2. "圆心，直径"方式

上一个圆也可以采用下面这种方式绘制。

```
命令：CIRCLE✓
指定圆的圆心或 [三点(3P)/两点(2P)/切点、切点、半径(T)]：0,0✓
指定圆的半径或 [直径(D)] <50.0000>：D✓
指定圆的直径 <100.0000>：100✓
```

当然，用户也可以在功能区"默认"选项卡的"绘图"面板中单击"圆心，直径"按钮，接着指定圆的圆心和直径即可。

3. "两点"方式

"两点"方式是指定两个点，绘制以这两个点连线为直径的圆，请看以下范例。

```
命令：C✓
CIRCLE
指定圆的圆心或 [三点(3P)/两点(2P)/切点、切点、半径(T)]：2P✓
指定圆直径的第一个端点：0,0✓
指定圆直径的第二个端点：50,0✓
```

以该方式绘制的一个圆如图 2-12 所示。

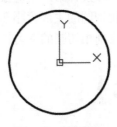

图 2-11　绘制圆 1

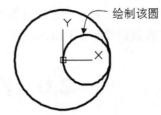

图 2-12　绘制圆 2

4. "三点"方式

"三点"方式是基于圆周上的三点绘制圆，以该方式绘制圆的范例如下。

```
命令：CIRCLE✓
指定圆的圆心或 [三点(3P)/两点(2P)/切点、切点、半径(T)]：3P✓
指定圆上的第一个点：-40,0✓
指定圆上的第二个点：-20,10✓
指定圆上的第三个点：-10,-25✓
```

以该方式绘制的一个圆如图 2-13 所示。

5. "相切，相切，半径"方式

"相切，相切，半径"方式是基于指定半径和两个相切对象创建圆。有时会有多个圆符合指定的条件，AutoCAD 程序将绘制具有指定半径的圆，其切点与选定点的距离最近。

```
命令：CIRCLE↙
指定圆的圆心或 [三点(3P)/两点(2P)/切点、切点、半径(T)]：T↙
指定对象与圆的第一个切点：        //在如图 2-14 所示的 A 区域选择大圆
指定对象与圆的第二个切点：        //在如图 2-14 所示的 B 区域选择要相切的一个圆对象
指定圆的半径 <19.8659>：15↙
```

绘制与两个对象相切的且半径为 15mm 的圆如图 2-14 所示。

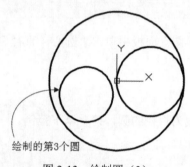

图 2-13　绘制圆（3）

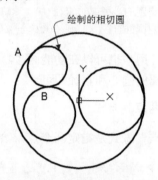

图 2-14　绘制圆（4）

6. "相切，相切，相切"方式

"相切，相切，相切"方式用于创建相切于 3 个对象的圆。单击"相切，相切，相切"按钮○，接着分别选择与要绘制的圆相切的第一个对象、第二个对象和第三个对象即可。相关对象递延切点的选择位置将会影响相切圆的生成大小和方位。用户可以在前面绘制圆的范例图形中使用该方式进行绘制相切圆的练习。

扫码看视频

绘制圆

2.6　圆弧（ARC）

圆弧是圆的一部分。在 AutoCAD 中，可以通过指定圆心、端点、起点、半径、角度、弦长和方向值的各种组合形式来绘制圆弧。在默认情况下，以逆时针方向绘制圆弧；而如果按住 Ctrl 键的同时拖曳，则可以以顺时针方向绘制圆弧。

绘制圆弧的命令为 ARC，在执行该命令时，首先需要指定圆弧的起点或圆心，接着根据已有信息选择后面的选项以具体的一组组合形式来绘制圆弧。另外，在功能区"默认"选项卡的"绘图"面板中还提供圆弧具体的组合形式工具按钮，包括"三点"按钮⌒、"起点、圆心、端点"按钮⌒、"起点、圆心、角度"按钮⌒、"起点、圆心、长度"按钮⌒、"起点、端点、角度"按钮⌒、"起点、端点、方向"按钮⌒、"起点、端点、半径"按钮⌒、"圆心、起点、端点"按钮⌒、

"圆心、起点、角度"按钮、"圆心、起点、长度"按钮和"继续"按钮。其中"继续"按钮用于创建圆弧使其相切于上一次绘制的直线或圆弧。

下面介绍绘制圆弧的一个典型范例。

（1）在命令行的"键入命令"提示下输入 ARC 并按 Enter 键，根据命令行提示进行相应操作来绘制如图 2-15 所示的一段圆弧。此步骤也可以单击"圆心、起点、角度"按钮来完成。

```
命令：ARC↵
指定圆弧的起点或 [圆心(C)]：C↵
指定圆弧的圆心：0,0↵
指定圆弧的起点：50,0↵
指定圆弧的端点(按住 Ctrl 键以切换方向)或 [角度(A)/弦长(L)]：A↵
指定夹角(按住 Ctrl 键以切换方向)：145↵
```

（2）按 Enter 键，继续重复启用 ARC 命令，在"指定圆弧的起点或 [圆心(C)]："第一个提示下按 Enter 键，接着在"指定圆弧的端点(按住 Ctrl 键以切换方向)："提示下输入圆弧的端点相对位置为"@80<180"，确认输入后将绘制与上一条图元（可以为直线、圆弧和多段线，本例为圆弧）相切的圆弧，结果如图 2-16 所示。本步骤也可以单击"继续"按钮来完成。

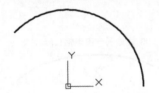
图 2-15　通过指定圆心、起点和角度绘制一段圆弧

图 2-16　绘制与上一个图元相切的圆弧

2.7　椭圆与椭圆弧

在数学中，椭圆是平面上到两个固定点的距离之和是常数的轨迹，这两个固定点叫作焦点。椭圆的大小可以由定义其长度和宽度的两条轴决定，较长的轴通常称为长轴，较短的轴通常称为短轴，椭圆弧是完整椭圆中的一部分。

2.7.1　椭圆（ELLIPSE）

在命令行的"键入命令"提示下输入 ELLIPSE 并按 Enter 键，命令行出现"指定椭圆的轴端点或 [圆弧(A)/中心点(C)]："提示信息，接着根据提示信息进行相关操作来创建椭圆或椭圆弧。创建椭圆的典型方法可以细分为以下两种，AutoCAD 为此提供专门的工具按钮。

1. 通过"椭圆：轴、端点"创建椭圆

该方法需要分别指定椭圆一条轴的两个端点，并指定另一条半轴长度。

在功能区"默认"选项卡的"绘图"面板中单击"椭圆：轴、端点"按钮，根据命令行提示进行以下操作来绘制如图 2-17 所示的一个椭圆。

```
命令: _ellipse
指定椭圆的轴端点或 [圆弧(A)/中心点(C)]: 100,0↙
指定轴的另一个端点: 160,30↙
指定另一条半轴长度或 [旋转(R)]: 20↙
```

2. 通过"椭圆：圆心"创建椭圆

该方法是使用中心点、第一个轴的端点和第二个轴的长度来创建椭圆，可以通过单击所需距离处的某个位置或输入长度值来指定距离。

在功能区"默认"选项卡的"绘图"面板中单击"椭圆：圆心"按钮⊙，接着根据命令行提示进行以下操作。

```
命令: _ellipse
指定椭圆的轴端点或 [圆弧(A)/中心点(C)]: _c
指定椭圆的中心点: 0,0↙
指定轴的端点: 39,0↙
指定另一条半轴长度或 [旋转(R)]: 22.5↙
```

使用"椭圆：圆心"方法绘制的椭圆如图 2-18 所示。

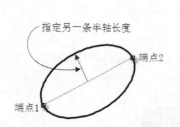

图 2-17　通过"椭圆：轴、端点"创建椭圆

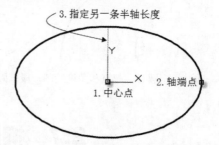

图 2-18　通过"椭圆：圆心"创建椭圆

2.7.2　椭圆弧（ELLIPSE）

使用 ELLIPSE 命令同样可以创建椭圆弧，其方法是需要在命令操作过程中从提示信息中选择"圆弧(A)"选项，接着如同定义椭圆一样指定相关参数，再指定起点角度和端点角度等即可。用户也可以使用专门的"椭圆弧"按钮⊙来创建一段椭圆弧。

```
命令: _ellipse
指定椭圆的轴端点或 [圆弧(A)/中心点(C)]: _a
指定椭圆弧的轴端点或 [中心点(C)]: C↙
指定椭圆弧的中心点: 60,50↙
指定轴的端点: @32<15↙
指定另一条半轴长度或 [旋转(R)]: 16↙
指定起点角度或 [参数(P)]: 0↙
指定端点角度或 [参数(P)/夹角(I)]: 270↙
```

完成绘制的一段椭圆弧如图 2-19 所示。

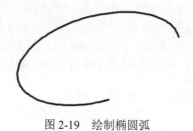

图 2-19　绘制椭圆弧

2.8　矩形（RECTANG）

使用 RECTANG 命令（对应的工具按钮为"矩形"按钮□），可以从指定的矩形参数（如长度、宽度和旋转角度）创建矩形多段线，所创建的矩形多段线的角点类型既可以是直角的，也可以是圆角或倒角形式的。

下面通过范例的形式介绍如何绘制其中几种不同的矩形。

（1）启动 AutoCAD 2019 后，按 Ctrl+N 快捷键弹出一个对话框，选择 acadiso.dwt 样板，单击"打开"按钮。

扫码看视频

矩形绘制实例

（2）在命令行的"键入命令"提示下输入 RECTANG 并按 Enter 键，接着根据命令行提示进行以下操作。

```
命令：RECTANG↙
指定第一个角点或 [倒角(C)/标高(E)/圆角(F)/厚度(T)/宽度(W)]：0,0↙
指定另一个角点或 [面积(A)/尺寸(D)/旋转(R)]：@200,500↙
```

绘制的第一个矩形如图 2-20 所示。

（3）继续在命令行执行 RECTANG 命令创建第二个矩形，如图 2-21 所示，第二个矩形具有大小为 C15 的倒角。

```
命令：RECTANG↙
指定第一个角点或 [倒角(C)/标高(E)/圆角(F)/厚度(T)/宽度(W)]：C↙
指定矩形的第一个倒角距离 <0.0000>：15↙
指定矩形的第二个倒角距离 <15.0000>：↙
指定第一个角点或 [倒角(C)/标高(E)/圆角(F)/厚度(T)/宽度(W)]：25,25↙
指定另一个角点或 [面积(A)/尺寸(D)/旋转(R)]：@150,325↙
```

（4）在功能区"默认"选项卡的"绘图"面板中单击"矩形"按钮□，根据命令行提示进行以下操作。

```
命令：_rectang
当前矩形模式：倒角=15.0000x15.0000↙
指定第一个角点或 [倒角(C)/标高(E)/圆角(F)/厚度(T)/宽度(W)]：F↙
指定矩形的圆角半径 <15.0000>：20↙
```

指定第一个角点或 [倒角(C)/标高(E)/圆角(F)/厚度(T)/宽度(W)]：25,375✓
指定另一个角点或 [面积(A)/尺寸(D)/旋转(R)]：D✓
指定矩形的长度 <10.0000>：150✓
指定矩形的宽度 <10.0000>：100✓
指定另一个角点或 [面积(A)/尺寸(D)/旋转(R)]：//在相对于第一个角点的右上区域任意单击一点

完成绘制的第三个矩形（带圆角）如图 2-22 所示。

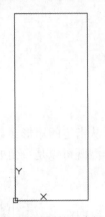 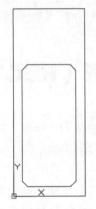 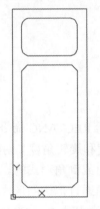

图 2-20 绘制第一个矩形　　　图 2-21 绘制第二个矩形　　　图 2-22 绘制第三个矩形

2.9 正多边形（POLYGON）

使用 POLYGON 命令（对应的工具按钮为"多边形"按钮），可以通过设定多边形的各种参数（包含边数，边数有效值为 3~1024 的自然数）来创建等边闭合多段线。

创建正多边形的方式主要有以下 3 种。

1. 内接于圆

该方式在指定多边形的中心点位置后，选择"内接于圆"选项，接着指定外接圆的半径，则正多边形的所有顶点都落在此圆周上，如图 2-23 所示。在使用鼠标等定点设备指定半径时也将决定正多边形的旋转角度和尺寸。

请看以下使用"内接于圆"方式绘制正六边形的范例。

命令：POLYGON✓   //在命令行输入 POLYGON 并按 Enter 键
输入侧面数 <4>：6✓
指定正多边形的中心点或 [边(E)]：0,0✓
输入选项 [内接于圆(I)/外切于圆(C)] <I>：I✓
指定圆的半径：50✓

完成绘制的正六边形如图 2-24 所示。

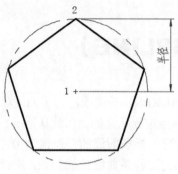

图 2-23 "内接于圆"方式

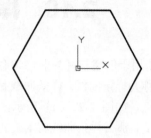

图 2-24 绘制的正六边形

2. 外切于圆

"外切于圆"方式需要指定从正多边形圆心到各边中点的距离,如图 2-25 所示,其绘制步骤如下。

```
命令: _polygon                           //单击"多边形"按钮⬠
输入侧面数 <6>: ↙
指定正多边形的中心点或 [边(E)]:          //使用鼠标在图形窗口中指定一点
输入选项 [内接于圆(I)/外切于圆(C)] <I>: C↙
指定圆的半径:                            //使用鼠标选择一点以定义圆的半径
```

3. 通过指定第一条边的端点来定义正多边形

下面以一个范例形式介绍如何通过指定第一条边的端点来绘制正多边形。

```
命令: _polygon                           //单击"多边形"按钮⬠
输入侧面数 <5>: 6↙
指定正多边形的中心点或 [边(E)]: E↙
指定边的第一个端点: 100,80↙
指定边的第二个端点: @50,0↙
```

绘制的正六边形如图 2-26 所示。

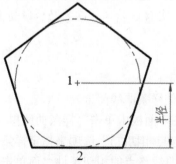

图 2-25 "外切于圆"方式

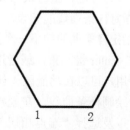

图 2-26 绘制正六边形示例

2.10　样条曲线（SPLINE）

SPLINE 用于创建被称为非均匀有理 B 样条曲线（NURBS）的曲线，为了简便起见，可以将此类曲线称为样条曲线。样条曲线是使用拟合点或控制点进行定义的。在默认情况下，样条曲线通过拟合点，如图 2-27（a）所示，这是因为在默认情况下样条曲线的公差值为 0，如果使用较大的公差值，那么样条曲线将靠近拟合点；而控制点则定义样条曲线的控制框，所谓的控制框提供了一种便捷方法用来设置样条曲线的形状，如图 2-27（b）所示。

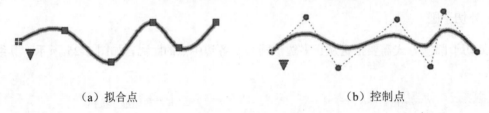

（a）拟合点　　　　　　　　　　　　　　（b）控制点

图 2-27　样条曲线示例

在工程制图中，有些图形太大而无法在现有图纸中全部画出，可以考虑绘制样条曲线来表示只画出一部分，在局部剖视图中也可用样条曲线来定义局部剖边界线等。

2.10.1　绘制样条曲线的方法步骤

用户可以按照以下步骤绘制样条曲线。

（1）在命令行的"键入命令"提示下输入 SPLINE 并按 Enter 键。

（2）在"指定第一个点或 [方式(M)/节点(K)/对象(O)]:"或"指定第一个点或 [方式(M)/阶数(D)/对象(O)]:"提示下输入 M 按 Enter 键，接着选择样条曲线创建方式为"拟合(F)"或"控制点(CV)"。当创建方式默认为"拟合"时，对应"指定第一个点或 [方式(M)/节点(K)/对象(O)]:"提示信息，此时用户可以选择"节点(K)"选项来指定节点参数化，以确定在样条曲线中连续拟合点之间的零部件曲线如何过渡；当创建方式默认为"控制点"时，对应"指定第一个点或 [方式(M)/阶数(D)/对象(O)]:"，此时用户可以选择"阶数(D)"选项来设置生成的样条曲线的多项式阶数，使用此选项可以设置创建 1 阶（线性）、2 阶（二次）、3 阶（三次）乃至最高 10 阶的样条曲线。此步骤为可选步骤，根据设计情况灵活操作。

（3）指定样条曲线的起点。

（4）指定样条曲线的下一个点，根据需要继续指定点。

（5）按 Enter 键结束，或者选择"闭合(C)"选项使样条曲线闭合。

另外，用户可以在功能区"默认"选项卡的"绘图"面板中单击"样条曲线拟合"按钮 $\sim$，使用拟合点绘制样条曲线，在创建过程中可以选择"起点相切(T)"选项来指定样条曲线起点的相切条件，以及选择"端点相切(T)"选项来指定样条曲线终点的相切条件。而单击"样条曲线控制点"按钮 $\sim$，则使用控制点绘制样条曲线，二者操作步骤都类似。

2.10.2　将样条曲线拟合多段线转换为样条曲线

如果要将样条曲线拟合多段线转换为样条曲线，那么可以按照以下步骤来进行。

（1）在命令行的"键入命令"提示下输入 SPLINE 并按 Enter 键。

（2）输入 O，按 Enter 键，以选择"对象(O)"选项。

（3）选择一条样条曲线拟合多段线并按 Enter 键，则选定的对象由多段线转换为样条曲线。

2.11　圆环（DONUT）

圆环由两段具有设定宽度的圆弧多段线组成，这两段圆弧多段线首尾相接而形成圆形，多段线的宽度由指定的内直径和外直径决定。如果将内径指定为 0mm，那么圆环将填充为实心圆。在如图 2-28 所示的两个图例中均创建有圆环（包括实心圆）。

创建圆环的步骤如下。

（1）在命令行的"键入命令"提示下输入 DONUT 并按 Enter 键，或者在功能区"默认"选项卡的"绘图"面板中单击"圆环"按钮◎。

（2）指定圆环的内径。

（3）指定圆环的外径。

（4）指定圆环的中心点（圆心位置）。

（5）继续指定另一个圆环的中心点，或者按 Enter 键结束命令。

如图 2-29 所示给出了圆环的内径、外径和中心点示意关系。

图 2-28　圆环图例　　　　　图 2-29　圆环的内径、外径和中心点

2.12　多线（MLINE/ML）

首先讲解多线的概念。多线由多条平行线组成，这些平行线称为多线的元素。每条多线可以有自己的颜色和线型。在建筑平面图中，可以使用多线来绘制内外墙。

在绘制多线之前，可以先指定一个所需的多线样式。初始默认的 STANDARD 多线样式只包含两个元素。多样样式用于控制元素的数量和每个元素的特性，多线特性包括：元素的总户数和每个元素的位置；每个元素与多线中间的偏移距离；每个元素的颜色和线型；每个顶点出现的称为 joints 的直线的可见性；使用的端点封口类型和多线的背景填充颜色。

另外，用户可以更改多线的对正和比例以满足设计要求：多行对正确定将在光标的哪一侧绘制多行，或者是否位于光标的中心上；多行比例则用来控制多行的全局宽度（使用当前单位），多行比例不影响线型比例。如果要更改多行比例，那么可能需要对线型比例做相应的更改以防点或虚线的尺寸不正确。

下面通过绘制墙体，分别介绍创建多线样式、创建多线和编辑多线的实用知识。

（1）启动 AutoCAD 2019 后，按 Ctrl+N 快捷键弹出一个对话框，选择 acadiso.dwt 样板，单击"打开"按钮。

（2）在命令行的"键入命令"提示下输入 MLSTYLE 并按 Enter 键，弹出"多线样式"对话框，单击"新建"按钮，弹出"创建新的多线样式"对话框，输入新样式名为 BC_WALL，如图 2-30 所示，单击"继续"按钮，弹出"新建多样样式：BC_WALL"对话框。

图 2-30　创建新的多线样式

（3）在"说明"选项组中输入"自定义墙体"，添加一个图元（总共 3 个图元），选择偏移值为 0 的图元，将颜色设置为红色，再分别将两个图元的偏移值设置为 100 和-100，选择起点封口和端点封口的形式均为"直线"，具体设置如图 2-31 所示。

（4）在"图元"选项组的元素列表中选择偏移为 0 的元素，单击"线型"按钮，弹出如图 2-32 所示的"选择线型"对话框，单击"加载"按钮，弹出"加载或重载线型"对话框，选择 CENTER 线型，如图 2-33 所示，单击"确定"按钮。返回到"选择线型"对话框，此时 CENTER 线型出现在"已加载的线型"列表框中，从该列表框中选择 CENTER 线型，单击"确定"按钮，从而将偏移为 0 的元素的线型设置为 CENTER 线型。

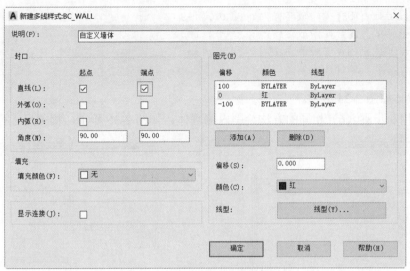

图 2-31 设置多线样式的相关内容

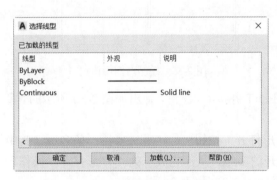

图 2-32 "选择线型"对话框

图 2-33 "加载或重载线型"对话框

（5）在"新建多线样式：BC-WALL"对话框中单击"确定"按钮，返回到"多线样式"对话框。单击"置为当前"按钮将 BC-WALL 多线样式设置为当前多线样式，然后单击"确定"按钮。

（6）在命令行的"键入命令"提示下输入 MLINE 并按 Enter 键，接着根据命令行提示进行以下操作来绘制墙体。

```
命令：MLINE↙
当前设置：对正=上，比例=20.00，样式=BC_WALL
指定起点或 [对正(J)/比例(S)/样式(ST)]：J↙
输入对正类型 [上(T)/无(Z)/下(B)] <上>：Z↙
当前设置：对正=无，比例=20.00，样式=BC_WALL
指定起点或 [对正(J)/比例(S)/样式(ST)]：S↙
输入多线比例 <20.00>：1.1↙
当前设置：对正=无，比例=1.10，样式=BC_WALL
指定起点或 [对正(J)/比例(S)/样式(ST)]：0,0↙
指定下一点：@4500<90↙
指定下一点或 [放弃(U)]：@8000,0↙
```

```
指定下一点或 [闭合(C)/放弃(U)]: @10000<-90↙
指定下一点或 [闭合(C)/放弃(U)]: @8000<180↙
指定下一点或 [闭合(C)/放弃(U)]: @4500<90↙
指定下一点或 [闭合(C)/放弃(U)]: ↙
```

绘制的墙体如图 2-34 所示。

（7）使用和步骤（6）相同的方法绘制内侧墙体，如图 2-35 所示，相关尺寸可自行确定。

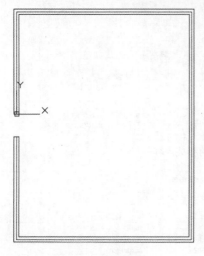

图 2-34　绘制墙体

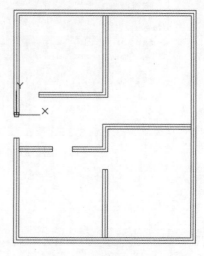

图 2-35　绘制内侧墙体

（8）在命令行的"键入命令"提示下输入 MLEDIT 并按 Enter 键，弹出如图 2-36 所示的"多线编辑工具"对话框。

（9）在"多线编辑工具"对话框中单击"T 形打开"按钮，接着选择第一条多线（其中一处内墙），再选择第二条多线（外墙）作为要打开的多线，从而完成一处"T 形打开"操作，继续根据提示依次选择相交的多线进行修剪，结果如图 2-37 所示。

图 2-36　"多线编辑工具"对话框

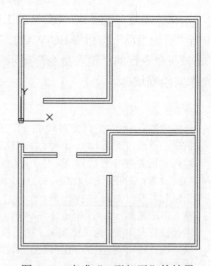

图 2-37　完成"T 形打开"的结果

2.13 图案填充与渐变色填充

可以填充图案、实体填充或渐变色填充封闭区域或选定对象。其中图案填充应用较多，图案填充是指使用指定图案来填充指定区域或选定对象。在工程制图中，物体的剖面或断面要根据材料情况等选用特定的图案进行填充，以表示剖面线。

2.13.1 图案填充（HATCH）

在命令行中输入 HATCH 并按 Enter 键，或者单击"图案填充"按钮，如果功能区处于活动状态，则打开"图案填充创建"上下文选项卡。如果功能区处于关闭状态，则弹出"图案填充和渐变色"对话框。不管打开的是"图案填充创建"上下文选项卡还是"图案填充和渐变色"对话框，提供的可操作内容都是一样的，均可定义图案填充和填充的边界、图案、填充特性和其他参数，这里以功能区处于活动状态为例。

"图案填充创建"上下文选项卡如图 2-38 所示，下面介绍其组成要素。

图 2-38 "图案填充创建"上下文选项卡

1."边界"面板

"边界"面板主要用于定义填充的边界，该面板主要按钮的功能含义如下。

☑ "拾取点"按钮：通过选择由一个或多个对象形成的封闭区域内的任意一点来确定图案填充边界。指定内部点时，可以随时在绘图区域中右击以显示包含多个选项的快捷菜单。

☑ "选择"按钮：用于指定基于选定对象的图案填充边界。

☑ "删除"按钮：从边界定义中删除之前添加的任何对象。

2."图案"面板

"图案"面板显示所有预定义和自定义图案的预览图像。用户可以在该面板中选择所需的图案。

3."特性"面板

在"特性"面板中可指定图案填充类型、图案填充颜色或渐变色 1、背景色或渐变色 2、图案填充透明度、图案填充角度、填充图案比例、图案填充间距和图层名等。

4."原点"面板

"原点"面板用于控制填充图案生成的起始位置，其中"设定原点"按钮用于直接指定新的图案填充原点，打开该面板的溢出列表还可访问其他定义原点的工具。在实际设计工作中，有些图案填充（例如砖块图案）需要与图案填充边界上的一点对齐。在默认情况下，所有图案填充原点都对应于当前的 UCS 原点。

5.“选项”面板

“选项”面板控制几个常用的图案填充或填充选项，如图 2-39 所示。

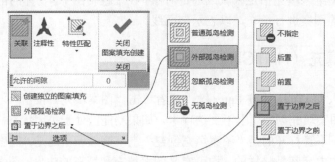

图 2-39　“选项”面板

☑ “关联”按钮▨：单击此按钮时，指定图案填充或填充为关联图案填充。关联的图案填充或填充在用户修改其边界对象时将会自动更新。

☑ “注释性”按钮▲：指定图案填充为注释性。此特性会自动完成缩放注释过程，从而使注释能够以正确的大小在图纸上打印或显示。

☑ “特性匹配”下拉列表：“使用当前原点”图标▨使用选定图案填充对象（除图案填充原点外）设定图案填充的特性。“使用源图案填充的原点”图标▨使用选定图案填充对象（包括图案填充原点）设定图案填充的特性。

☑ 允许的间隙：设定将对象用作图案填充边界时可以忽略的最大间隙。默认值为 0，此值指定对象必须封闭区域而没有间隙。移动滑块或按图形单位输入一个值（0～5000），以设定将对象用作图案填充边界时可以忽略的最大间隙。任何小于等于指定值的间隙都将被忽略，并将边界视为封闭。

☑ “创建独立的图案填充”按钮▨：控制当指定了几个单独的闭合边界时，是创建单个图案填充对象，还是创建多个图案填充对象。

☑ “孤岛检测”下拉菜单：提供 4 个选项，即“普通孤岛检测”“外部孤岛检测”“忽略孤岛检测”“无孤岛检测”。其中，“普通孤岛检测”用于从外部边界向内填充，如果遇到内部孤岛，填充将关闭，直到遇到孤岛中的另一个孤岛；“外部孤岛检测”用于从外部边界向内填充，此选项仅填充指定的区域，不会影响内部孤岛；“忽略孤岛检测”用于忽略所有内部的对象，填充图案时将通过这些对象。

☑ “绘图次序”下拉菜单：用于为图案填充或填充指定绘图次序，可供选择的选项有“不指定”“后置”“前置”“置于边界之后”“置于边界之前”。

6.“关闭”面板

在“关闭”面板中单击“关闭图案填充创建”按钮✔，退出 HATCH 命令并关闭该上下文选项卡。也可以按 Enter 键或 Esc 键退出 HATCH 命令。

下面介绍一个使用 HATCH 命令绘制剖面线的操作范例。

（1）打开本书配套资源中的素材图形文件"图案填充_剖面线绘制范例.dwg"，该图形文件存在的图形如图 2-40 所示。使用"草图与注释"工作空间。

（2）在命令行中输入 HATCH 并按 Enter 键，或者单击"图案填充"按钮，打开"图案填充创建"上下文选项卡。

（3）在"图案"面板中单击 ANSI31 图案图标。

（4）在"边界"面板中单击"拾取点"按钮，接着分别在如图 2-41 所示的区域 1、区域 2、区域 3 和区域 4 中各任选一点。

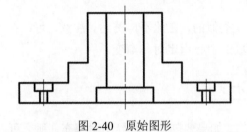

图 2-40　原始图形

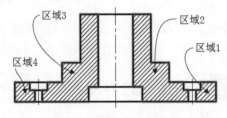

图 2-41　拾取 4 个内部点

（5）在"特性"面板的"填充图案比例"框中输入 2，角度值默认为 0°，在"选项"面板中确保选中"关联"按钮。

（6）在"关闭"面板中单击"关闭图案填充创建"按钮，绘制完成图案填充如图 2-42 所示。

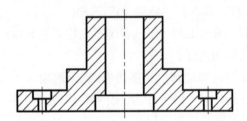

图 2-42　完成图案填充（绘制好剖面线）

2.13.2　渐变色填充（GRADIENT）

渐变色填充是指使用渐变色方案填充封闭区域或选定对象，用于创建一种或两种颜色之间的平滑转场，如图 2-43 所示。渐变色填充可以显示为明（一种与白色混合的颜色）、暗（一种与黑色混合的颜色）或两种颜色之间的平滑过渡。

图 2-43　渐变色填充

在命令行的"键入命令"提示下输入 GRADIENT 并按 Enter 键，或者单击"渐变色"按钮，打开如图 2-44 所示的"图案填充创建"上下文选项卡（以功能区处于打开的激活状态为例）。显然，渐变色填充与图案填充主要是填充类型不同而已，对于渐变色填充，"特性"面板的"图案填充类型"下拉列表框中的选项为"渐变色"；而对于图案填充，"特性"面板的"图案填充类型"下拉列表框中的选项为"图案"。

图 2-44　"图案填充创建"上下文选项卡

渐变色填充的操作方法和图案填充的操作方法是类似的，在此不再赘述。注意，可以在"原点"面板中选中"居中"按钮以相对于要填充区域的中心指定对称渐变。

2.13.3　创建无边界图案填充（-HATCH）

在大多数情况下，创建的图案填充都是有边界的。如果要创建无边界图案填充，那么可以按照以下步骤来进行。

（1）在命令行的"键入命令"提示下输入-HATCH 并按 Enter 键，命令窗口出现"指定内部点或 [特性(P)/选择对象(S)/绘图边界(W)/删除边界(B)/高级(A)/绘图次序(DR)/原点(O)/注释性(AN)/图案填充颜色(CO)/图层(LA)/透明度(T)]:"提示信息。

（2）输入 P 并按 Enter 键，即选择"特性(P)"选项。

（3）输入图案名称。例如输入 EARTH 已有图案名称并按 Enter 键。

（4）指定填充图案的比例和角度。

（5）输入 W 并按 Enter 键，即选择"绘图边界(W)"选项。

（6）在"是否保留多段线边界？ [是(Y)/否(N)] <N>:"提示下输入 N 并按 Enter 键，即选择"否(N)"选项以设置不保留多段线边界（即在定义图案填充区域后放弃多段线边界）。

（7）指定定义边界的点。如果在"指定下一个点或 [圆弧(A)/闭合(C)/长度(L)/放弃(U)]:"提示下输入 C 并按 Enter 键可闭合多段线边界。

（8）按 Enter 键两次创建图案填充。

2.13.4　编辑图案填充（HATCHEDIT）

可以修改现有的图案填充对象，包括修改特定于图案填充的特性，例如现有图案填充或填充的图案、比例和角度。

在命令行的"键入命令"提示下输入 HATCHEDIT 并按 Enter 键，或者在功能区"默认"选项卡的"修改"溢出面板中单击"编辑图案填充"按钮，接着选择要编辑的图案填充对象，弹出如图 2-45 所示的"图案填充编辑"对话框，从中对图案填充或渐变色填充进行相应编辑即可。

图 2-45 "图案填充编辑"对话框

2.14 面域（REGION）

面域是用闭合的形状或环创建的二维区域，具有物理特性（如质心），可用于提取设计信息、应用填充和着色、使用布尔操作将简单对象合并到更复杂的对象。闭合多段线、闭合的多条直线和闭合的多条曲线都是有效地用于创建面域的选择对象，有效曲线包括圆、圆弧、椭圆弧、椭圆和样条曲线。每个闭合的环都将转换为独立的面域，而拒绝交叉交点和自交曲线。创建好若干面域后，还可以通过相关的布尔运算对这些面域进行组合，即可以使用求交、求差或求并操作将它们合并到一个复杂的面域中。

要定义面域，则在命令行的"键入命令"提示下输入 REGION 并按 Enter 键，或者在功能区"默认"选项卡的"绘图"面板中单击"面域"按钮 ，接着选择对象以创建面域，这些对象必须各自形成闭合区域或组合成闭合区域，按 Enter 键结束选择，此时命令提示下的消息指出检测到了多少个环以及创建了多少个面域。

2.15 边界（BOUNDARY）

BOUNDARY 命令（对应的工具为"边界"按钮 ）用于从封闭区域创建面域或多段线。

在命令行的"键入命令"提示下输入 BOUNDARY 并按 Enter 键，或者在功能区"默认"选项卡的"绘图"面板中单击"边界"按钮 ，弹出如图 2-46 所示的"边界创建"对话框，下面介绍该对话框各组成的功能含义。

图 2-46 "边界创建"对话框

- ☑ "拾取点"按钮▣：根据围绕指定点构成封闭区域的现有对象来确定边界。
- ☑ "孤岛检测"复选框：用于控制 BOUNDARY 命令是否检测内部闭合边界（边界称为孤岛）。
- ☑ "边界保留"选项组：该选项组用于控制新边界对象的类型。从该选项组的"对象类型"下拉列表框中可将对象类型选定为"面域"或"多段线"。
- ☑ "边界集"选项组：该选项组用于定义通过指定点定义边界时，BOUNDARY 命令要分析的对象集。在该选项组的下拉列表框中可选择"当前视口"或"现有集合"，"新建"按钮✦用于选择用来定义边界集的对象。

以要创建带边界的面域为例，单击"边界"按钮口，打开"边界创建"对话框，从"边界保留"选项组的"对象类型"下拉列表框中选择"面域"选项，接着单击"拾取点"按钮▣，在图形中每个要定义为面域的闭合区域内指定一点并按 Enter 键。

2.16　修订云线（REVCLOUD）

修订云线是由连续圆弧组成的构成云线形状的多段线，主要用于在查看阶段提醒用户注意图形的某个部分。使用 REVCLOUD（修订云线）命令既可以从头开始创建修订云线，也可以将对象（例如圆、椭圆、样条曲线或多段线）转换为修订云线。

要创建修订云线，则在命令行的"键入命令"提示下输入 REVCLOUD 并按 Enter 键，此时命令窗口出现的提示信息如图 2-47 所示。

图 2-47 "修订云线"的命令提示

首先介绍以下 7 个提示选项的功能用途。

- ☑ 弧长(A)：选择此提示选项时，设置最小弧长和最大弧长，最大弧长不能大于最小弧长的 3 倍。
- ☑ 对象(O)：选择此提示选项时，指定要转换为云线的对象，并在"反转方向 [是(Y)/否(N)]

<否>:"提示下指定是否反转修订云线的方向。

☑ **矩形(R)**：通过指定两个角点绘制矩形来创建修订云线。对应的工具按钮为"矩形修订云线"按钮▢。

☑ **多边形(P)**：通过指定点绘制多段线创建修订云线。对应的工具按钮为"多边形修订云线"按钮⬠。

☑ **徒手画(F)**：通过拖曳光标形成自由形状的多段线来创建修订云线。对应的工具按钮为"徒手画修订云线"按钮☁。

☑ **样式(S)**：选择此提示选项时，出现"选择圆弧样式 [普通(N)/手绘(C)] <手绘>:"提示信息，从中指定修订云线的样式为"普通"或"手绘"，指定"手绘"样式时，绘制的云线看起来像是用画笔绘制的，修订云线的两种样式如图 2-48 所示。

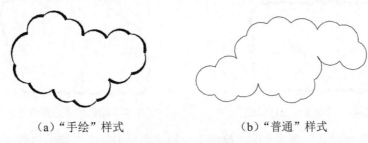

（a）"手绘"样式　　　　　　（b）"普通"样式

图 2-48　修订云线的两种样式

☑ **修改(M)**：选择此提示选项，接着选择要修改的多段线，指定下一个点或重新指定第一个点和下一个点，并拾取要删除的边，以及设定是否反转方向。

下面介绍创建修订云线的简单范例。

（1）使用"草图与注释"工作空间，在功能区"默认"选项卡的"绘图"组溢出面板中单击"矩形修订云线"按钮▢，根据命令行提示进行以下操作。

```
命令：_revcloud
最小弧长：2　最大弧长：5　样式：手绘　类型：矩形
指定第一个角点或 [弧长(A)/对象(O)/矩形(R)/多边形(P)/徒手画(F)/样式(S)/修改(M)] <对象>:_R
指定第一个角点或 [弧长(A)/对象(O)/矩形(R)/多边形(P)/徒手画(F)/样式(S)/修改(M)] <对象>:A✓
指定最小弧长 <2>:1.5✓
指定最大弧长 <1.5>:4✓
指定第一个角点或 [弧长(A)/对象(O)/矩形(R)/多边形(P)/徒手画(F)/样式(S)/修改(M)] <对象>:0,0✓
指定对角点:30,20✓
```

完成绘制的矩形修订云线如图 2-49 所示。

（2）在功能区"默认"选项卡的"绘图"组溢出面板中单击"多边形修订云线"按钮⬠，根据命令行提示进行以下操作。

```
命令：_revcloud
最小弧长：1.5　最大弧长：4　样式：手绘　类型：多边形
```

```
指定起点或 [弧长(A)/对象(O)/矩形(R)/多边形(P)/徒手画(F)/样式(S)/修改(M)] <对象>: _P
指定起点或 [弧长(A)/对象(O)/矩形(R)/多边形(P)/徒手画(F)/样式(S)/修改(M)] <对象>:
50,0↙
    指定下一点: 80,0↙
    指定下一点或 [放弃(U)]: 85,20↙
    指定下一点或 [放弃(U)]: 68,26↙
    指定下一点或 [放弃(U)]: 50,12↙
    指定下一点或 [放弃(U)]: ↙
```

绘制的多边形修订云线如图 2-50 所示。

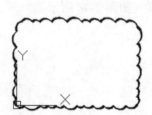

图 2-49　绘制矩形修订云线　　　　图 2-50　绘制的多边形修订云线

（3）在功能区"默认"选项卡的"绘图"组溢出面板中单击"徒手画修订云线"按钮，根据命令行提示进行以下操作。

```
命令：_revcloud
最小弧长: 1.5   最大弧长: 4   样式: 手绘   类型: 徒手画
指定第一个点或 [弧长(A)/对象(O)/矩形(R)/多边形(P)/徒手画(F)/样式(S)/修改(M)] <对象>: _F
指定第一个点或 [弧长(A)/对象(O)/矩形(R)/多边形(P)/徒手画(F)/样式(S)/修改(M)] <对象>: S↙
选择圆弧样式 [普通(N)/手绘(C)] <手绘>: N↙
普通
指定第一个点或 [弧长(A)/对象(O)/矩形(R)/多边形(P)/徒手画(F)/样式(S)/修改(M)] <对象>:
沿云线路径引导十字光标...
修订云线完成。
```

完成绘制的修订云线（参考）如图 2-51 所示。这里总结一下徒手画修订云线的绘制思路：在设定修订云线的样式和相关弧长参数后，输入或使用鼠标指定起点，接着在绘图区域移动鼠标光标即可进行绘制，待光标重新回到靠近起点位置时，修订云线自动完成封闭。

图 2-51　徒手画修订云线

2.17 区域覆盖（WIPEOUT）

区域覆盖对象是一块多边形区域，它可以使用当前背景色遮蔽底层的对象。此区域覆盖区域由区域覆盖边框定义，用户可以打开此边框进行编辑，也可以关闭此边框进行打印。创建有区域覆盖对象的典型示例如图 2-52 所示。

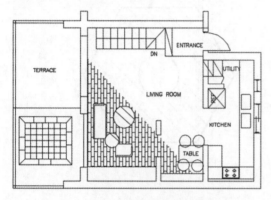

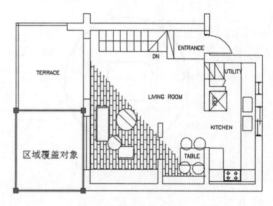

（a）未创建区域覆盖对象之前　　　　　　　（b）创建区域覆盖对象之后

图 2-52　创建区域覆盖对象示例

要创建区域覆盖对象，则在命令行的"键入命令"提示下输入 WIPEOUT 并按 Enter 键，或者在功能区"默认"选项卡的"绘图"面板中单击"区域覆盖"按钮▦，此时出现"指定第一点或 [边框(F)/多段线(P)] <多段线>:"提示信息，接着在绘图区域中依次指定一系列的若干个点来定义区域覆盖对象的多边形边界，按 Enter 键即可。

如果在执行 WIPEOUT（区域覆盖）命令后选择"边框(F)"选项，那么可以指定边框模式来确定是否显示所有区域覆盖对象的边。可用的边框模式有"开(ON)""关(OFF)""显示但不打印(D)"，"开(ON)"用于显示和打印边框；"关(OFF)"用于不显示或不打印边框；"显示但不打印(D)"用于显示但不打印边框。

如果在执行 WIPEOUT（区域覆盖）命令后选择"多段线(P)"选项，接着选择闭合多段线，则根据选定的多段线确定区域覆盖对象的多边形边界。

2.18 思考与练习

（1）射线和构造线的特点分别是什么？如何绘制它们？

（2）什么是多段线？如何绘制多段线？

（3）绘制圆的方式有哪几种？

（4）绘制圆弧的方式主要有哪几种？

（5）绘制椭圆的方式主要有哪两种？

（6）如何绘制矩形和正多边形？可以举例进行说明。

（7）什么是面域？面域与边界有何区别？

（8）什么是修订云线？绘制修订云线主要有哪些方式？

（9）上机操作 1：新建一个图形文档，以坐标原点为圆心，绘制一个半径为 50mm 的圆，接着以角点 1（-15,15）和角点 2（15,-15）绘制一个矩形，再指定点样式，在圆上绘制 6 个定数等分点，完成效果如图 2-53 所示。

（10）上机操作 2：完成如图 2-54 所示的图形，自行根据参考图形确定尺寸。

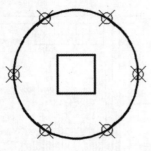

图 2-53　上机操作题 1

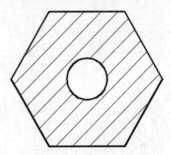

图 2-54　上机操作题 2

第3章 图形修改

本 章 导 读

　　较为复杂的图形往往需要经过修改环节。本章重点介绍图形修改的相关知识，包括图形移动、复制、旋转、镜像、缩放、拉伸、修剪、延伸、圆角、倒角、阵列、打散、删除、偏移、拉长、打断和合并等。

3.1 移动（MOVE）

　　移动图形是指从原图形对象以指定的角度和方向移动图形对象。在移动图形的操作过程中，使用坐标、对象捕捉和其他工具可以精确地移动图形对象。使用 MOVE 命令移动图形对象的典型方法主要有两种：一种是使用两点移动对象；另一种则是使用位移移动对象。

3.1.1 使用两点移动对象

　　要使用两点移动图形对象，则在命令行的"键入命令"提示下输入 MOVE 并按 Enter 键，或者在功能区"默认"选项卡的"修改"面板中单击"移动"按钮✛，接着选择要移动的图形对象，按 Enter 键，此时命令行出现"指定基点或 [位移(D)] <位移>:"提示信息，指定基点并指定第二个点，则选定的对象将移到由第一点和第二点间的方向和距离确定的新位置。

3.1.2 使用位移移动对象

　　可以按照以下步骤使用位移移动对象。

```
命令：MOVE↙                              //输入 MOVE 并按 Enter 键
选择对象：找到 1 个                        //选择要移动的对象
选择对象：↙                              //按 Enter 键结束选择对象
指定基点或 [位移(D)] <位移>：D↙           //输入 D，按 Enter 键以选择"位移(D)"选项
指定位移 <20.0000, 10.0000, 0.0000>：     //输入用于定义位移量的坐标值
```

　　在"指定位移"提示下输入的坐标值将用作相对位移，选定的对象将移到由输入的该坐标值确定的新位置。例如，输入"20,10"，那么选定的图形对象从当前位置沿着 X 方向移动 20 个单位，沿着 Y 方向移动 10 个单位。

　　另外，用户也可以按照以下步骤以使用位置移动对象。

命令：MOVE✓   //输入 MOVE 并按 Enter 键
选择对象：找到 1 个   //选择要移动的对象
选择对象：✓   //按 Enter 键结束选择对象
指定基点或 [位移(D)] <位移>：100,65✓ //输入基点坐标，以输入"100,65"为例，按 Enter 键
指定第二个点或 <使用第一个点作为位移>：✓ //直接按 Enter 键

这里接受使用第一个点作为位移，即第一个点被认为是相对 X、Y、Z 位置（相对坐标是假设的，无须包含符号@）。例如，如果将基点坐标指定为"100,65"，接着在下一个提示下按 Enter 键，则图形对象将从当前位置沿着 X 方向移动 100 个单位，沿着 Y 方向移动 65 个单位。

3.2 复制（COPY）

复制操作在指定方向上按指定距离复制对象，其操作和移动对象的操作有些类似，也有使用两点指定距离来复制对象，或者使用相对坐标指定距离来复制对象。复制操作还能从指定的选择集和基点创建多个副本，即在指定位置或位移创建副本，或者以线性阵列模式自动间隔指定数量的副本。

3.2.1 使用两点指定距离来复制对象

在命令行的"键入命令"提示下输入 COPY 并按 Enter 键，或者在功能区"默认"选项卡的"修改"面板中单击"复制"按钮，接着选择要复制的对象并按 Enter 键，然后指定基点和第二个点，即可使用由基点及后跟的第二个点指定的距离和方向复制对象。

3.2.2 使用相对坐标指定距离来复制对象

该方式是在执行 COPY 命令的过程中，通过输入第一个点的坐标值并在下一个提示下按 Enter 键，即可使用第一点的坐标值用作相对位移，而不是基点位置。在为第一点（在指定基点的提示下）输入相对坐标时，无须像通常情况下那样包含标记符号@，这是因为此相对坐标是假设的。还可以在执行 COPY 的过程中选择"位移(D)"选项，接着输入相对位置值，请看以下范例。

扫码看视频

使用相对坐标
指定距离来复
制对象

打开本书配套资源中的"复制操练.dwg"，接着在命令行中进行以下操作。

命令：COPY✓   //输入 COPY 并按 Enter 键
选择对象：指定对角点：找到 2 个   //指定两个角点选择要复制的对象，如图 3-1 所示
选择对象：✓   //按 Enter 键结束对象选择
当前设置：复制模式=单个
指定基点或 [位移(D)/模式(O)/多个(M)] <位移>：D✓ //选择"位置(D)"选项
指定位移 <0.0000, 0.0000, 0.0000>：-170,0✓ //输入相对坐标用作相对位移

复制结果如图 3-2 所示。

要按指定距离复制对象，还可以在"正交"模式和极轴追踪打开的同时使用直接距离输入作为"位移"值。

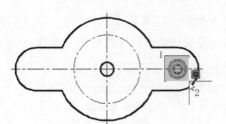

图 3-1 选择要复制的对象

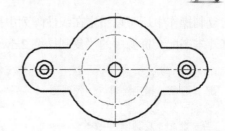

图 3-2 复制结果

3.2.3 创建多个复制副本

要在指定位置或位移创建多个副本，那么需要在操作过程中将复制模式由"单个"设置为"多个"，请看以下范例。

```
命令：COPY✓                                        //输入 COPY 并按 Enter 键
选择对象：指定对角点：找到 2 个         //从左到右指定两个角点选择要复制的对象，如图 3-3 所示
选择对象：✓                                         //按 Enter 键结束对象选择
当前设置：复制模式=单个
指定基点或 [位移(D)/模式(O)/多个(M)] <位移>：O✓   //选择"模式(O)"选项
输入复制模式选项 [单个(S)/多个(M)] <单个>：M✓     //选择"多个(M)"选项
指定基点或 [位移(D)/模式(O)] <位移>：             //选择如图 3-4 所示的圆心作为基点
指定第二个点或 [阵列(A)] <使用第一个点作为位移>：   //选择如图 3-5 所示的象限点或交点
指定第二个点或 [阵列(A)/退出(E)/放弃(U)] <退出>：   //再选择其他所需的一个象限点或交点
指定第二个点或 [阵列(A)/退出(E)/放弃(U)] <退出>：   //再选择其他所需的一个象限点或交点
指定第二个点或 [阵列(A)/退出(E)/放弃(U)] <退出>：   //再选择其他所需的一个象限点或交点
指定第二个点或 [阵列(A)/退出(E)/放弃(U)] <退出>：✓  //按 Enter 键结束命令操作
```

创建的多个复制副本如图 3-6 所示。

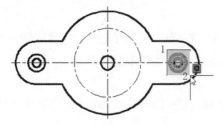

图 3-3 选择要复制的图形对象

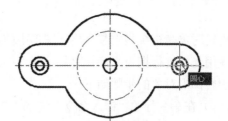

图 3-4 指定基点

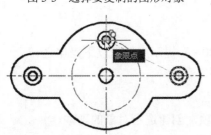

图 3-5 选择一个象限点（第二个点）

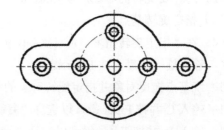

图 3-6 完成多个副本

在复制操作中还可以指定在线性阵列中排列的副本数量，请看以下范例。

打开本书配套资源中的"复制操练2.dwg"文件，接着在命令行中进行以下操作。

```
命令：COPY✓                                    //输入 COPY 并按 Enter 键
选择对象：指定对角点：找到 5 个                 //以窗口选择方式选择全部图形对象
选择对象：✓                                    //按 Enter 键结束对象选择
当前设置：复制模式=多个
指定基点或 [位移(D)/模式(O)] <位移>：          //选择如图 3-7 所示的圆心作为复制基点
指定第二个点或 [阵列(A)] <使用第一个点作为位移>：A✓   //选择"阵列(A)"选项
输入要进行阵列的项目数：5✓
指定第二个点或 [布满(F)]：                      //选择如图 3-8 所示的圆心点以定义阵列距离
指定第二个点或 [阵列(A)/退出(E)/放弃(U)] <退出>：✓
```

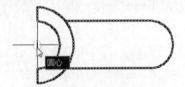

图 3-7　指定复制基点

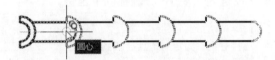

图 3-8　指定第二个点完成创建阵列副本

选择"阵列(A)"选项后指定的第二个点，确定阵列相对于基点的距离和方向。在默认情况下，阵列中的第一个副本将放置在指定的位移，其他的副本使用相同的增量位移放置在超出该点的线性阵列中。如果在"指定第二个点或 [布满(F)]："提示下选择"布满(F)"选项，那么将使用指定的位移作为最后一个副本而不是第一个副本的位置，在原始选择集和最终副本之间布满其他副本。

3.3　旋转（ROTATE）

旋转对象是指绕指定基点旋转图形中的对象，在操作过程中可以通过指定角度旋转对象，也可以使用光标进行拖曳来旋转对象，或者指定参照角度以便与绝对角度对齐。

旋转图形对象的步骤如下。

（1）在命令行的"键入命令"提示下输入 ROTATE 并按 Enter 键，或者在功能区"默认"选项卡的"修改"面板中单击"旋转"按钮○。

（2）选择要旋转的对象，按 Enter 键。

（3）指定旋转基点。

（4）在"指定旋转角度，或 [复制(C)/参照(R)] <0>："提示下执行以下操作之一。

☑　输入旋转角度，按 Enter 键。

☑　绕基点拖曳对象并指定旋转对象的终止位置点。

☑　输入 C 并按 Enter 键，以选择"复制(C)"选项，创建选定对象的副本。

☑　输入 R 并按 Enter 键，以选择"参照(R)"选项，接着根据提示进行相应操作，将选定的对象从指定参照角度旋转到绝对角度。

请看以下一个操作范例。

打开本书配套资源中的"旋转操练.dwg"文件，根据命令行提示进行以下操作。

```
命令: ROTATE✓
UCS 当前的正角方向: ANGDIR=逆时针  ANGBASE=0
选择对象: 指定对角点: 找到 8 个              //选择整个图形
选择对象: ✓
指定基点:                                   //选择如图 3-9 所示的圆心
指定旋转角度, 或 [复制(C)/参照(R)] <0>: 45✓  //指定旋转角度为 45°
```

旋转图形的结果如图 3-10 所示。

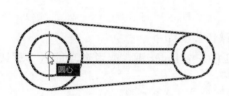

图 3-9　指定旋转基点

图 3-10　旋转图形的结果

3.4　镜像（MIRROR）

对于具有关于某参考线对称的复杂图形，可以先创建表示半个图形的对象，再选择这些对象并沿着指定的线进行镜像以创建另一半。镜像图形的操作较为简单，在命令行的"键入命令"提示下输入 MIRROR 并按 Enter 键，或者在功能区"默认"选项卡的"修改"面板中单击"镜像"按钮⚠，接着选择要镜像的图形，按 Enter 键，再指定镜像线上的第一点和第二点，然后选择是删除源对象还是保留源对象。

请看一个镜像图形的操作范例。

打开本书配套资源中的"镜像操练.dwg"文件，在命令行中进行以下操作。

```
命令: MIRROR✓
选择对象: 指定对角点: 找到 16 个            //以窗口选择选择如图 3-11 所示的图形
选择对象: ✓
指定镜像线的第一点:                         //选择如图 3-12 所示的中心线端点 A
指定镜像线的第二点:                         //选择如图 3-12 所示的中心线端点 B
要删除源对象吗? [是(Y)/否(N)] <否>: N✓      //设置不删除源对象
```

镜像图形的结果如图 3-13 所示。

镜像文字、图案填充、属性和属性定义时，它们在默认情况下，在镜像图像中不会反转或倒置，即文字的对齐和对正方式在镜像对象前后是相同的。如果要反转文字，那么需要将 MIRRTEXT 系统变量设置为 1，MIRRTEXT 系统变量默认值为 0。MIRRTEXT 系统变量会影响使用 TEXT、ATTDEF 或 MTEXT 命令、属性定义和变量属性创建的文字。

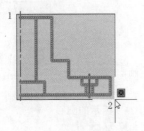

图 3-11　选择要镜像的图形

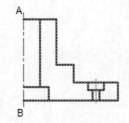

图 3-12　指定镜像线的两个点

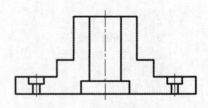

图 3-13　镜像图形的结果

3.5　缩放（SCALE）

SCALE 命令用于放大或缩小选定对象，具体的操作步骤如下。

（1）在命令行的"键入命令"提示下输入 SCALE 并按 Enter 键，或者在功能区"默认"选项卡的"修改"面板中单击"缩放"按钮 。

（2）选择要缩放的图形对象，按 Enter 键。

（3）指定基点。基点将作为缩放操作的中心，并保持静止。

（4）此时，命令行出现"指定比例因子或 [复制(C)/参照(R)]:"提示信息，在该提示下执行以下操作之一。

☑　指定比例因子来缩放选定对象的尺寸。大于 1 的比例因子使对象放大，介于 0～1 的比例因子使对象缩小。可以拖曳鼠标光标使对象变大或变小。

☑　选择"复制(C)"选项，将创建要缩放的选定对象的副本。

☑　选择"参照(R)"选项，将按参照长度和指定的新长度缩放所选对象。

3.6　拉伸（STRETCH）

使用 STRETCH 命令，可以重定位穿过或在窗交选择窗口内的对象的端点，将拉伸部分包含在窗选内的对象，将移动（而不是拉伸）完全包含在窗选内的对象或单独选定的对象。无法拉伸某些对象类型（例如圆、椭圆和块）。

在命令行的"键入命令"提示下输入 STRETCH 并按 Enter 键，或者在功能区"默认"选项卡的"修改"面板中单击"拉伸"按钮 ，以窗交选择方式选择要拉伸的对象，按 Enter 键，接着指定基点和第二点便可拉伸对象，或者选择"位移(D)"选项并指定位置值来拉伸对象。

请看以下一个操作范例。

（1）打开本书配套资源中的"拉伸操练.dwg"文件，原始图形如图 3-14

扫码看视频

拉伸范例

所示。

（2）在功能区"默认"选项卡的"修改"面板中单击"拉伸"按钮 ，接着根据命令行提示进行以下操作。

```
命令：_stretch
以交叉窗口或交叉多边形选择要拉伸的对象...
选择对象：指定对角点：找到 17 个 //从右到左指定角点 1 和角点 2 窗交选择对象，如图 3-15 所示
选择对象：✓
指定基点或 [位移(D)] <位移>：　//选择如图 3-16 所示的交点作为拉伸基点
指定第二个点或 <使用第一个点作为位移>：@30<0✓
```

完成该拉伸命令操作的结果如图 3-17 所示。

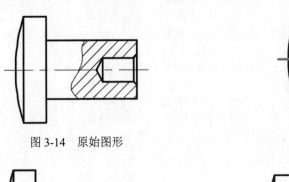

图 3-14　原始图形　　　　　　　　　　图 3-15　窗交选择对象

图 3-16　指定基点　　　　　　　　　图 3-17　完成拉伸命令操作的结果

3.7　修剪与延伸

修剪与延伸是图形修改中较为常用的两种方式。修剪对象是指使指定对象精确地终止于由其他对象定义的边界，而延伸与修剪的操作方法相同，延伸是指使指定对象精确地延伸至由其他对象定义的边界边。

3.7.1　修剪（TRIM）

TRIM（修剪）命令用于修剪对象以与其他对象的边相接。要修剪对象，执行 TRIM（修剪）命令后，可以选择某些图线作为边界边（剪切边），按 Enter 键，接着选择要修剪的对象即可。如果要将所有对象用作边界，那么在首次出现"选择对象或 <全部选择>："提示时直接按 Enter 键。

下面介绍修剪操作的一个范例。

（1）打开本书配套资源中的"修剪操练.dwg"文件，原始图形如图 3-18 所示。

（2）在功能区"默认"选项卡的"修改"面板中单击"修剪"按钮，根据命令行提示进行以下操作。

```
命令：_trim
当前设置：投影=UCS，边=无
选择剪切边...
选择对象或 <全部选择>：找到 1 个          //选择如图 3-19 所示的一个小圆作为剪切边
选择对象：↙
选择要修剪的对象，或按住 Shift 键选择要延伸的对象，或 [栏选(F)/窗交(C)/投影(P)/边(E)/
删除(R)/放弃(U)]：                        //在如图 3-19 所示的位置处单击线段 1
选择要修剪的对象，或按住 Shift 键选择要延伸的对象，或 [栏选(F)/窗交(C)/投影(P)/边(E)/
删除(R)/放弃(U)]：                        //在如图 3-19 所示的位置处单击线段 2
选择要修剪的对象，或按住 Shift 键选择要延伸的对象，或 [栏选(F)/窗交(C)/投影(P)/边(E)/
删除(R)/放弃(U)]：                        //在如图 3-19 所示的位置处单击线段 3
选择要修剪的对象，或按住 Shift 键选择要延伸的对象，或 [栏选(F)/窗交(C)/投影(P)/边(E)/
删除(R)/放弃(U)]：                        //在如图 3-19 所示的位置处单击线段 4
选择要修剪的对象，或按住 Shift 键选择要延伸的对象，或 [栏选(F)/窗交(C)/投影(P)/边(E)/
删除(R)/放弃(U)]：↙
```

完成该修剪操作后的图形效果如图 3-20 所示。

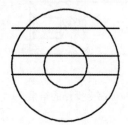 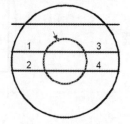 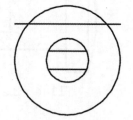

图 3-18　原始图形　　　　图 3-19　修剪操作　　　　图 3-20　修剪图形 1

📢 **知识点拨**：这里有必要介绍在修剪图形过程中出现的以下几个提示选项。

☑ **栏选(F)**：选择与选择栏相交的所有对象。选择栏是一系列临时线段，它们是用两个或多个栏选点指定的。选择栏不构成闭合环。

☑ **窗交(C)**：选择矩形区域（由两点确定）内部或与之相交的对象。某些要修剪的对象的窗交选择不确定。TRIM 将沿着矩形窗交窗口从第一个点以顺时针方向选择遇到的第一个对象。

☑ **投影(P)**：指定修剪对象时使用的投影方式。

☑ **边(E)**：确定对象是在另一对象的延长边处进行修剪，还是仅在三维空间中与该对象相交的对象处进行修剪。

☑ **删除(R)**：删除选定的对象。此选项提供了一种用来删除不需要的对象的简便方式，而无须退出 TRIM 命令。

☑ **放弃(U)**：撤销由 TRIM 命令所做的最近一次更改。

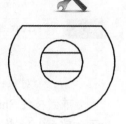

（3）在命令行的"键入命令"提示下输入 TRIM 并按 Enter 键，在"选择对象或 <全部选择>:"提示下按 Enter 键以将所有对象用作修剪边界，接着分别单击要修剪掉的线段，最后得到如图 3-21 所示的修剪效果。

图 3-21 修剪图形 2

3.7.2 延伸（EXTEND）

EXTEND（延伸）命令用于扩展对象以与其他对象的边相接，即可以延伸对象以使它们精确地延伸至由其他对象定义的边界边，如图 3-22 所示。

图 3-22 延伸对象示例

延伸对象的操作方法与修剪对象的操作方法相同。要延伸对象，则在命令行的"键入命令"提示下输入 EXTEND 并按 Enter 键，或者在功能区"默认"选项卡的"修改"面板中单击"延伸"按钮，接着选择曲线定义延伸边界，按 Enter 键，然后在靠近要延伸的一端选择要延伸的对象。如果要将所有对象用作延伸边界，那么在首次出现"选择对象"提示时按 Enter 键即可。

用户可以打开本书配套资源中的"延伸操练.dwg"文件进行上机操作。

3.8　圆角与倒角

圆角与倒角在绘图中经常用到。这里分别介绍圆角与倒角的功能应用。

3.8.1 圆角（FILLET）

圆角使用与对象相切并且具有指定半径的圆弧连接两个对象，如图 3-23 所示。根据生成圆角处于内角点还是外角点，可以将圆角分为内圆角和外圆角。可以对圆弧、圆、椭圆、椭圆弧、直线、多段线、射线、样条曲线、构造线等对象进行圆角处理。如果要进行圆角的两个对象位于同一个图层上，那么将在该图层创建圆角圆弧。否则，将在当前图层创建圆角圆弧，此图层影响对象的特性（包括颜色和线型）。

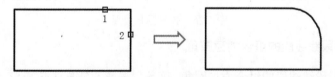

图 3-23 倒圆角

在命令行的"键入命令"提示下输入 FILLET 并按 Enter 键，或者在功能区"默认"选项卡的"修改"面板中单击"圆角"按钮，命令行出现如图 3-24 所示的提示信息。

FILLET 选择第一个对象或 [放弃(U) 多段线(P) 半径(R) 修剪(T) 多个(M)]:

图 3-24   圆角命令提示

☑ 第一个对象：选择定义二维圆角所需的两个对象中的第一个对象，接着选择第二个对象，或者按住 Shift 键并选择对象以创建一个锐角。

☑ 放弃(U)：恢复在命令中执行的上一个操作。

☑ 多段线(P)：对整个二维多段线进行圆角处理，即在二维多段线中两条直线段相交的每个顶点处插入圆角圆弧。

☑ 半径(R)：定义圆角圆弧的半径。修改圆角半径将影响后续的圆角操作，即输入的半径值将成为后续 FILLET 命令的当前半径。如果将圆角半径设置为 0mm，则被圆角的对象被修剪或延伸直到它们相交，也就是并不创建圆弧。

☑ 修剪(T)：设定修剪模式，即控制 FILLET（圆角）是否将选定的边修剪到圆角圆弧的端点。修剪模式分两种，即修剪与不修剪，如图 3-25 所示。

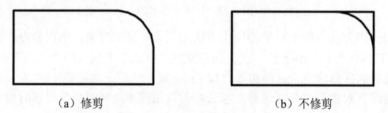

（a）修剪   （b）不修剪

图 3-25   设置圆角时是否修剪

☑ 多个(M)：给多个对象集加圆角。FILLET 命令将重复显示主提示和"选择第二个对象"提示，直到用户按 Enter 键结束该命令。

在对相关图形对象进行圆角编辑时，应该要注意以下操作特点和技巧等。

1. 控制圆角位置

在一些设计场合，对象之间可以存在多个可能的圆角。AutoCAD 将根据对象的选择位置来控制圆角的生成位置，如图 3-26 所示。

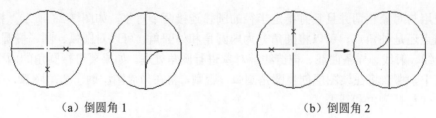

（a）倒圆角 1   （b）倒圆角 2

图 3-26   控制圆角位置

2. 为直线和多段线线段的组合创建圆角

可以为直线和多段线线段的组合添加圆角，每条直线或其延长线必须与一个多段线的直线段相交，如图 3-27 所示。如果打开"修剪"选项，则进行圆角的对象和圆角圆弧合并形成单独的新多段线。

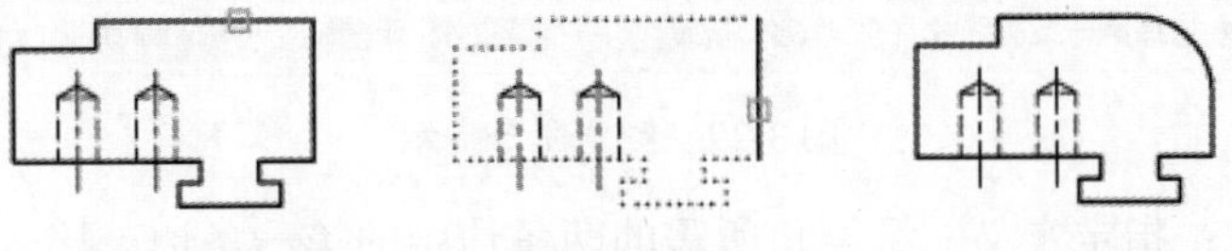

（a）选定的多段线　　　（b）选定的直线　　　（c）结果

图 3-27　为直线和多段线线段的组合加圆角

3. 对整个多段线进行圆角处理

对整个多段线进行圆角处理包括为整个多段线添加圆角或从多段线中删除圆角。

（1）在命令行的"键入命令"提示下输入 FILLET 并按 Enter 键，或者在功能区"默认"选项卡的"修改"面板中单击"圆角"按钮 。

（2）输入 P 并按 Enter 键，或者使用鼠标在提示选项中选择"多段线(P)"选项。

（3）选择所需的多段线。

如果设定一个非零的圆角半径，则 FILLET（圆角）命令将在长度足够适合圆角半径的每条多段线线段的顶点处插入圆角圆弧。如果多段线中的两个线性线段被它们之间的弧线段分隔，FILLET 将删除圆弧段并将其替换为当前圆角半径的新圆弧段。如果将圆角半径设定为 0mm，则不插入圆角圆弧。如果两条线性多段线线段被一条弧线段分隔，FILLET 将删除该圆弧并延伸线性线段，直到它们相交。

4. 对平行直线进行圆角

可以对平行直线、参照线和射线进行圆角处理。注意：第一个选定的对象必须是直线或射线，但第二个对象可以是直线、构造线或射线。创建的圆角圆弧直径等于平行线之间的间距。如果两条平行直线长度不相同，则会延长短线使二者并齐。

5. 在圆和圆弧的组合之间创建圆角

在圆和圆弧的组合之间可以存在着多个圆角的情况，因此，在对这类图元进行圆角处理时，需要注意把握对象的选择点，以获得想要的圆角。

3.8.2　倒角（CHAMFER）

倒角使用成角的直线连接两个对象，通常用于表示角点上的倒角边。可以倒角的图线有直线、多段线、射线和构造线等。例如，可以在两条相交直线之间创建倒角，如图 3-28 所示。

图 3-28　在相交的两条直线间倒角

在命令行的"键入命令"提示下输入 CHAMFER 命令并按 Enter 键，或者在功能区"默认"选项卡的"修改"面板中单击"倒角"按钮 ，则在命令窗口中出现如图 3-29 所示的提示信息，主要提示选项的功能含义如下。

CHAMFER 选择第一条直线或 [放弃(U) 多段线(P) 距离(D) 角度(A) 修剪(T) 方式(E) 多个(M)]：

图 3-29　倒角命令提示

☑　第一条直线：指定定义二维倒角所需的两条边中的第一条边，接着再选择第二条边。

☑　放弃(U)：恢复在命令中执行的上一个操作。

☑　多段线(P)：对整个二维多段线倒角。相交多段线线段在每个多段线顶点被倒角，倒角成为多段线的新线段。如果多段线包含的线段过短以至于无法容纳倒角距离，则不对这些线段倒角。

☑　距离(D)：设置倒角至选定边端点的距离。如果将两个距离均设置为 0mm，那么将延伸或修剪两条直线，以使它们终止于同一点。

☑　角度(A)：用第一条线的倒角长度（距离）和第二条线的角度设置倒角距离。

☑　修剪(T)：设置修剪模式为"修剪"或"不修剪"，即控制 CHAMFER 是否将选定的边修剪到倒角直线的端点。

☑　方式(E)：控制 CHAMFER 使用两个距离还是一个距离和一个角度来创建倒角。

☑　多个(M)：为多组对象的边倒角。

下面介绍二维倒角的 4 个主要知识点。

1．使用两个距离来创建倒角

可以使用两个距离来创建倒角，如图 3-30 所示，这两个距离可以相等也可以不相等。如果将这两个距离均设置为 0mm，那么倒角操作将修剪或延伸这两个所选对象直至它们相交，但不创建倒角线，如图 3-31 所示。

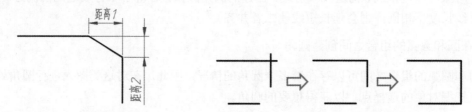

图 3-30　倒角距离示意　　　　图 3-31　两次倒角操作（倒角距离都为 0mm 时）

设置倒角距离并创建倒角的典型步骤如下。

（1）在命令行的"键入命令"提示下输入 CHAMFER 命令并按 Enter 键，或者在功能区"默认"选项卡的"修改"面板中单击"倒角"按钮 。

（2）在命令行中输入 D 并按 Enter 键，即选择"距离(D)"选项。

（3）指定第一个倒角距离。

（4）指定第二个倒角距离。

（5）依次选择两条直线。

2．使用一个距离和一个角度来创建倒角

用第一条线的倒角距离和第二条线的角度来创建倒角，其示意图如图 3-32 所示，其中 D 表示沿第一条直线的长度（距离），α 表示与第一条直线所成的夹角。系统将提示指定相应的倒角长度和倒角角度。

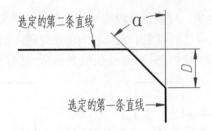

图 3-32　使用距离和角度来创建倒角

通过指定倒角长度（距离）和倒角角度来创建倒角的典型步骤如下。

（1）在命令行的"键入命令"提示下输入 CHAMFER 命令并按 Enter 键，或者在功能区"默认"选项卡的"修改"面板中单击"倒角"按钮。

（2）在命令行中输入 A 并按 Enter 键，即选择"角度(A)"选项。

（3）指定第一条直线的倒角长度（距离）。

（4）指定第一条直线的倒角角度。

（5）依次选择两条直线。

3. 设置倒角的修剪模式

可以设置倒角的修剪模式，即可以设置倒角操作时是否对要倒角的对象进行修剪。

```
命令：CHAMFER✓
（"修剪"模式）当前倒角长度=10.0000，角度=45
选择第一条直线或 [放弃(U)/多段线(P)/距离(D)/角度(A)/修剪(T)/方式(E)/多个(M)]：T✓
输入修剪模式选项 [修剪(T)/不修剪(N)] <修剪>：　//选择"修剪(T)"或"不修剪(N)"选项
```

该设置将影响当前文件的下一次倒角操作。

4. 多段线倒角

可以对多段线的某两条线段进行倒角，而倒角将成为多段线的新线段，如图 3-33 所示。

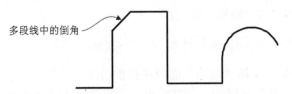

图 3-33　对多段线中的指定线段进行倒角

如果选择的两个倒角对象是一条多段线的两个线段，则它们是相邻的或仅隔一个弧线段。如果它们被弧线段间隔，倒角将删除此弧并用倒角线替换它，如图 3-34 所示。

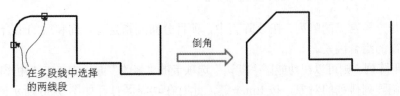

图 3-34　倒角替代多段线的圆弧

也可以对整条多段线进行倒角。对整条多段线进行倒角时，相交多段线线段在每个多段线顶点处被倒角，如果多段线包含的线段过短以至于无法容纳倒角距离，则不对这些线段倒角，如图 3-35 所示。也就是说对整条多段线倒角时，只对那些长度足够适合倒角距离的线段进行倒角。

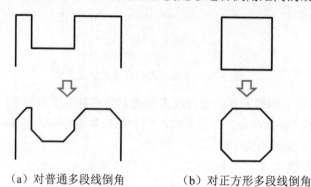

（a）对普通多段线倒角　　　（b）对正方形多段线倒角

图 3-35　对整条多段线进行倒角

使用当前的倒角方法和默认的距离对整条多段线进行倒角，其操作步骤如下。

（1）在命令行的"键入命令"提示下输入 CHAMFER 命令并按 Enter 键，或者在功能区"默认"选项卡的"修改"面板中单击"倒角"按钮 。

（2）在命令行中输入 P 并按 Enter 键，或者使用鼠标在命令提示选项中选择"多段线(P)"选项。

（3）选择多段线。

3.9　阵列（ARRAY/AR）

在命令行的"键入命令"提示下输入 ARRAY 或 AR 并按 Enter 键，接着选择要阵列的图形对象，按 Enter 键，则命令行出现以下提示信息，从中指定阵列类型为"矩形""路径"或"极轴"，其中"极轴"阵列也称"环形"阵列。

输入阵列类型　[矩形(R)/路径(PA)/极轴(PO)] <矩形>：

在功能区"默认"选项卡的"修改"面板中提供的阵列工具有"矩形阵列"按钮 、"环形阵列"按钮 和"路径阵列"按钮 ，这些阵列工具与使用 ARRAY（阵列）命令指定的相应阵列类型是一致的，下面分别介绍。

3.9.1　矩形阵列（ARRAYRECT）

矩形阵列是一种常见的阵列，在该阵列中，项目分布到指定行、列和层的组合。在二维制图中，不用考虑层的组合因素。

要创建矩形阵列，则可以在功能区"默认"选项卡的"修改"面板中单击"矩形阵列"按钮 ，接着选择要实施阵列排列的对象，按 Enter 键，此时在功能区打开如图 3-36 所示的"阵列创建"上下文选项卡，同时图形窗口显示默认的矩形阵列，在阵列预览中，可以拖曳相应夹点以调整间距、行数或列数，还可以在功能区"阵列创建"上下文选项卡中修改相关的值和选项。其中，"特性"面板中的"关联"按钮🔲用于指定阵列中的对象是关联的还是独立的，"基点"按钮⊹🔲则用于定义阵列基点和基点夹点的位置。

图 3-36　用于定义矩形阵列的"阵列创建"上下文选项卡

下面介绍一个使用矩形阵列的操作范例。

扫码看视频

矩形阵列范例

（1）打开本书配套资源中的"矩形阵列操练.dwg"文件，已有的多段线图形如图 3-37 所示。

（2）在功能区"默认"选项卡的"修改"面板中单击"矩形阵列"按钮🔳。

（3）选择已有的多段线图形，按 Enter 键。此时图形窗口中将显示采用默认参数的矩形阵列，如图 3-38 所示，在该阵列预览中显示有相关的夹点。

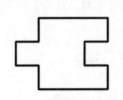

图 3-37　已有的多段线图形

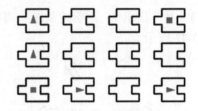

图 3-38　显示默认的矩形阵列

（4）在功能区出现的"阵列创建"上下文选项卡中设置如图 3-39 所示的列、行和特性等参数，注意在阵列预览中观察新参数对该矩形阵列的影响。

图 3-39　设置矩形阵列的创建参数和选项

（5）在"关闭"面板中单击"关闭阵列"按钮✔，完成矩形阵列后的图形效果如图 3-40 所示。

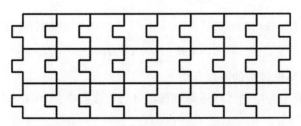

图 3-40　完成矩形阵列后的图形效果

3.9.2 环形阵列（ARRAYPOLAR）

环形阵列围绕中心点或旋转轴在环形阵列中均匀分布对象副本。要创建环形阵列，则在功能区"默认"选项卡的"修改"面板中单击"环形阵列"按钮，选择要阵列的对象，按 Enter 键结束对象选择，接着在"指定阵列的中心点或 [基点(B)/旋转轴(A)]:"提示下指定阵列的中心点等，功能区出现如图 3-41 所示的"阵列创建"上下文选项卡，从中分别指定项目、行、层级和特性等相关属性，阵列预览的效果满意后，单击"关闭阵列"按钮✔。

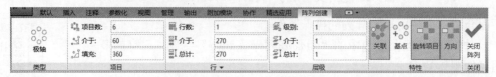

图 3-41　用于定义环形阵列的"阵列创建"上下文选项卡

对于环形阵列，"阵列创建"上下文选项卡的"特性"面板中提供"关联"按钮、"基点"按钮、"旋转项目"按钮和"方向"按钮。这里介绍"旋转项目"按钮和"方向"按钮的功能含义。

☑　"旋转项目"按钮：用于控制在阵列项目时是否旋转项目，是否旋转项目的对比示例如图 3-42 所示。

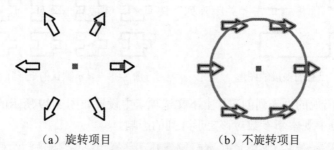

（a）旋转项目　　　　　　　　（b）不旋转项目

图 3-42　控制旋转项目

☑　"方向"按钮：用于控制是否创建逆时针或顺时针阵列，如图 3-43 所示。

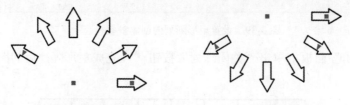

（a）按逆时针阵列　　　　　　（b）按顺时针阵列

图 3-43　控制旋转方向

下面介绍一个使用环形阵列的操作范例。

（1）打开本书配套资源中的"环形阵列操练.dwg"文件，原始图形如图 3-44 所示。

（2）在功能区"默认"选项卡的"修改"面板中单击"环形阵列"按钮。

扫码看视频

环形阵列范例

（3）选择如图 3-45 所示的完全位于选择框窗口中的图形，按 Enter 键。

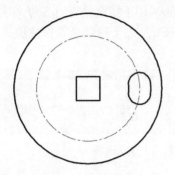

图 3-44 原始图形

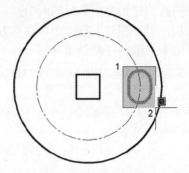

图 3-45 选择要阵列的图形

（4）选择大圆的圆心作为环形阵列的中心点。

（5）在"阵列创建"上下文选项卡中设置如图 3-46 所示的参数和选项。

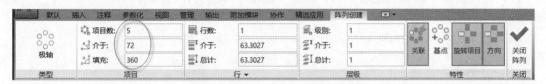

图 3-46 设置环形阵列参数和选项

（6）在"关闭"面板中单击"关闭阵列"按钮 ✔，完成环形阵列的效果如图 3-47 所示。

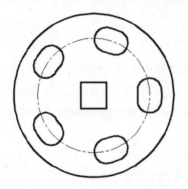

图 3-47 完成环形阵列后的图形效果

3.9.3 路径阵列（ARRAYPATH）

路径阵列是指沿着指定路径或部分路径均匀分布对象副本，路径可以是直线、圆弧、圆、椭圆、多段线、三维多段线、样条曲线或螺旋。这里以创建二维路径阵列为例进行介绍。

要创建路径阵列，则在功能区"默认"选项卡的"修改"面板中单击"路径阵列"按钮，接着选择要阵列的对象，按 Enter 键，再选择路径曲线，此时在功能区出现"阵列创建"上下文选项卡，如图 3-48 所示，从中设置项目、行、层级和特性方面的参数和选项即可。

对于路径阵列，可以在"特性"面板中指定沿路径分布对象的方法：即如果要沿着整个路径长度按设定的项目数均匀地分布项目，那么单击"定数等分"按钮；如果要以特定间距分布对象，那么单击"定距等分"按钮，并在"项目"面板的"介于-项目间距"文本框中输入距离。

"特性"面板中的"切线方向"按钮 用于指定相对于路径曲线的第一个项目的位置，允许指定与路径曲线的起始方向平行的两个点；"对齐项目"按钮 用于指定是否对齐每个项目以与路径方向相切，对齐相对于第一个项目的方向；"Z 方向"按钮 用于控制是否保持项目的原始 Z 方向还是沿着三维路径倾斜项目。

图 3-48　用于定义路径阵列的"阵列创建"上下文选项卡

下面介绍一个使用路径阵列的操作范例。

（1）打开本书配套资源中的"路径阵列操练.dwg"文件，原始图形如图 3-49 所示。

（2）在功能区"默认"选项卡的"修改"面板中单击"路径阵列"按钮 。

扫码看视频

路径阵列范例

（3）选择要阵列的图形对象，如图 3-50 所示，按 Enter 键。

图 3-49　原始图形　　　　　　　　　图 3-50　选择要阵列的图形对象

（4）选择以中心线表示的多段线作为路径曲线，选择位置靠近要阵列的图形对象。

（5）在"阵列创建"上下文选项卡中进行如图 3-51 所示的特性和选项设置。

图 3-51　设置路径曲线的相关特性与参数

（6）在"关闭"面板中单击"关闭阵列"按钮 ，完成如图 3-52 所示的路径阵列。在本范例中用户还可以尝试单击"基点"按钮 来重定义基点，即重新定位相对于路径曲线起点的阵列的第一个项目。

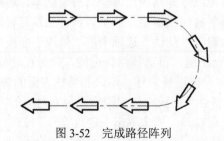

图 3-52　完成路径阵列

3.10 分解（EXPLODE）

分解也称打散，是指将复合对象分解为其组成对象。可以分解的对象包括多段线、面域和块等。任何分解对象的颜色、线型和线宽都可能会发生改变，其他结果将根据分解的复合对象类型的不同而有所不同。如表 3-1 所示为对常见类型对象执行 EXPLODE（分解）的结果。

表 3-1 常见类型对象的分解结果

序 号	常见类型对象	分解结果
1	二维多段线	放弃所有关联的宽度或切线信息；对于宽多段线，将沿多段线中心放置结果直线和圆弧
2	三维多段线	分解成直线段；为三维多段线指定的线型将应用到每一个得到的线段
3	圆弧	如果位于非一致比例的块内，则分解为椭圆弧
4	注释性对象	将当前比例图示分解为构成该图示的组件（已不再是注释性）；已删除其他比例图示
5	阵列	将关联阵列分解为原始对象的副本
6	面域	分解成直线、圆弧或样条曲线
7	引线	根据引线的不同，可分解成直线、样条曲线、实体（箭头）、块插入（箭头、注释块）、多行文字或公差对象
8	多线	分解成直线和圆弧
9	多行文字	分解成文字对象
10	体	分解成一个单一表面的体（非平面表面）、面域或曲线
11	三维实体	将平整面分解成面域，将非平整面分解成曲面（不适用于 AutoCAD LT）
12	块	一次删除一个编组级；如果一个块包含一个多段线或嵌套块，那么对该块的分解就首先显露出该多段线或嵌套块，然后再分别分解该块中的各个对象
13	网格对象	将每个面分解成独立的三维面对象。将保留指定的颜色和材质（在 AutoCAD LT 中不可用）
14	多面网格	单顶点网格分解成点对象。双顶点网格分解成直线。三顶点网格分解成三维面

要分解（打散）选定的复合对象，则在命令行的"键入命令"提示下输入 EXPLODE 并按 Enter 键，或者在功能区"默认"选项卡的"修改"面板中单击"分解"按钮，接着选择要分解的复合对象，按 Enter 键即可。

也允许先选择要编辑的对象，接着在命令行的"键入命令"提示下输入 EXPLODE 并按 Enter 键，或者在功能区"默认"选项卡的"修改"面板中单击"分解"按钮，从而将选定的对象分解。

3.11 删除（ERASE）

使用 ERASE（删除）命令可以从图形中删除选定的对象。

要删除对象，可以在命令行的"键入命令"提示下输入 ERASE 并按 Enter 键，或者在功能区"默认"选项卡的"修改"面板中单击"删除"按钮，接着在图形窗口中选择要删除的对象，按 Enter 键结束命令即可。也可以在执行 ERASE 命令之前先选择要删除的图形对象。

3.12 偏移（OFFSET）

偏移对象是指创建其形状与原始对象平行的新对象，常用来创建同心圆、平行线和平行曲线。可以偏移的对象类型主要有直线、圆、圆弧、椭圆、椭圆弧、二维多段线、构造线、射线和样条曲线。在偏移样条曲线时，需要注意的是样条曲线在偏移距离大于可调整的距离时将自动进行修剪。在偏移整条多段线时，需要注意 OFFSETGAPTYPE 系统变量对偏移结果的影响，OFFSETGAPTYPE 用于控制偏移多段线时处理线段之间的潜在间隙的方式。OFFSETGAPTYPE 的默认值为 0，表示将线段延伸到投影交点；如果将 OFFSETGAPTYPE 的值设置为 1，则将线段在其投影交点处进行圆角，每个圆弧段的半径等于偏移距离；如果将 OFFSETGAPTYPE 的值设置为 2，则将线段在其投影交点处进行倒角，在原始对象上从每个倒角到其相应顶点的垂直距离等于偏移距离。

在命令行的"键入命令"提示下输入 OFFSET 并按 Enter 键，或者在功能区"默认"选项卡的"修改"面板中单击"偏移"按钮，命令窗口显示以下提示信息。

```
当前设置：删除源=否  图层=源  OFFSETGAPTYPE=0
指定偏移距离或 [通过(T)/删除(E)/图层(L)] <通过>:
```

此时命令行提示中各选项的功能含义如下。

☑ 指定偏移距离：需要输入偏移距离，接着选择要偏移的对象以及指定要偏移的那一侧上的点，从而在距现有对象指定方向侧的设定偏移距离处创建对象。

☑ 通过(T)：创建通过指定点的对象。

☑ 删除(E)：删除源对象后将其删除。

☑ 图层(L)：确定将偏移对象创建在当前图层上还是源对象所在的图层上。

偏移操练的范例如下。

（1）打开本书配套资源中的"偏移操练.dwg"图形文件，原始图形如图 3-53 所示。

（2）在功能区"默认"选项卡的"修改"面板中单击"偏移"按钮，根据命令行提示进行以下操作。

扫码看视频

偏移范例

```
命令：_offset
当前设置：删除源=否  图层=源  OFFSETGAPTYPE=0
指定偏移距离或 [通过(T)/删除(E)/图层(L)] <通过>: 50✓
选择要偏移的对象，或 [退出(E)/放弃(U)] <退出>:                          //选择小圆
指定要偏移的那一侧上的点，或 [退出(E)/多个(M)/放弃(U)] <退出>: //在小圆外侧任意单击一点
选择要偏移的对象，或 [退出(E)/放弃(U)] <退出>: ✓
```

以指定距离偏移选定对象的操作结果如图 3-54 所示。

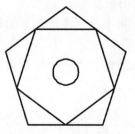

图 3-53 原始图形

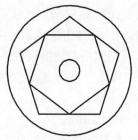

图 3-54 偏移操作结果 1

（3）在命令行中进行以下操作。

```
命令：OFFSET↙
当前设置：删除源=否  图层=源  OFFSETGAPTYPE=0
指定偏移距离或 [通过(T)/删除(E)/图层(L)] <通过>：T↙
选择要偏移的对象，或 [退出(E)/放弃(U)] <退出>：  //选择如图 3-55 所示的一个正五边形
指定通过点或 [退出(E)/多个(M)/放弃(U)] <退出>：  //选择如图 3-56 所示的一个中点，可预览
效果
选择要偏移的对象，或 [退出(E)/放弃(U)] <退出>：↙
```

使偏移对象通过指定点的结果如图 3-57 所示。

图 3-55 选择要偏移的对象

图 3-56 指定通过点

图 3-57 偏移操作结果 2

3.13 拉长（LENGTHEN/LEN）

使用 LENGTHEN 命令，可以修改对象的长度和圆弧的包含角，可以修改其长度的对象包括直线、圆弧、开放的多段线、椭圆弧和开放的样条曲线。

在命令行的"键入命令"提示下输入 LENGTHEN 并按 Enter 键，或者在功能区"默认"选项卡的"修改"面板中单击"拉长"按钮，命令行显示以下信息。

选择要测量的对象或 [增量(DE)/百分比(P)/总计(T)/动态(DY)] <增量(DE)>：

下面介绍其中各提示选项的功能含义。

☑ 增量(DE)：以指定的增量修改对象的长度或圆弧的角度（圆弧所包含的圆心角），该增量从距离选择点最近的端点处开始测量。正值扩展对象，负值修剪对象。选择此选项后，命令行将出现"输入长度增量或 [角度(A)]:"提示信息，此时输入长度增量，或者选择"角度(A)"选项并指定角度以修改选定圆弧的包含角。

☑ 百分比(P)：通过指定对象总长度的百分数设定对象的长度。

☑ 总计(T)：通过指定从固定端点测量的总长度的绝对值来设定选定对象的长度。该选项也按照指定的总角度设置选定圆弧的包含角。

☑ 动态(DY)：打开动态拖曳模式。通过拖曳选定对象的端点之一来更改其长度。其他端点保持不变。

拉长对象的范例如下。

（1）打开本书配套资源中的"拉长操练.dwg"图形文件，原始图形如图 3-58 所示。

（2）在功能区"默认"选项卡的"修改"面板中单击"拉长"按钮 ✎，在"择要测量的对象或 [增量(DE)/百分比(P)/总计(T)/动态(DY)] <增量(DE)>:"提示下选择"增量(DE)"选项，接着在"输入长度增量或 [角度(A)] <0.0000>:"输入长度增量为 5mm。

（3）分别在水平中心线和竖直中心线的每端附近单击它们，以在各端拉长它们，结果如图 3-59 所示。

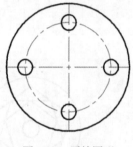

图 3-58　原始图形

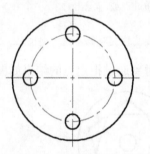

图 3-59　拉长操练的结果

3.14　打断（BREAK）

使用 BREAK 命令在两点之间打断选定对象，例如将一个对象打断为两个对象，对象之间可以具有间隙，也可以没有间隙。在指定打断点时，如果这些点不在对象上，那么系统会自动投影到该对象上。

打断对象主要分两种情形：一种是在两点之间打断选定对象；另一种则是打断于点。

3.14.1　在两点之间打断选定对象

要在两点之间打断选定对象，则在命令行的"键入命令"提示下输入 BREAK 并按 Enter 键，或者在功能区"默认"选项卡的"修改"面板中单击"打断"按钮 ⌐，接着选择要打断的对象（默认将选择点视为第一个打断点），再指定第二个打断点，则两个指定点之间的对象部分将被删除。如果第二个点不在对象上，将选择对象上与该点最接近的点。如果要打断的对象是圆，那么 AutoCAD 程序将按逆时针方向删除圆上第一个打断点到第二个打断点之间的部分，从而将圆打断成圆弧，如图 3-60 所示。在两点之间打断选定对象的操作命令历史记录如下。

```
命令: _break
选择对象:
指定第二个打断点 或 [第一点(F)]:
```

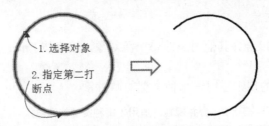

图 3-60　在两点之间打断选定对象

3.14.2　打断于点

打断于点是指在一点打断选定的对象，有效对象包括直线、开放的多段线和圆弧，注意不能在一点打断闭合对象（如圆、椭圆等）。打断于点其实是将对象一分为二且不删除某个部分，则实际上要求输入的第一个点和第二个点相同，可通过输入@来指定第二个点以实现此目的，操作说明如下。

```
命令: BREAK↙                      //输入 BREAK 并按 Enter 键
选择对象:                         //选择要打断的对象（选择位置被视为第一打断点）
指定第二个打断点 或 [第一点(F)]: @↙  //输入@并按 Enter 键
```

另外，在功能区"默认"选项卡的"修改"面板中提供了专门用于在一点打断选定对象的工具按钮，这便是"打断于点"按钮□。单击"打断于点"按钮□后，根据命令行提示进行以下操作即可。

```
命令: _break
选择对象:                         //选择要打断的对象，选择位置并没有被视为第一打断点
指定第二个打断点 或 [第一点(F)]: _f
指定第一个打断点:                 //选择第一个打断点
指定第二个打断点: @
```

3.15　合并（JOIN）

使用 JOIN（合并）命令，可以合并线性和弯曲对象（对象可以为直线、多段线、三维多段线、圆弧、椭圆弧、样条曲线或螺旋线）的端点，以便创建单个对象。产生的对象类型取决于选定的对象类型、首先选定的对象类型以及对象是否共面。构造线、射线和闭合的对象无法合并。合并的典型应用主要体现在这些方面：使用单条线替换两条线；闭合由 BREAK 命令产生的线中的间隙；将圆弧转换为圆或将椭圆弧转换为椭圆；连接两条样条曲线，在它们之间保留扭折；合并具有相同圆心和半径的共面圆弧以产生圆弧或圆对象。

要启动 JOIN（合并）命令，则在命令行中输入 JOIN 并按 Enter 键，或者在功能区"默认"选项卡的"修改"面板中单击"合并"按钮，命令行出现"选择源对象或要一次合并的多个对象:"提示信息。此时可以进行以下两种形式的操作。

1. 将对象合并到源对象

此形式需要先指定可以合并其他对象的单个源对象，接着按 Enter 键，再在提示下选择要合并的一个或多个对象。

如表 3-2 所示，所列的规则适用于每种类型的源对象。

表 3-2　合并规则：适用于每种类型的源对象

序　号	源对象类型	规　　则	备　　注
1	直线	仅直线对象可以合并到源线	直线对象必须都是共线，但它们之间可以有间隙
2	多段线	直线、多段线和圆弧可以合并到源多段线	所有对象必须连续且共面；生成的对象是单条多段线
3	三维多段线	所有线性或弯曲对象可以合并到源三维多段线	所有对象必须是连续的，但可以不共面；产生的对象是单条三维多段线或单条样条曲线，分别取决于用户连接到线性对象还是弯曲的对象
4	圆弧	只有圆弧可以合并到源圆弧	所有的圆弧对象必须具有相同半径和中心点，但是它们之间可以有间隙；从源圆弧按逆时针方向合并圆弧；"闭合"选项可将源圆弧转换成圆
5	椭圆弧	仅椭圆弧可以合并到源椭圆弧	椭圆弧必须共面且具有相同的主轴和次轴，但是它们之间可以有间隙；从源椭圆弧按逆时针方向合并椭圆弧；"闭合"选项可将源椭圆弧转换为椭圆
6	样条曲线	所有线性或弯曲对象可以合并到源样条曲线	所有对象必须是连续的，但可以不共面；结果对象是单个样条曲线
7	螺旋	所有线性或弯曲对象可以合并到源螺旋	所有对象必须是连续的，但可以不共面；结果对象是单个样条曲线

2. 一次合并多个对象

此形式（一次合并多个对象）无须指定源对象，即在"选择源对象或要一次合并的多个对象:"提示下选择一个对象后，无须按 Enter 键，而是继续选择要合并的其他对象来进行合并操作。

如表 3-3 所示，列出了适用于一次合并多个对象的规则和生成的对象类型。

表 3-3　适用于一次合并多个对象的规则和生成的对象类型

序　号	规则和生成的对象类型
1	合并共线可产生直线对象；直线的端点之间可以有间隙
2	合并具有相同圆心和半径的共面圆弧可产生圆弧或圆对象；圆弧的端点之间可以有间隙；以逆时针方向进行加长；如果合并的圆弧形成完整的圆，会产生圆对象
3	将样条曲线、椭圆弧或螺旋合并在一起或合并到其他对象可产生样条曲线对象，这些对象可以不共面
4	合并共面直线、圆弧、多段线或三维多段线可产生多段线对象
5	合并不是弯曲对象的非共面对象可产生三维多段线

3.16 其他修改工具或方法

下面介绍其他修改工具或方法，包括编辑多段线、编辑样条曲线、编辑阵列和夹点编辑。

3.16.1 编辑多段线（PEDIT）

在 AutoCAD 中，可以采用多种方法编辑多段线，例如使用 PEDIT 命令、"特性"选项板或夹点都可以修改多段线，这里介绍使用 PEDIT 命令修改编辑多段线。

PEDIT 命令的常见用途包括合并二维多段线，将线条和圆弧转换为二维多段线以及将多段线转换为近似 B 样条曲线的曲线（拟合多段线）。

使用 PEDIT 命令修改单条二维多段线的一般步骤如下。

（1）在命令行中输入 PEDIT 命令并按 Enter 键，或者在功能区"默认"选项卡的"修改"面板中单击"编辑多段线"按钮 。

（2）选择要修改的多段线。如果选择的对象不是多段线，而是直线、圆弧或样条曲线，那么系统将出现以下提示。

> 选定的对象不是多段线
> 是否将其转换为多段线？ <Y>   //输入 Y 或 N，或者按 Enter 键

如果输入 Y 并按 Enter 键，则所选直线或圆弧被转换为可编辑的单段二维多段线。对于所选对象为样条曲线的情形，在输入 Y 并按 Enter 键后，还需要指定精度值，才能将样条曲线转换为多段。精度值决定生成的多段线与源样条曲线拟合的精确程度，输入 0～99 的整数，但高精度值可能会导致性能降低。

（3）命令行显示"输入选项 [闭合(C)/合并(J)/宽度(W)/编辑顶点(E)/拟合(F)/样条曲线(S)/非曲线化(D)/线型生成(L)/反转(R)/放弃(U)]:"提示信息。在该提示下输入（选择）一个或多个以下选项编辑多段线。

☑ 输入 C 并按 Enter 键，即选择"闭合(C)"选项，以创建闭合的多段线。

☑ 输入 J 并按 Enter 键，即选择"合并(J)"选项，接着选择要合并的连续对象（直线、样条曲线、圆弧或多段线），确认后便合并连续的直线、样条曲线、圆弧或多段线（相应端点必须重合）。

☑ 输入 W 并按 Enter 键，即选择"宽度(W)"选项，为整个多段线指定新的统一宽度。

☑ 输入 E 并按 Enter 键，即选择"编辑顶点(E)"选项，在"[下一个(N)/上一个(P)/打断(B)/插入(I)/移动(M)/重生成(R)/拉直(S)/切向(T)/宽度(W)/退出(X)] <N>:"提示下可以使用多种方式来编辑多段线的顶点。

☑ 输入 F 并按 Enter 键，即选择"拟合(F)"选项，将创建圆弧拟合多段线，即由连续每对顶点的圆弧组成的平滑曲线，如图 3-61 所示。新曲线经过源多段线的所有顶点并使用任何指定的切线方向。

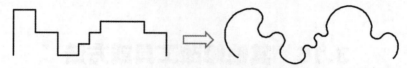

图 3-61　将二维多段线转换为圆弧拟合多段线

☑ 输入 S 并按 Enter 键，即选择"样条曲线(S)"选项，创建样条曲线的近似线（称为样条曲线拟合多段线），如图 3-62 所示。样条曲线拟合多段线将使用选定多段线的顶点作为近似 B 样条曲线的曲线控制点或控制框架，该曲线将通过第一个和最后一个控制点，除非源多段线是闭合的，曲线将会被拉向其他控制点但并不一定通过它们。

图 3-62　将二维多段线转换为样条曲线拟合多段线

☑ 输入 D 并按 Enter 键，即选择"非曲线化(D)"选项，删除由拟合或样条曲线插入的其他顶点并拉直所有多段线线段。

☑ 输入 L 并按 Enter 键，即选择"线型生成(L)"选项，生成经过多段线顶点的连续图案的线型。

☑ 输入 R 并按 Enter 键，即选择"反转(R)"选项，反转多段线顶点的顺序。使用此选项可反转使用包含文字线型的对象的方向。

☑ 输入 U 并按 Enter 键，即选择"放弃(U)"选项，还原操作，可一直返回到 PEDIT 任务开始时的状态。

（4）按 Enter 键退出 PEDIT 命令。

使用 PEDIT 命令可以一次修改多个对象。启动 PEDIT 命令后在"选择多段线或 [多条(M)]:"提示下选择"多条(M)"选项，接着选择要编辑的多个对象，按 Enter 键后，如果在所选对象中有直线、圆弧或样条曲线，那么系统会出现"是否将直线、圆弧和样条曲线转换为多段线？[是(Y)/否(N)]? <Y>"提示信息，选择"是(Y)"选项，对于样条曲线还需指定其精度；然后在"输入选项 [闭合(C)/打开(O)/合并(J)/宽度(W)/拟合(F)/样条曲线(S)/非曲线化(D)/线型生成(L)/反转(R)/放弃(U)]:"提示下进行相应的编辑操作。注意使用某些编辑选项的操作会与编辑单条多段线时有所不同。例如前面使用"多条(M)"选项选择了多个对象，后来选择"合并(J)"选项（此时要合并的多段线对象的相应端点不必重合，因为使用模糊距离设置足以包括端点，从而将不相接的多段线合并），输入模糊距离或者按照以下操作先设置合并类型再输入模糊距离。

```
输入模糊距离或 [合并类型(J)] <0.0000>: J↙          //选择"合并类型(J)"选项
输入合并类型 [延伸(E)/添加(A)/两者都(B)] <延伸>:          //选择合并类型
```

多段线的合并类型有"延伸""添加""两者都"，它们的功能含义如下。

☑ 延伸(E)：通过将线段延伸或剪切至最接近的端点来合并选定的多段线。

☑ 添加(A)：通过在最接近的端点之间添加直线段来合并选定的多段线。

☑ 两者都(B)：如有可能，通过延伸或剪切来合并选定的多段线；否则，通过在最接近的端点之间添加直线段来合并选定的多段线。

使用 PEDIT 命令还可以编辑三维多段线和三维多边形网格，这里不做介绍。

3.16.2　编辑样条曲线（SPLINEDIT）

使用 SPLINEDIT 命令（对应"编辑样条曲线"按钮 ），可以编辑样条曲线或样条拟合多段线。

在命令行中输入 SPLINEDIT 并按 Enter 键，或者在功能区"默认"选项卡的"修改"面板中单击"编辑样条曲线"按钮 ，接着选择要编辑的样条曲线，此时命令窗口显示以下提示信息。

> 输入选项 [闭合(C)/合并(J)/拟合数据(F)/编辑顶点(E)/转换为多段线(P)/反转(R)/放弃(U)/退出(X)] <退出>：

下面介绍用于编辑样条曲线的各提示选项。

☑ 闭合(C)/打开(O)：根据所选样条曲线是开放的还是闭合的而显示"闭合(C)"选项或"打开(O)"选项。"闭合(C)"选项用于通过定义与第一个点重合的最后一个点来闭合开放的样条曲线；"打开(O)"选项则通过删除最初创建样条曲线时指定的第一个和最后一个点之间的最终曲线段来打开闭合的样条曲线。

☑ 合并(J)：将选定的样条曲线与其他样条曲线、直线、多段线和圆弧在重合端点处合并，以形成一个较大的样条曲线。对象在连接点处使用扭折连接在一起（C0 连续性）。

☑ 拟合数据(F)：选择此选项，显示"输入拟合数据选项 [添加(A)/打开(O)/删除(D)/扭折(K)/移动(M)/清理(P)/相切(T)/公差(L)/退出(X)] <退出>："提示信息，选择相应的拟合数据选项来对样条曲线进行编辑。

☑ 编辑顶点(E)：选择此选项，显示"输入顶点编辑选项 [添加(A)/删除(D)/提高阶数(E)/移动(M)/权值(W)/退出(X)] <退出>："提示信息，选择相应的选项编辑控制框数据。"添加(A)"选项用于在位于两个现有的控制点之间的指定点处添加一个新控制点；"删除(D)"选项用于删除选定的控制点；"提高阶数(E)"选项用于增大样条曲线的多项式阶数（阶数加 1），从而增加整个样条曲线的控制点的数量，最大值为 26；"移动(M)"选项用于重新定位选定的控制点；"权值(W)"选项用于更改指定控制点的权值，权值越大，样条曲线越接近控制点；"退出(X)"选项用于返回到前一个提示。

☑ 转换为多段线(P)：将样条曲线转换为多段线。精度值决定生成的多段线与样条曲线的接近程度，有效的精度值范围为介于 0～99 的整数。

☑ 反转(R)：反转样条曲线的方向。

☑ 放弃(U)：取消上一操作。

☑ 退出(X)：结束该命令。

3.16.3　编辑阵列（ARRAYEDIT）

使用 ARRAYEDIT 命令（对应"编辑阵列"按钮 ），可以编辑关联阵列对象及其源对象，即可以通过编辑阵列属性、编辑源对象或使用其他对象替换项目，从而修改关联阵列。

在命令行中输入 ARRAYEDIT 并按 Enter 键，或者在功能区"默认"选项卡的"修改"面板中单击"编辑阵列"按钮，接着在"选择阵列:"提示下选择要编辑的阵列，所选的阵列类型（矩形阵列、环形阵列或路径阵列）会影响后面的提示。具体的编辑内容其实和创建阵列时的创建内容是相一致的，在此不再赘述。

3.16.4 夹点编辑

在 AutoCAD 中，还有一种操作方便的对象编辑方式，那就是夹点编辑，使用不同类型的夹点和夹点模式可以快速地对选定对象进行重新塑造、移动或操控。

在没有启动任何编辑命令的情况下单击对象（在非命令提示下的对象选择），则在被选定的对象上会出现以蓝色（或其他设定颜色）显示的夹点，如图 3-63 所示。值得注意的是，在锁定图层上的对象不显示夹点。

图 3-63 在不同选定对象上显示的夹点（部分对象列举）

以下是使用夹点编辑对象的一般步骤。

（1）选择要编辑的对象，在被选定对象上显示相应的夹点。

（2）选择所需的夹点，此时命令窗口显示当前的"拉伸"夹点模式及提供相应的提示选项，如图 3-64 所示。

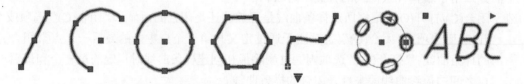

图 3-64 默认的夹点模式

（3）如果当前的夹点模式不是所需要的，那么可以按 Enter 键或空格键循环到"移动"夹点模式、"旋转"夹点模式、"缩放"夹点模式或"镜像"夹点模式。也可以在选定的夹点上右击以查看快捷菜单，从该快捷菜单中选择可用的一种夹点模式和其他选项。

（4）移动定点设备（如鼠标）并单击，可以在当前选定的夹点模式根据命令行提示输入相应的参数以精确编辑对象。如果要复制对象，可以按住 Ctrl 键，直到单击以重新定位该夹点，也可以在提示中选择"复制(C)"选项。

在使用夹点对对象进行拉伸时，需要注意以下操作技巧。

- ☑ 当选择在对象上的多个夹点来拉伸对象时，选定夹点间的对象的形状将保持原样。要选择多个夹点，则按住 Shift 键，然后选择适当的夹点。
- ☑ 当二维对象位于当前 UCS 之外的其他平面上时，将在创建对象的平面上（而不是当前 UCS 平面上）拉伸对象。
- ☑ 文字、块参照、直线中点、圆心和点对象上的夹点将移动对象而不是拉伸它。
- ☑ 如果选择象限夹点来拉伸圆或椭圆，然后在输入新半径命令提示下指定距离（而不是移动夹点），此距离是指从圆心而不是从选定的夹点测量的距离。

3.17 思考与练习

（1）一次操作重复复制多个图形对象，主要有哪几种操作方法？可以举例说明。

（2）在二维制图中，拉伸（STRETCH）命令和拉长（LENGTHEN）命令有什么不同？

（3）简述分解对象的操作步骤，可以举例说明。

（4）如何在两点之间打断选定的对象？

（5）如何理解夹点编辑？

（6）上机操作 1：打开本书配套资源中的"3-练习 6.dwg"文件，在该文件中存在如图 3-65
所示的原始图形，接着利用"拉长"命令将中心线的各端拉长 5mm，然后利用"修剪"命令将
图形修剪成如图 3-66 所示的效果。

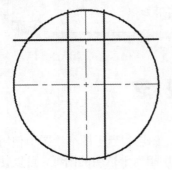

图 3-65 练习 6 原始图形

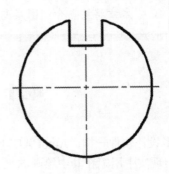

图 3-66 上机操作 1

（7）上机操作 2：绘制如图 3-67 所示的图形，具体尺寸由读者根据参考图形自行决定。

（8）上机操作 3：按照如图 3-68 所示的尺寸绘制图形。

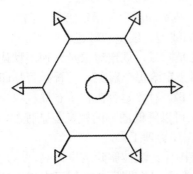

图 3-67 上机操作 2

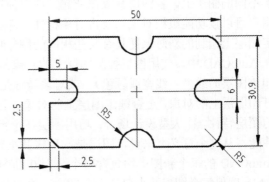

图 3-68 上机操作 3

第 4 章 图层与图形特性

本 章 导 读

图层在 AutoCAD 中具有很重要的作用，它主要用于按功能编组图形中的对象，以及用于执行颜色、线型、线宽和其他特性的标准，是一种重要的组织工具。而图形特性与图层也息息相关，可以在指定图层中为新图形对象设置一些特性。对象特性控制对象的外观和行为，并用于组织图形。

本章将重点介绍图层与图形特性方面的实用知识。

4.1 图 层 概 念

和很多设计软件一样，AutoCAD 也具有图层的概念。图层相当于图纸绘图中使用过的重叠图纸，但与现实中用笔在其中绘画的纸不同，软件中的图层相当于透明的图纸，可以使用各种工具命令在当前透明图纸上绘制图形，然后将这些透明图纸按照一定的关系叠放在一起便可获得所要求的复杂图形。通常将类型相同或相似的图形对象绘制在同一张透明图纸上，也就是将类型相同或相似的图形对象指定给同一个图层，例如，将粗实线、构造线、文字注释和标题栏等根据需要置于不同的图层上，各图层叠放在一起，这样便组成了一个完整的设计项目。

用户可以按功能组织对象以及将对象特性（包括线型、线宽和颜色）指定给每个图层。这样在指定图层上绘制的新对象便具有某些相同的图形特性，如线型、线宽和颜色。

在 AutoCAD 中，使用图层控制图层上的对象是显示还是隐藏，规定对象是否使用默认特性（例如该图层的线型、线宽或颜色），或对象特性是否单独指定给每个对象，设置是否打印以及如何打印图层上的对象，是否锁定图层上的对象并且无法修改，对象是否在各个布局视口中显示不同的图层特性。在大型设计场合，巧用图层在一定程度上可以降低图形的视觉复杂程度，提高显示性能，从这个意义上来说，图层是一种极其重要的组织和管理工具。

AutoCAD 的每个新图形均包含一个名为 0 的图层，该图层无法被删除或重命名，这是因为 AutoCAD 确保每个图形至少包括一个图层。这容易理解：如果没有图层就如同没有用于绘图、写字的纸。但是为了便于管理和组织图形，总不能在图层 0 上创建整个图形，而是应该根据图形情况建立几个新图层来管理和组织图形。在一个新图形文件中按照一定的标准建立若干个图层，再建立若干文字样式、标注样式等（有关文字样式、标注样式等的知识将在后面的章节中介绍），然后将它们保存在一个图形样板（*.dwt）文件中，以使它们在新图形中自动可用，便于绘制符合标准的工程图样，即更好地实现图形标准化、规范化。

4.2　图层特性（LAYER）

LAYER 命令（对应"图层特性"按钮🗐）用于管理图层和图层特性。而使用图层可以控制对象的可见性以及指定特性（如线型、线宽和颜色）。在图层上的对象通常采用该图层的特性，也就是将相应特性设定为 BYLAYER。

在命令行的"键入命令"提示下输入 LAYER 并按 Enter 键，或者在功能区"默认"选项卡的"图层"面板中单击"图层特性"按钮🗐，弹出如图 4-1 所示的"图层特性管理器"选项板（为了描述的简洁性，可以将"图层特性管理器"选项板简称为"图层特性管理器"）。下面介绍图层特性管理器中各个主要按钮与选项的功能含义。

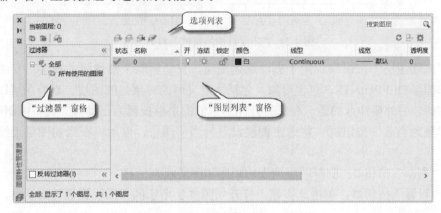

图 4-1　"图层特性管理器"选项板

4.2.1　选项列表

图层特性管理器的选项列表提供了一系列的工具，下面分别介绍。

（1）"当前图层"信息行：位于图层特性管理器的左上角，用于显示当前图层的名称。

（2）"搜索图层"文本框：位于图层特性管理的右上角，在该文本框中输入字符时，按名称过滤图层列表。

（3）"新建特性过滤器"按钮🗐：单击此按钮，将弹出如图 4-2 所示的"图层过滤器特性"对话框，从中可以根据图层设置和特性创建图层过滤器。

（4）"新建组过滤器"按钮🗐：创建图层过滤器，其中包含选择并拖曳（添加）到该过滤器的图层。

（5）"图层状态管理器"按钮🗐：单击此按钮，打开图层状态管理器，从中可以将图层的当前特性设置保存到一个命名图层状态中，以后可以再恢复这些设置。

（6）"新建图层"按钮🗐：使用默认名称创建新图层，新图层将继承图层列表中当前选定图层的特性(颜色、开或关状态等)。单击此按钮创建新图层时，图层列表将显示默认名为 LAYER#（#为从 1 开始的自然数序号）的图层，该名称此时处于选定状态，用户可以立即输入新图层名。

（7）"在所有视口中都被冻结的新图层视口"按钮🗐：创建新图层，然后在所有现有布局视口中将其冻结。可以在"模型"选项卡或"布局"选项卡上访问此按钮。

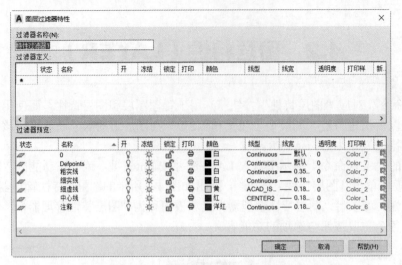

图 4-2　"图层过滤器特性"对话框

（8）"删除图层"按钮 ：用于删除选定图层。只能删除未被参照的图层。参照的图层包括图层 0 和图层 DEFPOINTS、包含对象（包括块定义中的对象）的图层、当前图层以及依赖外部参照的图层。另外要注意的是，局部打开图形中的图层也被视为已参照并且不能删除。

（9）"置为当前"按钮 ：将选定图层设置为当前图层，以后将在当前图层上绘制创建的对象。

（10）"刷新"按钮 ：刷新图层列表的顺序和图层状态信息。

（11）"设置"按钮 ：单击此按钮，打开如图 4-3 所示的"图层设置"对话框，从中可以设置各种显示选项。

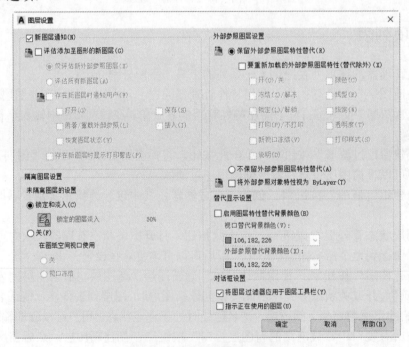

图 4-3　"图层设置"对话框

（12）"反转过滤器"复选框：选中此复选框时，将显示所有不满足选定图层过滤器中条件的图层。

（13）状态行：位于图层特性管理器的底部，用于显示当前过滤器的名称、列表视图中显示的图层数和图形中的图层数。

4.2.2　"过滤器"窗格

"过滤器"窗格用于显示图形中图层过滤器的层次列表，该列表可以控制在图层特性管理器中列出的图层。顶层节点（"全部"）列出在图形中的所有图层。

在"过滤器"窗格中，用户可以执行这些操作：展开节点以查看嵌套过滤器；单击 « / » 按钮可以控制"过滤器"窗格的显示；当"过滤器"窗格处于收拢状态时，如图 4-4 所示，可使用位于图层特性管理器左下角的"图层过滤器"按钮 来显示过滤器的列表。

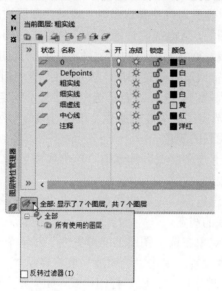

图 4-4　单击"图层过滤器"按钮

在以下情况下，会显示其他图层过滤器。

☑ 如果有附着到图形的外部参照，则一个"外部参照"节点将显示图形中所有外部参照及其图层的名称。不显示在外部参照文件中定义的图层过滤器。

☑ 如果存在包含特性替代的图层，则视口替代节点将显示这些图层以及包含替代的特性。仅当从布局选项卡访问图层特性管理器时才显示视口替代过滤器。

☑ 自上次评估图层列表后，如果有已添加至图形的新图层（这取决于 LAYERNOTIFY 系统变量），则"未协调的新图层"过滤器将显示需要协调的新图层。

4.2.3　"图层列表"窗格

"图层列表"窗格是图层特性管理器的一个主要区域，用于显示图层和图层过滤器及其特性和说明。用户如果在"过滤器"窗格中选定了某一个图层过滤器，那么在"图层列表"窗格中便仅显示该图层过滤器中的图层。在树状图中的"全部"过滤器将显示图形中的所有图层和图层过滤器。当在"过滤器"窗格中选定某一个图层特性过滤器并且没有符合其定义的图层时，"图层列表"窗格的列表视图将为空。需要用户注意的是：当图层过滤器中显示了混合图标或"多种"时，表明在过滤器的所有图层中，该特性互不相同。

下面介绍图层列表主要列组成要素的功能含义。

（1）状态：用于指示图层和图层过滤器的状态。图标✔表示所在图层为当前图层，图标◿表示图层正在使用中，当然还有另一些图标表示其他状态。

（2）名称：用于显示图层或过滤器的名称。

（3）开：用于设置打开和关闭选定图层。当灯泡图标💡为黄色时，图层处于打开状态，此时该图层可见并且可以打印。当灯泡图标💡为灰色时，图层处于关闭状态，此时该图层不可见并且不能打印，即使已打开"打印"选项。

（4）冻结：冻结所有视口中选定的图层，包括"模型"选项卡。当图标显示为太阳样式☀时，表示该图层未被冻结；当图标显示为雪花样式❄时，表示该图层被冻结。对于复杂图形，有时可以根据实际情况来冻结相关图层，从而提高性能并减少重生成时间。处于冻结图层上的对象不会被显示、打印、消隐或重生成。通常要冻结的图层是那些希望长期保持不可见的图层。

（5）锁定：用于设置锁定或解锁选定图层。锁定图层后，该图层上的对象将无法被修改。图标🔓表示选定图层处于解锁状态，图标🔒表示选定图层处于锁定状态。

（6）颜色：用于更改与选定图层关联的颜色。单击"颜色"列单元格，将弹出"选择颜色"对话框以供更改与选定图层关联的颜色。

（7）线型：用于更改与选定图层关联的线型。单击线型名称，将弹出"选择线型"对话框以供更改与选定图层关联的线型。

（8）线宽：用于更改与选定图层关联的线宽。单击"线宽"列单元格，将弹出"线宽"对话框以供设置与选定图层关联的线宽。

（9）透明度：控制所有对象在选定图层上的可见性。对单个对象应用透明度时，对象的透明度特性将替代图层的透明度设置。单击"透明度"值将显示"图层透明度"对话框。

（10）打印样式：更改与选定图层关联的打印样式。如果正在使用颜色相关打印样式，则无法更改与图层关联的打印样式。

（11）打印：控制是否打印选定图层。即使关闭图层的打印，仍然显示该图层上的对象。将不会打印已关闭或冻结的图层，而不管"打印"设置。

（12）新视口冻结：用于在新布局视口中设置是否冻结选定图层。

（13）说明：描述图层或图层过滤器（可选）。

（14）其他一些列要素：如仅在布局选项卡上可用的"视口冻结""视口颜色""视口线型""视口线宽""视口透明度""视口打印样式"等。

4.2.4 建立图层范例

下面通过一个范例介绍如何建立若干个标准图层，这些图层将适用于工程制图。

（1）启动 AutoCAD 2019 后，在快速访问工具栏中单击"新建"按钮□，接着利用弹出的对话框选择 acadiso.dwt 图形样板文件，单击"打开"按钮。

（2）使用"草图与注释"工作空间，在功能区"默认"选项卡的"图层"面板中单击"图层特性"按钮，打开图层特性管理器。

（3）在图层特性管理器中单击"新建图层"按钮，新建一个图层，在"图层列表"窗格中将该图层的名称更改为"粗实线"，如图 4-5 所示。

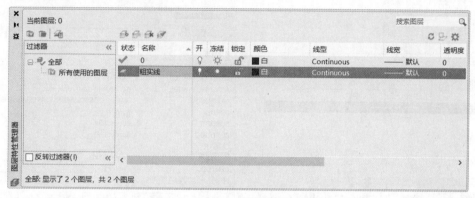

图 4-5　新建一个图层并更改其名称

（4）单击"粗实线"图层的"线宽"单元格，弹出"线宽"对话框，在"线宽"列表框中选择 0.35mm，如图 4-6 所示，单击"确定"按钮。

（5）单击"新建图层"按钮，创建第二个新图层，将该新图层的名称设置为"细实线"。

（6）确保选中"细实线"图层，单击"细实线"图层的"线宽"单元格，弹出"线宽"对话框，在"线宽"列表框中选择 0.18mm，单击"确定"按钮。另外，"细实线"图层的颜色和线型均继承来自"粗实线"图层的颜色和线型。

（7）单击"新建图层"按钮，创建第三个新图层，将该新图层的名称设置为"中心线"。

（8）单击"中心线"图层的"颜色"单元格，弹出"选择颜色"对话框，如图 4-7 所示，在"索引颜色"选项卡中选择"红色"，单击"确定"按钮。

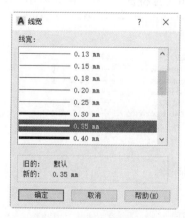

图 4-6　"线宽"对话框

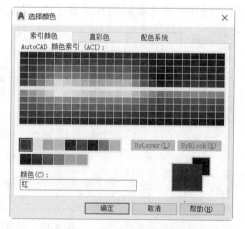

图 4-7　"选择颜色"对话框

（9）单击"中心线"图层的"线型"单元格（该单元格显示了当前默认的线型名称），弹出如图 4-8 所示的"选择线型"对话框。由于在"已加载的线型"列表框中没有所需的线型，故单

击"加载"按钮，弹出"加载或重载线型"对话框，从"可用线型"列表框中选择 ACAD_ISO02W100
线型，再按住 Ctrl 键的同时选择 CENTER2 线型，如图 4-9 所示，单击"确定"按钮，返回到"选
择线型"对话框，所选的两个新线型此时显示在"已加载的线型"列表框中。在"已加载的线型"
列表框中选择 CENTER2 线型，单击"确定"按钮，从而将与"中心线"图层关联的线型设置为
CENTER2 线型。

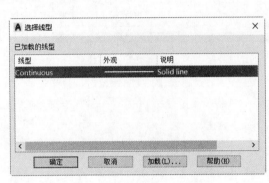

图 4-8　"选择线型"对话框

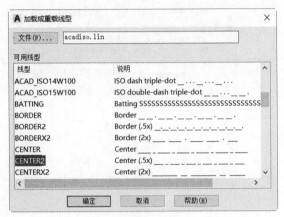

图 4-9　"加载或重载线型"对话框

（10）单击"新建图层"按钮，创建第四个新图层，将该新图层的名称设置为"细虚线"。
单击该图层的"线型"单元格，弹出"选择线型"对话框，从"已加载的线型"列表框中选择
ACAD_ISO02W100 线型，单击"确定"按钮。再单击该图层的"颜色"单元格，弹出"选择颜
色"对话框，在"索引颜色"选项卡中选择"黄色"，单击"确定"按钮。

（11）单击"新建图层"按钮，创建第五个新图层，将该新图层的名称设置为"注释"。
单击该图层的"线型"单元格，弹出"选择线型"对话框，在"已加载的线型"列表框中选择
Continuous 线型，单击"确定"按钮。再单击该图层的"颜色"单元格，弹出"选择颜色"对话
框，选择"洋红"的索引颜色，单击"确定"按钮。

此时共新建了 5 个新图层并设置了相应的颜色、线型和线宽特性，如图 4-10 所示。

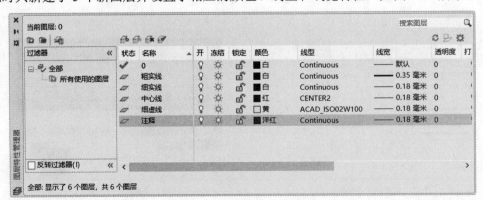

图 4-10　完成创建 5 个新图层

（12）在图层列表中选择"中心线"图层，单击"置为当前"按钮，从而将所选的"中
心线"图层设置为当前图层，如图 4-11 所示。

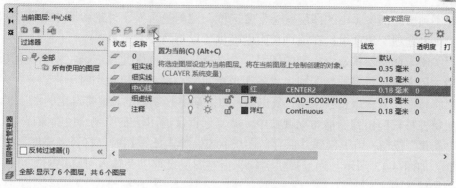

图 4-11　设置当前图层

（13）关闭图层特性管理器，接着在快速访问工具栏中单击"另存为"按钮 ，弹出"图层另存为"对话框，指定保存路径，输入文件名为"图层设置_end"，文件类型为 DWG 图形文件，单击"保存"按钮。

4.3　图层状态管理器（LAYERSTATE）

可以将图形中的当前图层设置另存为图层状态，以后便可恢复、编辑、输入和输入图层状态以在其他图形中调用。这需要用到图层状态管理器，图层状态管理器用于保存、恢复和管理称为图层状态的图层设置的集合。

在命令行的"键入命令"提示下输入 LAYERSTATE 并按 Enter 键，或者在图层特性管理器中单击"图层状态管理器"按钮 ，系统打开如图 4-12 所示的"图层状态管理器"对话框（可简称为图层状态管理器）。图层状态管理器各主要选项和按钮的功能含义解释如下。

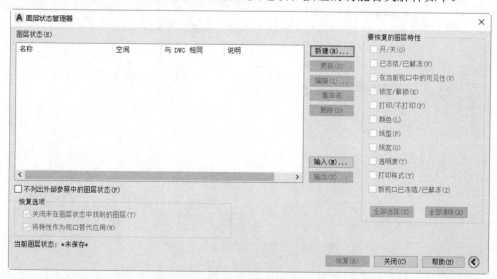

图 4-12　"图层状态管理器"对话框

（1）"图层状态"列表框：将列出图形中已保存的图层状态。

（2）"不列出外部参照中的图层状态"复选框：控制是否显示外部参照中的图层状态。

（3）"恢复选项"选项组：在该选项组中提供了以下两个复选框。

☑ "关闭未在图层状态中找到的图层"复选框：如果选中此复选框，则恢复图层状态后，请关闭未保存设置的新图层，以使图形看起来与保存图层状态时一样。

☑ "将特性作为视口替代应用"复选框：如果选中此复选框，则将选定的图层状态作为图层特性替代应用到当前布局视口中，此复选框仅适用于布局视口内的布局。

（4）"新建"按钮：用于创建并保存新图层状态。单击此按钮时，打开"要保存的新图层状态"对话框，如图 4-13 所示，通过提供名称、指定图层设置以及输入可选说明，可以利用该对话框创建新图层状态。

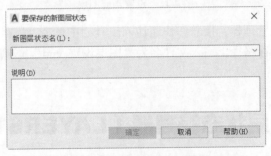

图 4-13　"要保存的新图层状态"对话框

（5）"更新"按钮：将图形中的当前图层设置保存到选定的图层状态，从而替换以前保存的命名设置。使用此按钮，还将保存默认的"要恢复的图层特性"设置。

（6）"编辑"按钮：在"图层状态"列表框中选择要编辑的某一个图层状态（假设该图层状态的名称为 BC-LAY），单击此按钮，系统弹出如图 4-14 所示的"编辑图层状态：BC-LAY"对话框，利用该对话框可以修改选定的图层状态，随后它将自动保存。

图 4-14　"编辑图层状态"对话框

（7）"重命名"按钮：用于重命名选定的图层状态。

（8）"删除"按钮：用于删除选定的图层状态。

（9）"输入"按钮：单击此按钮，将显示标准文件选择对话框，从中可以将之前输出的图层状态（LAS）文件加载到当前图形。可输入任何 DWG、DWS 或 DWT 文件中的图层状态。输入图层状态文件可能导致创建其他图层。选定某个图层状态文件后，将打开"选择图层状态"对话框，从中可以选择要输入的图层状态。

（10）"输出"按钮：单击此按钮，将显示标准文件选择对话框，从中可以将选定的图层状态保存到图层状态（LAS）文件中。

（11）"要恢复的图层特性"选项组：如果当前的图层状态管理器界面中没有显示"要恢复的图层特性"选项组，那么可以在图层状态管理器中单击"其他选项"按钮 以显示图层状态管理器中的其他选项。在"要恢复的图层特性"选项组中设置要恢复的图层特性，其中"开/关"和"已冻结/已解冻"复选框仅适用于模型空间视口；而"在当前视口中的可见性"复选框仅适用于布局视口。如果单击"全部选择"按钮，则选择所有图层特性设置；如果单击"全部清除"按钮，则清除所有图层特性设置。

（12）"恢复"按钮：用于恢复保存在指定的图层状态中的图层设置，其中要恢复的图层特性取决于在图层状态管理的"要恢复的图层特性"选项组中进行的相关设置。

知识点拨： 如果在绘图区中先选择了图形对象，那么此时在"图层"下拉列表框中显示恢复图层状态时，将使用保存图层状态时的当前图层设置和要恢复的图层特性设置。恢复图层状态时出现特殊情况可以按以下方式处理（摘自 AutoCAD 2019 官方帮助文件）。

☑　恢复图层状态时，保存图层状态时的当前图层被设置为当前图层。如果图层已不存在，则不会更改当前图层。

☑　在默认情况下，如果在图形中包含了保存图层状态后添加的图层，恢复图层状态后，新图层均将关闭。此设置的目的是为了在保存图层状态时保留图形的视觉外观。

☑　如果在当前视口为布局视口而且在图层状态管理器中的"在当前视口中的可见性"处于启用状态时恢复图层状态，将适用这些规则：将应在布局视口中关闭或冻结的图层设置为"视口冻结"；应显示在布局视口中的图层也将打开并在模型空间中解冻。

（13）"关闭"按钮：用于关闭图层状态管理器。

4.4　图　层　工　具

AutoCAD 提供的图层工具基本集中在功能区"默认"选项卡的"图层"面板中（以"草图与注释"工作空间为例），下面分别予以介绍。

4.4.1　关闭图层（LAYOFF）

LAYOFF 命令（对应的工具为"关"按钮 ）用于关闭选定对象的图层。关闭选定对象的图层可以使该对象不可见。如果在处理图形时需要不被遮挡的视图，或者如果不想打印细节（例如不想打印参考线，可以事先将参考线绘制在一个专门的图层上），则此命令将很有用。

在命令行中输入 LAYOFF 并按 Enter 键，或者在功能区"默认"选项卡的"图层"面板中单击"关"按钮 ，命令窗口出现以下提示内容。

当前设置：视口=视口冻结，块嵌套级别=块
选择要关闭的图层上的对象或 [设置(S)/放弃(U)]：

☑ 选择要关闭的图层上的对象：选择一个或多个要关闭其所在图层上的对象。
☑ 设置(S)：选择此选项，将出现"输入设置类型 [视口(V)/块选择(B)]："提示内容，从中选择"视口(V)"或"块选择(B)"设置类型选项。当选择"视口(V)"时，可以将视口设置类型选定为"视口冻结(V)"或"关(O)"，"视口冻结(V)"用于在图纸空间的当前视口中冻结选定的图层；"关(O)"则用于在图纸空间的所有视口中关闭选定的图层。当选择"块选择(B)"时，将输入块选择嵌套级别为"块(B)""图元(E)"或"无(N)"。其中，"块(B)"用于关闭选定对象所在的图层（注意：如果选定的对象嵌套在块中，则关闭包含该块的图层；如果选定的对象嵌套在外部参照中，则关闭该对象所在的图层）；"图元(E)"用于设置即使选定对象嵌套在外部参照或块中，仍将关闭选定对象所在的图层；"无(N)"用于关闭选定对象所在的图层，如果选定块或外部参照，则关闭包含该块或外部参照的图层。
☑ 放弃(U)：取消上一个图层选择。

关闭图层的操作可以在图层特性管理器的图层列表中进行。以下介绍的不少图层工具，其操作结果也可以通过图层特性管理器的图层列表来完成，这些需要用户多加注意。

4.4.2 打开所有图层（LAYON）

LAYON 命令用于打开图形中的所有图层。

在命令行中输入 **LAYON** 并按 Enter 键，或者在功能区"默认"选项卡的"图层"面板中单击"打开所有图层"按钮，则之前关闭的所有图层均被重新打开，被打开的图层上的对象变得可见，除非这些图层也被冻结。

4.4.3 隔离（LAYISO）

隔离是指隐藏或锁定除选定对象的图层之外的所有图层。

在命令行中输入 **LAYISO** 并按 Enter 键，或者在功能区"默认"选项卡的"图层"面板中单击"隔离"按钮，接着在"选择要隔离的图层上的对象或 [设置(S)]："提示下执行以下操作之一。

☑ 选择一个或多个对象后，根据当前设置，除选定对象所在图层之外的所有图层均将关闭、在当前布局视口中冻结或锁定。在默认情况下，将淡入锁定的图层。
☑ 选择"设置(S)"选项以控制是在当前布局视口中关闭、冻结图层还是锁定图层，以及对"锁定和淡入"进行相应设置，如设置锁定图层的淡入度。

4.4.4 取消隔离（LAYUNISO）

LAYUNISO 命令（取消隔离）用于恢复使用 LAYISO 命令隐藏或锁定的所有图层。该命令将图层恢复为执行 LAYISO 命令之前的状态。输入 LAYUNISO 命令时，将保留使用 LAYISO 后

对图层设置的更改。如果未使用 LAYISO 命令，则 LAYUNISO 命令将不恢复任何图层。

要恢复由 LAYISO 命令隔离的图层，则在命令行中输入 LAYUNISO 并按 Enter 键，或者在功能区"默认"选项卡的"图层"面板中单击"取消隔离"按钮即可。

4.4.5 冻结图层 （LAYFRZ）

LAYFRZ 命令用于冻结选定对象所在的图层。位于冻结图层上的对象将不可见。在实际工作中，对于大型图形中的不需要的图层，可以将它们冻结起来以加快图形显示和重生成的操作速度。在布局中，根据情况可以将各个布局视口中的图层冻结。

在命令行中输入 LAYFRZ 并按 Enter 键，或者在功能区"默认"选项卡的"图层"面板中单击"冻结"按钮，命令窗口出现以下提示内容。

> 当前设置：视口=视口冻结，块嵌套级别=块
> 选择要冻结的图层上的对象或 [设置(S)/放弃(U)]：

☑ 选择要冻结的图层上的对象：通过选择对象指定要冻结的图层。

☑ 设置(S)：选择此选项，接着选择"视口(V)"或"块选择(B)"类型进行视口或块定义的设置。视口设置选项有"冻结(F)"和"视口冻结(V)"两个，其中"冻结(F)"选项用于冻结在所有视口中的对象，"视口冻结(V)"选项则仅冻结当前视图中的一个对象。对于"块选择(B)"类型，可以输入块选择嵌套级别为"块(B)""图元(E)"或"无(N)"。当块选择嵌套级别为"块(B)"时，如果选定的对象嵌套在块中，则冻结该块所在的图层；如果选定的对象嵌套在外部参照中，则冻结该对象所在的图层。当块选择嵌套级别为"图元(E)"时，即使选定的对象嵌套在外部参照或块中，仍冻结这些对象所在的图层。当块选择嵌套级别为"无(N)"时，如果选定块或外部参照，则冻结包含该块或外部参照的图层。

☑ 放弃(U)：取消上一个图层选择。

4.4.6 解冻所有图层 （LAYTHW）

要解冻所有图层，可以在命令行中输入 LAYTHW 并按 Enter 键，或者在功能区"默认"选项卡的"图层"面板中单击"解冻"按钮，之前所有冻结的图层都将解冻。解冻后，在这些图层上创建的对象将变得可见，除非这些图层也被关闭或已在各个布局视口中被冻结。需要用户注意的是，必须逐个图层地解冻在各个布局视口中冻结的图层。

4.4.7 锁定图层 （LAYLCK）

LAYLCK 命令用于锁定选定对象所在的图层，可以防止意外修改在图层上的对象。

在命令行中输入 LAYLCK 并按 Enter 键，或者在功能区"默认"选项卡的"图层"面板中单击"锁定"按钮，接着选择要锁定的图层上的对象，即可将选定对象所在的图层锁定。

锁定图层后，将鼠标光标悬停在锁定图层上的对象上方时，将显示锁定图标。

4.4.8　解锁图层（LAYULK）

使用 LAYULK 命令，可以通过选择锁定图层上的对象来解锁该图层，而无须指定该图层的名称。其操作方法也很简单，即在命令行中输入 LAYULK 并按 Enter 键，或者在功能区"默认"选项卡的"图层"面板中单击"解锁"按钮 ，接着选择要解锁的图层上的对象即可。

4.4.9　置为当前（LAYMCUR）

LAYMCUR 命令用于将当前图层设定为选定对象所在的图层，其操作方法是在命令行中输入 LAYMCUR 并按 Enter 键，或者在功能区"默认"选项卡的"图层"面板中单击"置为当前"按钮 ，接着选择将使其图层成为当前图层的对象即可。

4.4.10　匹配图层（LAYMCH）

LAYMCH 命令用于更改选定对象所在的图层，以使其匹配目标图层。如果在错误的图层上创建了对象，那么使用此命令来更改该对象的图层是很方便的。

匹配图层的操作步骤为：在命令行中输入 LAYMCH 并按 Enter 键，或者在功能区"默认"选项卡的"图层"面板中单击"匹配图层"按钮 ，接着选择要更改的一个或多个对象，按 Enter 键，再选择目标图层上的对象即可，或者在命令行提示信息中选择"名称(N)"选项以弹出如图 4-15 所示的"更改到图层"对话框，然后从中指定目标图层的名称，单击"确定"按钮。

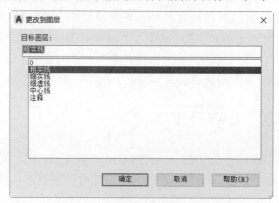

图 4-15　"更改到图层"对话框

4.4.11　上一个图层（LAYERP）

LAYERP（上一个图层）命令用于放弃对图层设置的上一个或上一组更改，具体来说，使用该命令，可以放弃使用"图层"控件、图层特性管理或-LAYER 命令所做的最新更改。但是，需要注意的是，LAYERP（上一个图层）命令不能放弃以下特殊更改。

☑　重命名的图层：如果重命名图层并更改其特性，LAYERP（上一个图层）命令将恢复原特性，但不恢复原名称。

☑ 删除的图层：如果对图层进行了删除或清理操作，则使用 LAYERP（上一个图层）命令将无法恢复该图层。

☑ 添加的图层：如果将新图层添加到图形中，则使用 LAYERP（上一个图层）命令不能删除该图层。

LAYERP（上一个图层）命令对应的工具为"上一个"按钮 🐾。

4.4.12　更改为当前图层（LAYCUR）

LAYCUR 命令用于将选定对象的图层特性更改为当前图层的特性。如果发现在错误图层上创建的对象，那么可以使用 LAYCUR 命令将该对象快速地更改到当前图层上。

在命令行中输入 LAYCUR 并按 Enter 键，或者在功能区"默认"选项卡的"图层"面板中单击"更改为当前图层"按钮 🐾，接着选择要更改到当前图层的对象，再按 Enter 键结束命令，系统会提示多少个对象已更改到当前图层。

4.4.13　将对象复制到新图层（COPYTOLAYER）

COPYTOLAYER 命令主要用于将一个或多个对象复制到其他图层，并可以为复制的对象指定其他位置。

在命令行中输入 COPYTOLAYER 并按 Enter 键，或者在功能区"默认"选项卡的"图层"面板中单击"将对象复制到新图层"按钮 🐾，接着选择要复制的对象，按 Enter 键，再选择目标图层上的对象或选择"名称(N)"选项来指定目标图层，指定目标图层后命令窗口提示多少个对象已复制并放置在目标图层上，并出现以下提示信息。

> 指定基点或 [位移(D)/退出(X)] <退出(X)>:

此时，可以执行以下操作之一。

☑ 按 Enter 键退出命令，或者选择"退出(X)"选项退出命令。接受要复制的对象在当前位置处复制到目标图层上。

☑ 指定已复制对象的基点，接着指定位移的第二个点或者按 Enter 键使用第一点定义相对位移。

☑ 选择"位移(D)"选项，接着输入坐标值以指定相对距离和方向，从而为复制的对象指定其他位置。

4.4.14　图层漫游（LAYWALK）

图层漫游是指显示选定图层上的对象并隐藏所有其他图层上的对象，在默认情况下，退出图层漫游功能后图层将恢复。使用图层漫游功能，可以检查每个图层上的对象和清理未参照的图层。

在命令行中输入 LAYWALK 并按 Enter 键，或者在功能区"默认"选项卡的"图层"面板中单击"图层漫游"按钮 🐾，弹出如图 4-16 所示的"图层漫游"对话框，该对话框显示包含图形中所有图层的列表（对于包含大量图层的图形，可过滤显示在对话框中的图层列表），并且在对话框标题栏中显示图形中的图层数。

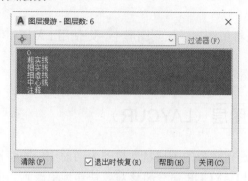

图 4-16 "图层漫游"对话框

"图层漫游"对话框中主要工具的功能含义如下。

（1）"过滤器"复选框：用于打开和关闭活动过滤器。当选中"过滤器"复选框时，列表将仅显示那些与活动过滤器匹配的图层。当取消选中"过滤器"复选框时，将显示完整的图层列表。需要注意的是，仅当存在活动过滤器时，"过滤器"复选框才可用。若要打开活动的过滤器，则在过滤器列表中输入通配符并按 Enter 键，或选择已保存的过滤器。

（2）图层列表：如果过滤器处于活动状态，则将显示该过滤器中定义的图层列表。如果没有过滤器处于活动状态，那么将显示图形中的图层列表。在图层列表中双击某一个图层，可以将该图层设置为"总显示"（在图层左侧显示星号"*"）。在图层列表中可以通过右击的方式来执行一些操作。用户应该要了解乃至掌握在图层列表中执行的以下操作。

- ☑ 单击图层名以显示图层的内容。
- ☑ 双击图层名以打开或关闭"总显示"选项。
- ☑ 按 Ctrl 键并单击图层以选择多个图层。
- ☑ 按 Shift 键并单击以选择多个连续图层。
- ☑ 按 Ctrl 键或 Shift 键并双击图层列表以打开或关闭"总显示"选项。
- ☑ 在图层列表中单击并拖曳以选择多个图层。

（3）"选择对象"按钮：选择对象及其图层。

（4）"清除"按钮：用于当未参照选定的图层时将其从图形中清理掉。在图层列表中的任意处右击并在弹出的快捷菜单中选择"选择未参照的图层"命令，则图层列表将亮显未参照的图层，用户可以单击"清除"按钮来清理这些图层。

（5）"退出时恢复"复选框：选中此复选框时，则退出该对话框时，将图层恢复为先前的状态。如果取消选中此复选框，则将保存所做的任何更改。

4.4.15 视口冻结当前视口以外的所有视口（LAYVPI）

LAYVPI 命令（对应的工具为"视口冻结当前视口以外的所有视口"按钮）用于冻结除当前视口外的所有布局视口中的选定图层。此命令将自动化使用图层特性管理器中的"视口冻结"的过程。

4.4.16 图层合并（LAYMRG）

可以将选定图层合并为一个目标图层，选定图层上的对象将移动到目标图层，并且系统从图形中清理原始图层。合并图层可以减少图形中的图层数。

在命令行的"键入命令"提示下输入 LAYMRG 并按 Enter 键，或者在功能区"默认"选项卡的"图层"面板中单击"合并"按钮，命令行出现以下提示内容。

> 选择要合并的图层上的对象或 [命名(N)]:

此时，可以选择要合并的图层上的对象，该图层的对象将移动到后面指定的目标图层上。或者选择"命名(N)"选项，弹出"合并图层"对话框，如图 4-17 所示，从中选择要合并的图层，单击"确定"按钮。命令行接着出现以下提示内容。

> 选择要合并的图层上的对象或 [名称(N)/放弃(U)]:

在该提示下按 Enter 键进入指定目标图层的操作状态。如果选择"放弃(U)"选项则从要合并的图层列表中删除之前的选择。

> 选择目标图层上的对象或 [名称(N)]:

选择目标图层上的对象。也可以选择"名称(N)"选项，弹出如图 4-18 所示的"合并到图层"对话框，从中选择目标图层，单击"确定"按钮。系统会提示要将选定图层合并到指定的目标图层，并询问是否要继续，确认要继续即可。

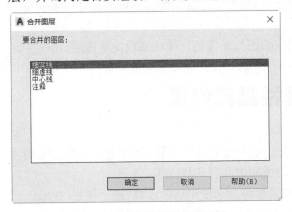

图 4-17 "合并图层"对话框

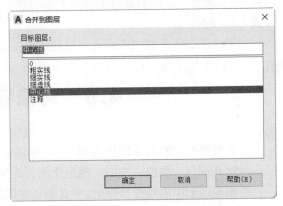

图 4-18 "合并到图层"对话框

4.4.17 删除图层（LAYDEL）

LAYDEL 命令主要用于删除图层上的所有对象并清理该图层，还可以更改使用要删除的图层的块定义。

在命令行的"键入命令"提示下输入 LAYDEL 并按 Enter 键，或者在功能区"默认"选项卡的"图层"面板中单击"删除"按钮，接着选择要删除的图层上的对象，并选择"是(Y)"选项确认继续，将从图形中删除选定对象所在的图层。

另外，也可以在启用 LAYDEL 命令后，在"选择要删除的图层上的对象或 [名称(N)]:"提示下选择"名称(N)"选项，弹出如图 4-19 所示的"删除图层"对话框，从中选择要删除的图层，单击"确定"按钮，然后在弹出的如图 4-20 所示的"图层删除-删除确认"对话框中单击"删除图层"按钮。

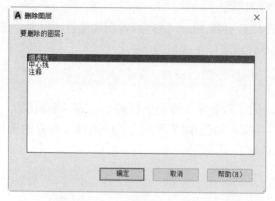

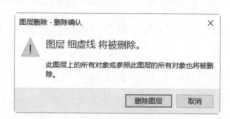

图 4-19　"删除图层"对话框　　　　　　　图 4-20　"图层删除-删除确认"对话框

4.5　"图层"下拉列表框的应用

　　以"草图与注释"工作空间为例，"图层"下拉列表框位于功能区"默认"选项卡的"图层"面板中。"图层"下拉列表框主要用于供用户快速选择图形中定义的图层和图层设置，以便将其设置为当前图层。

　　利用"图层"下拉列表框还可以通过单击相应的图标来关闭、冻结或锁定某图层。

4.6　对象特性基础设置

　　对象特性控制着对象的外观和行为，在实际设计中多用于组织图形。每个对象都具有常规特性，包括其图层、颜色、线型、线型比例、线宽、透明度和打印样式等。

　　当指定图形中的当前特性时，所有新创建的对象都将自动使用这些设置。通过图层（ByLayer）或通过明确指定特性（独立于其图层），都可以设置对象的某些特性。

4.6.1　对象颜色（COLOR）

　　COLOR 命令用于设置新对象的当前颜色。

　　在未执行其他命令且未选中任何对象的情况下，在功能区"默认"选项卡的"特性"面板的"对象颜色" ●下拉列表框中选择一种颜色方案选项，如图 4-21 所示，接着绘制的新图形对象将自动使用该颜色方案。通常，为新对象设置的颜色方案选项为 ByLayer，表示新对象将继承与当前图层关联的颜色特性，随图层指定颜色的优势是可以使用户轻松地识别图形中的每个图层。

ByBlock 和 ByLayer 类似，也是一种特殊的对象特性，ByBlock 颜色方案选项用于指定对象从它所在的块中继承颜色，具体是在将对象组合到块中之前，将默认使用 7 号颜色（白色或黑色）来创建对象，待将块插入图形中时，该块将显示这些对象的当前颜色。用户也可以不依赖图层而明确地指定其他具体的颜色作为新对象的创建颜色。

在选中对象时，使用"对象颜色" ●下拉列表框设置的颜色方案选项只应用于当前选中的对象。

为对象指定其他颜色时，可以在"对象颜色" ●下拉列表框中选择"更多颜色"命令，或者在命令行的"键入命令"提示下输入 COLOR 并按 Enter 键，弹出"选择颜色"对话框，如图 4-22 所示。该对话框提供"索引颜色"选项卡、"真彩色"选项卡和"配色系统"选项卡。

图 4-21　为新对象指定颜色

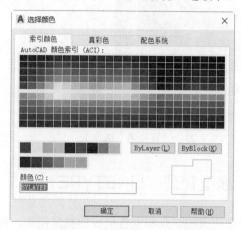

图 4-22　"选择颜色"对话框

1．索引颜色

"索引颜色"选项卡使用 255 种 AutoCAD 颜色索引（ACI）中的颜色来指定颜色设置。倘若将鼠标光标悬停在某种颜色上，该颜色的编号及其红、绿、蓝值（即其 RGB 颜色值）将显示在调色板下面。单击其中一种颜色，或者在"颜色"文本框中输入该颜色的编号或名称。

"索引颜色"选项卡大的调色板显示编号从 10～249 的颜色，第二个调色板显示编号从 1～9 的颜色（这些颜色既有编号也有名称），第三个调色板显示编号从 250～255 的颜色（这些颜色表示灰度级）。

2．真彩色

切换至"真彩色"选项卡，如图 4-23 所示，使用真彩色（24 位颜色）指定颜色设置（使用色调、饱和度和亮度[HSL]颜色模式或 RGB 颜色模式）。使用真彩色功能时，可以使用 1600 多万种颜色。在该选项卡上的可用颜色选项取决于在"颜色模式"下拉列表框中指定的颜色模式（RGB 或 HSL）。HSL 颜色模式提供的颜色特性包括色调、饱和度和亮度，通过设置这些特性值，用户可以指定一个很宽的颜色范围。RGB 颜色模式将颜色分解成红（R）、绿（G）和蓝（B）3 个分量，为每个分量指定的值分别表示红、绿和蓝颜色分量的强度，这 3 个值的组合可以定义一个很宽的颜色范围。

3．配色系统

切换至"配色系统"选项卡，如图 4-24 所示，该选项卡使用第三方配色系统或用户定义的配色系统指定颜色。从"配色系统"下拉列表框中指定用于选择颜色的配色系统，则在该下拉列表框下方选定配色系统页以及每页上的颜色和颜色名称，每页最多包含 10 种颜色。要查看配色系统页，则在颜色滑块上选择一个区域或用上下箭头进行浏览。

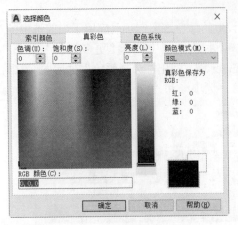

图 4-23　"真彩色"选项卡

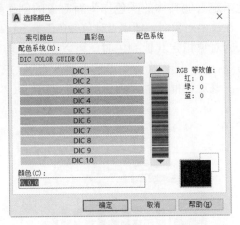

图 4-24　"配色系统"选项卡

4.6.2　线型管理（LINETYPE）

线型是由虚线、点和空格组成的重复图案，用于定义图形基本元素的线条组成和显示方式，如虚线、实线和中心线等。在 AutoCAD 中，用户既可以通过图层将线型指定给对象，也可以不依赖于图层而明确指定线型。

当没有选择任何对象时，所有对象将使用当前线型创建。当前线型显示在功能区"默认"选项卡的"特性"面板的"线型" 下拉列表框中，也显示在"特性"选项板中。

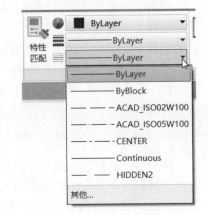

图 4-25　设置当前线型

从"线型" 下拉列表框中可以指定当前线型，如图 4-25 所示。如果将当前线型设定为 ByLayer，则将使用指定给当前图层的线型来创建对象。如果将当前线型设置为 ByBlock，则将使用连续线型（不嵌入空格的实心线型）创建对象，直到对象被组合到块定义中，将块插入图形中时，该块将显示这些对象的当前线型。如果明确设置当前线型，例如设置为CENTER，将使用该线型创建对象，而无论当前图层如何。默认的 Continuous 线型显示连续的线。如果没有所需的线型供选择，那么必须使用 LINETYPE 命令或通过图层特性管理器中的"线型"列单元格，从"线型定义"文件（LIN）中将其载入。线型载入后，保存图形时线型定义也将存储在图形中。

从"线型" 下拉列表框中选择"其他"选项，或者在命令行中输入 LINETYPE 并按 Enter 键，弹出如图 4-26 所示的"线型管理器"对话框。下面介绍该对话框各主要选项的功能含义。

（1）"线型过滤器"下拉列表框：用于确定在线型列表中显示哪些线型，可供选择的选项有"显示所有线型""显示所有使用的线型""显示所有依赖于外部参照的线型"。另外，"反转过滤器"复选框用于根据与选定的过滤条件相反的条件显示线型,符合反向过滤条件的线型显示在线型列表中。

(2)"加载"按钮:单击此按钮,弹出如图 4-27 所示的"加载或重载线型"对话框,可以将从 acad.lin 或 acadiso.lin 等文件中选定的线型加载到图形并将它们添加到线型列表。

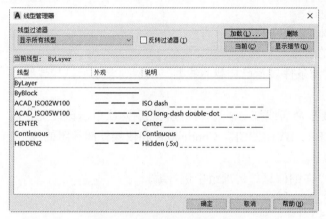

图 4-26　"线型管理器"对话框

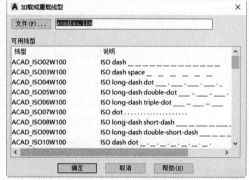

图 4-27　"加载或重载线型"对话框

(3)"当前"按钮:用于将选定线型设定位当前线型。

(4)"删除"按钮:用于从图形中删除选定的线型。只能删除未使用的线型,而不能删除 BYLAYER、BYBLOCK 和 Continuous 线型。

(5)"显示细节"按钮:单击此按钮以显示"线型管理器"对话框的"详细信息"部分,如图 4-28 所示,此时在此按钮位置提供相应的"隐藏细节"按钮("隐藏细节"按钮用于隐藏"线型管理器"对话框的"详细信息"部分)。"详细信息"部分(选项组)提供访问特性和附加设置的其他途径,具体包含的设置内容有名称、说明、全局比例因子、当前对象缩放比例和 ISO 笔宽等,它们的功能含义解释如下。

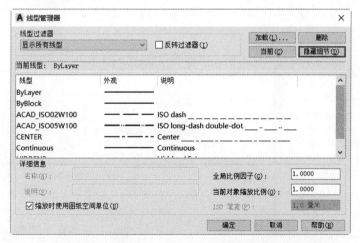

图 4-28　显示细节信息的"线型管理器"对话框

- ☑ "名称"文本框:显示选定选型的名称,可以根据情况编辑该名称。
- ☑ "说明"文本框:显示选定线型的说明,可以根据情况编辑该说明。

☑ "缩放时使用图纸空间单位"复选框：选中此复选框时，按相同的比例在图纸空间和模型空间缩放线型。当使用多个视口时，该复选框很有用。

☑ "全局比例因子"文本框：显示用于所有线型的全局缩放比例因子。

☑ "当前对象缩放比例"文本框：设定新建对象的线型比例。生成的比例是全局比例因子与该对象的比例因子的乘积。

☑ "ISO 笔宽"：将线型比例设定为标准 ISO 值列表中的一个。

（6）"当前线型"行：显示当前线型的名称。

（7）线型列表：根据线型过滤器的过滤条件显示已加载的线型。线型列表显示已加载线型的 3 个信息，即"线型""外观""说明"。

☑ 线型：显示已加载的线型名称。要重命名线型，请选择线型，然后两次单击该线型并输入新的名称。不能重命名 BYLAYER、BYBLOCK、Continuous 和依赖外部参照的线型。

☑ 外观：显示选定线型的样例。

☑ 说明：显示线型的说明，可以在"详细信息"选项组中进行编辑。

4.6.3 当前线宽设置（LWEIGHT）

线宽是指定给图形对象、图案填充、引线和标注几何图形的特性，可生成不同线宽、不同颜色的线。当前线宽指定给所有新对象，直到将另一种线宽设置为当前。

从功能区"默认"选项卡的"特性"面板的"线宽" 下拉列表框中可以指定当前线宽，如图 4-29 所示。如果将当前线宽设定为 ByLayer，那么将使用指定给当前图层的线宽来创建对象。如果将当前线宽设定为 ByBlock，那么在将对象编组到块中之前，将使用默认线宽设置来创建对象，待将块插入图形中时，该块将采用当前线宽设置。还可以将当前线宽设置为不依赖图层的单独线宽值。

如果从"线宽" 下拉列表框中选择"线宽设置"选项，或者在命令行的"键入命令"提示下输入 LWEIGHT 并按 Enter 键，弹出如图 4-30 所示的"线宽设置"对话框，从中选择一种线宽即可。

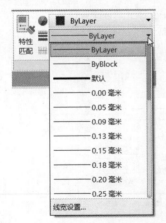

图 4-29 指定当前线宽

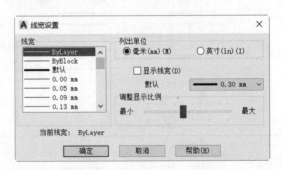

图 4-30 "线宽设置"对话框

需要用户注意的是，在图形中可以通过状态栏的"显示/隐藏线宽"按钮 来打开和关闭线宽显示。如果在 AutoCAD 2019 中"显示/隐藏线宽"按钮 并不显示在状态栏上，那么用户可以通过单击状态栏上的"自定义"图标≣，然后选择"线宽"以显示它。

4.6.4 设置透明度（CETRANSPARENCY）

CETRANSPARENCY 系统变量用于设置新对象的透明度级别。设置透明度的操作说明如下。

```
命令：CETRANSPARENCY↙                        //输入 CETRANSPARENCY 按 Enter 键
输入 CETRANSPARENCY 的新值 <ByLayer>：       //输入新值，这里显示的默认值为 ByLayer
```

CETRANSPARENCY 系统变量的类型属于字符串，保存位置为图形，初始值为 ByLayer，该系统变量的值设置范围如表 4-1 所示。

表 4-1　CETRANSPARENCY 系统变量的透明度设置

序　号	透 明 度 值	说　　明
1	ByLayer	由图层确定的透明度值
2	ByBlock	由块确定的透明度值
3	0	完全不透明（不透明）
4	1～90	定义为百分比的透明度值，将透明值限制为90%是为了避免与关闭或冻结的图层混淆

用户还可以利用功能区"默认"选项卡的"特性"面板提供的工具进行透明度设置，操作图解如图 4-31 所示。

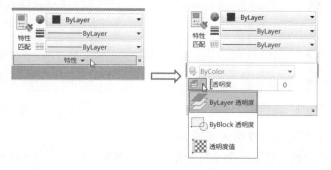

图 4-31　利用"特性"面板的溢出面板进行透明度设置

新图案填充对象的透明度级别由 HPTRANSPARENCY 系统变量控制。如果要更改现有选定对象的透明度，通常使用"特性"选项板来设置，有关"特性"选项板的详细内容稍后介绍。

4.7　"特性"命令（PROPERTIES）

PROPERTIES（"特性"命令）用于显示"特性"选项板，当选中对象时，"特性"选项板将列出选定对象的特性，例如，在图形中选择某个圆，则在"特性"选项板中列出该圆的特性，如图 4-32 所示。当选择多个对象时，"特性"选项板仅显示所有选定对象的公共特性。未选定任何对象时，仅显示常规特性的当前设置。对象的常规特性包括其图层、颜色、线型、线型比例、线宽、透明度和打印样式。

在"特性"选项板中，可以通过指定新值来修改任何可以更改的特性，这是修改选定对象的一个常用方法。在"特性"选项板中单击要修改的特性值，接着可以根据实际情况使用以下主要方法之一进行修改操作。

☑ 在文本框中输入新值。

☑ 单击右侧的向下按钮并从列表中选择一个值。

☑ 单击"拾取点"按钮🖳，接着使用鼠标等定点设备更改坐标值。

☑ 单击"快速计算器"按钮🖩，弹出如图 4-33 所示的快速计算器，利用该快速计算器可计算新值。

图 4-32　"特性"选项板

图 4-33　快速计算器

☑ 单击左箭头或右箭头可以增大或减小该值。

要打开"特性"选项板，可以在命令行中输入 PROPERTIES 并按 Enter 键，或者在快速访问工具栏中单击"特性"按钮🖳，还可以在功能区"视图"选项卡的"选项板"面板中单击"特性"按钮🖳。

4.8　特性匹配（MATCHPROP）

在实际设计工作中，使用特性匹配功能是很实用和高效的，使用此功能可以将选定对象的特性应用于其他对象。可应用的特性类型包括图层、颜色、线型、线型比例、线宽、打印样式、透明度和其他指定的特性。

要执行特性匹配功能，则可以按照以下步骤进行。

（1）在命令行中输入 MATCHPROP 并按 Enter 键，或者在功能区"默认"选项卡的"特性"

面板中单击"特性匹配"按钮，也可以在快速访问工具栏中单击"特性匹配"按钮。

（2）选择源对象。

（3）此时出现"选择目标对象或 [设置(S)]:"提示信息。在该提示信息下选择"设置(S)"选项，弹出如图 4-34 所示的"特性设置"对话框，从中设置要匹配的基本特性和特殊特性，然后单击"确定"按钮。

图 4-34　"特性设置"对话框

（4）选择一个目标对象，则目标对象被应用选定源对象的设定特性。可以继续选择其他目标对象指定特性匹配操作。

（5）按 Enter 键结束命令。

下面介绍执行特性匹配操作的一个范例。

（1）打开本书配套资源中的"特性匹配.dwg"文件，已有图形如图 4-35 所示。

（2）在功能区"默认"选项卡的"特性"面板中单击"特性匹配"按钮，选中其中一条中心线作为源对象。

（3）在"选择目标对象或 [设置(S)]:"提示下输入 S 并按 Enter 键，或者使用鼠标在命令行中选择"设置(S)"选项，弹出"特性设置"对话框，这里接受默认的基本特性和特殊特性设置，单击"确定"按钮。

（4）在图形中选择第二大的圆，再选择倾斜的一条直线段，按 Enter 键结束命令，结果如图 4-36 所示。

扫码看视频

特性匹配

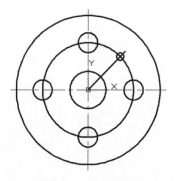

图 4-35　已有图形

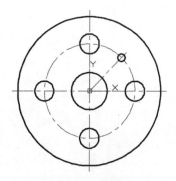

图 4-36　特性匹配的结果

4.9　思考与练习

（1）如何理解 AutoCAD 图层的概念？

（2）如何建立一个新图层并设置该新图层的相关特性？

（3）使用图层状态管理器可以处理哪些工作？

（4）在本章中学习了哪些图层工具？

（5）如何设置当前线宽？

（6）什么是特性匹配？

第5章 文字与表格

本章导读

　　工程制图仅仅靠图形表达设计信息是不够的，很多时候还需要加上适当的文字注释（如技术要求、技术参数表格及材料说明等）等，这样才能使整张图纸要表达的设计信息更清晰明了，更能表达全部的设计意图和技术参数。在 AutoCAD 中，文字与表格都有各自相应的样式来控制其大小外观等。

　　本章介绍文字与表格相关的知识内容。

5.1　文字样式（STYLE）

　　在 AutoCAD 中，在创建文字注释之前，要设定好当前文字样式以确定所有新文字的外观，也就是说文字的大多数特征由文字样式控制。所谓的文字样式包括字体、字号、倾斜角度、方向和其他文字特征。用户可以根据设计需要设置自己的当前文字样式，系统最初的文字样式默认为 STANDARD 文字样式。在一个图形中可以创建多种文字样式以适应不同对象的需要。

　　在一个新图形文件中已经有一个自动建立的名为 STANDARD 的文字样式，但这还不够，因为不同国家或不同行业的制图标准都对文字做出了相应的规定，这就要求用户根据相应标准建立相应的文字样式。

　　要创建文字样式，则在命令行的"键入命令"提示下输入 STYLE 并按 Enter 键，或者在功能区"默认"选项卡的"注释"溢出面板中单击"文字样式"按钮 A，弹出"文字样式"对话框，如图 5-1 所示。该对话框用于创建、修改或指定文字样式。

　　"文字样式"对话框中各主要按钮和选项的功能含义解释如下。

　　（1）"当前文字样式"信息行：显示当前文字样式的名称。

　　（2）"样式"列表：显示在图形中的样式列表，其中样式名称前带有 ▲ 图标的表示该样式为注释性的。样式名称可以长达 255 个字符，可包括字母、数字以及特殊字符，如美元符号"$"、下画线"_"和连字符"-"。

　　（3）"样式列表"过滤器：该过滤器位于"样式"列表的下方，从中选择"所有样式"或"正在使用的样式"。

　　（4）"预览"框：显示随着字体的改变和效果的修改而动态更改的样例文字。

　　（5）"字体"选项组：用于设置指定文字样式的字体，包括"字体名""字体样式""使用大字体"3 个部分。

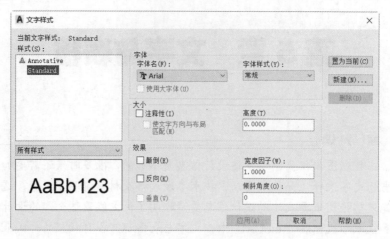

图 5-1   "文字样式"对话框

- ☑ "字体名"下拉列表框：列出 Fonts 文件夹中所有注册的 TrueType 字体和所有编译的形（SHX）字体的字体族名。在该下拉列表框中选择一种字体族名后，AutoCAD 将读取指定文字的文件，除非文件已经由另一个文字样式使用，否则将自动加载该文件的字符定义。
- ☑ "使用大字体"复选框：指定亚洲语言的大字体文件。只有在"字体名"下拉列表框中指定使用 SHX 文件的字体名，才能使用"使用大字体"复选框，只有 SHX 文件可以创建"大字体"。
- ☑ "字体样式"下拉列表框：指定字体格式，如斜体、粗体或者常规字体。如果选中"使用大字体"复选框，则"字体样式"下拉列表框变为"大字体"下拉列表框，用于选择大字体文件。

（6）"大小"选项组：主要用于更改文字的大小，具体设置内容如下。

- ☑ "注释性"复选框：指定文字是否为注释性。选中此复选框时，"使文字方向与布局匹配"复选框才可用，以指定图纸空间视口中的文字方向与布局方向是否匹配。
- ☑ "高度"文本框：根据输入的值设置文字高度。输入大于 0.0 的高度将自动为此样式设置文字高度。如果输入 0.0，则文字高度将默认为上次使用的文字高度，或使用存储在图形样板文件中的值。在相同的高度设置下，TrueType 字体显示的高度可能会小于 SHX 字体。如果选中"注释性"复选框，则"高度"文本框变为"图纸文字高度"文本框，此时输入的值将设置图纸空间中的文字高度。

（7）"效果"选项组：用于修改字体的效果特性，例如宽度因子、倾斜角度以及是否颠倒显示、反向或垂直对齐。

（8）"置为当前"按钮：单击该按钮，将在"样式"列表中选定的样式设置为当前样式。

（9）"新建"按钮：单击该按钮，则弹出"新建文字样式"对话框，以开始新建一个文字样式。

（10）"删除"按钮：删除未使用的文字样式，方法是在"样式"列表中选择未使用的一个文字样式，接着单击此按钮即可。

（11）"应用"按钮：单击该按钮，则将在对话框中所做的样式更改应用到当前样式和图形中具有当前样式的文字。

【范例：定制符合国家标准的一种文字样式】

AutoCAD 提供了符合国家制图标准的中文字体 gbcbig.shx，以及符合国家制图标准的英文字体 gbenor.shx（用于标注直体）和 gbeitc.shx（用于标注斜体）。

范例步骤如下。

（1）打开本书配套资源中的"创建文字样式.dwg"文件，切换到"草图与注释"工作空间。

（2）在命令行的"键入命令"提示下输入 STYLE 并按 Enter 键，打开"文字样式"对话框。

（3）在"文字样式"对话框中单击"新建"按钮，打开"新建文字样式"对话框。

（4）在"新建文字样式"对话框的"样式名"文本框中输入"BC 文字-H3.5"，如图 5-2 所示，然后单击"确定"按钮，返回到"文字样式"对话框，此时新建的"BC 文字-H3.5"文字样式的名称显示在"样式"列表中，并且该新文字样式处于被选中的状态。

图 5-2　"新建文字样式"对话框

（5）在"文字样式"对话框的"字体"选项组中，从"字体名"下拉列表框中选择 gbenor.shx，接着选中"使用大字体"复选框（选中该复选框后，"字体名"下拉列表框变为"SHX 字体"下拉列表框），接着在"大字体"下拉列表框中选择 gbcbig.shx，如图 5-3 所示。

图 5-3　设置字体

（6）在"大小"选项组中，设置字体高度为 3.5mm，如图 5-4 所示。而在"效果"选项组中，接受宽度因子默认为 1，倾斜角度默认为 0°。

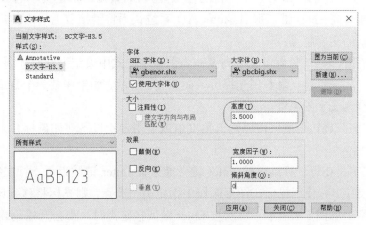

图 5-4　设置字体高度等

（7）单击"应用"按钮。

（8）在"样式"列表框中选择刚创建的"BC 文字-H3.5"文字样式名，然后单击"置为当前"按钮。

（9）在"文字样式"对话框中单击"关闭"按钮。

5.2 单行文字（TEXT）

可以使用 TEXT（单行文字）命令创建一行或多行文字，所创建的每一行文字都是独立的对象，用户可以对其进行重定位、调整格式或进行其他修改。通常将创建的单行文字用作标签文本或其他简短注释。

执行 TEXT（单行文字）命令时，命令窗口出现的命令提示信息如图 5-5 所示。除了指定文字的起点之外，还可以为单行文字指定文字样式并设置对正（对齐）方式。其中文字样式用来指定文字对象要继承的文字样式（文字样式决定文字字符的外观）；对正方式则控制文字的对正，即决定着字符的哪一部分与插入点对齐。

图 5-5　用于创建单行文字的命令行提示

5.2.1　创建单行文字的步骤

以使用默认的文字样式和对正方式为例，创建单行文字的步骤如下。

（1）在命令行中输入 TEXT 并按 Enter 键，或者在功能区"注释"选项卡的"文字"面板中单击"单行文字"按钮A，又或者在功能区"默认"选项卡的"注释"面板中单击"单行文字"按钮A。

（2）指定文字的起点（即第一个字符的插入点）。如果在"指定文字的起点或 [对正(J)/样式(S)]:"提示下直接按 Enter 键，那么 AutoCAD 系统认为将紧接着上一次创建的文字对象（如果有的话）定位新的文字起点。

（3）指定文字的高度。只有当文字高度在当前文字样式中设定为 0 时才要求指定文字高度，此时，一条拖引线从文字起点附着到光标上，如图 5-6 所示。如果在某一个合适点单击，则可将拖引线的长度设置为文字的高度。

（4）指定文字的旋转角度。可以输入角度值或使用定点设备（如鼠标）来指定文字的旋转角度。

（5）输入文字。在每一行结尾按 Enter 键（通过按 Enter 键结束每一行文字），可以根据需要输入另一行的文字。若使用鼠标在图形区域中指定另一个点，则光标将移到该点处，可以在该点处继续输入文字，如图 5-7 所示。每次按 Enter 键或指定点时，都会开始创建新的文字对象。

（6）直到在空行处按 Enter 键结束命令。

拖引线

文字的起点

图 5-6　附着光标的拖引线

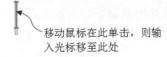

移动鼠标在此单击，则输
入光标移至此处

图 5-7　重新指定文字输入点

5.2.2　创建单行文字时更改当前文字样式

在创建单行文字时可以根据需要更改当前文字样式，其步骤如下。

（1）在命令行中输入 TEXT 并按 Enter 键，或者在功能区"注释"选项卡的"文字"面板中单击"单行文字"按钮**A**，又或者在功能区"默认"选项卡的"注释"面板中单击"单行文字"按钮**A**。

（2）当前命令行提示为"指定文字的起点或 [对正(J)/样式(S)]:"时，在当前命令行中输入 S 并按 Enter 键确认选择"样式(S)"选项。

（3）在"输入样式名或 [?] <Standard>:"提示下输入一个已有的文字样式名。

如果要首先查看文字样式列表，则输入?并按两次 Enter 键，此时系统弹出如图 5-8 所示的列表来显示全部的文字样式（以使用"草图与注释"工作空间且使用浮动命令窗口为例），记住了所需要的文字样式名后，再选择"样式(S)"选项，将记住的文字样式名输入。

```
指定文字的起点 或 [对正(J)/样式(S)]:
命令:
TEXT
当前文字样式:  "BC文字-H3.5"  文字高度:  3.5000  注释性: 否  对正: 左
指定文字的起点 或 [对正(J)/样式(S)]: S
输入样式名或 [?] <BC文字-H3.5>: ?
输入要列出的文字样式 <*>:
文字样式:
样式名: "Annotative"  字体: Arial
   高度:  0.0000  宽度因子:  1.0000  倾斜角度: 0
   生成方式: 常规
样式名: "BC文字-H3.5"   字体文件: gbenor.shx,gbcbig.shx
   高度:  3.5000  宽度因子:  1.0000  倾斜角度: 0
   生成方式: 常规
样式名: "Standard"   字体: Arial
   高度:  0.0000  宽度因子:  1.0000  倾斜角度: 0
   生成方式: 常规
当前文字样式: BC文字-H3.5
当前文字样式:  "BC文字-H3.5"  文字高度:  3.5000  注释性: 否  对正: 左
```
```
× ▲ A ▾ TEXT 指定文字的起点 或 [对正(J) 样式(S)]: |
```

图 5-8　列出指定范围内的文字样式

（4）继续进行创建单行文字的操作。

5.2.3　创建单行文字时设置对正方式

在创建单行文字时可以设置单行文字的对正方式，其一般步骤如下。

（1）在命令行中输入 TEXT 并按 Enter 键，或者在功能区"注释"选项卡的"文字"面板中单击"单行文字"按钮**A**。

（2）当前命令行提示为"指定文字的起点或 [对正(J)/样式(S)]:"时，输入 J 并按 Enter 键确认选择"对正（J）"选项。

（3）当前命令行提示为"输入选项 [左(L)/居中(C)/右(R)/对齐(A)/中间(M)/布满(F)/左上(TL)/中上(TC)/右上(TR)/左中(ML)/正中(MC)/右中(MR)/左下(BL)/中下(BC)/右下(BR)]:"时，选择一个对正选项，例如输入 MC 并按 Enter 键来确认选择"正中(MC)"选项。

（4）继续根据命令行提示执行创建单行文字的操作。

各个对正选项的含义如表 5-1 所示。

表 5-1　创建单行文字时的对正选项

对 正 选 项	功 能 含 义	备　　注	图　　例
左(L)	在由用户给出的点指定的基线上左对正文字		AUTOCAD
居中(C)	从基线的水平中心对齐文字，此基线是由用户给出的点指定的	旋转角度是指基线以中点为圆心旋转的角度，它决定了文字基线的方向；文字基线的绘制方向为从起点到指定点，若指定点在圆心的左边，将绘制出倒置的文字	AUTOCAD
右(R)	在由用户给出的点指定的基线上右对正文字		AUTOCAD
对齐(A)	通过指定基线端点来指定文字的高度和方向	字符的大小根据其高度按比例调整；文字字符串越长，字符越矮	Ø12.7 FOR Ø8 BUSHING–PRESS FIT–4 REQ.–EQ. SP.
中间(M)	文字在基线的水平中点和指定高度的垂直中点上对齐，中间对齐的文字不保持在基线上	"中间"选项与"正中"选项不同，"中间"选项使用的中点是所有文字包括下行文字在内的中点，而"正中"选项使用大写字母高度的中点	AUTOCAD
布满(F)	指定文字按照由两点定义的方向和一个高度值布满一个区域	此选项只适用于水平方向的文字；高度以图形单位表示，是大写字母从基线开始的延伸距离，指定的文字高度是文字起点到用户指定的点之间的距离；文字字符串越长，字符越窄，而字符高度保持不变	Ø12.7 FOR Ø8 BUSHING–PRESS FIT–4 REQ.–EQ. SP.
左上(TL)	以指定为文字顶点的点左对正文字	此选项只适用于水平方向的文字	AUTOCAD
中上(TC)	以指定为文字顶点的点居中对正文字	此选项只适用于水平方向的文字	AUTOCAD
右上(TR)	以指定为文字顶点的点右对正文字	此选项只适用于水平方向的文字	AUTOCAD
左中(ML)	在指定为文字中间点的点上靠左对正文字	此选项只适用于水平方向的文字	AUTOCAD
正中(MC)	在文字的中央水平和垂直居中对正文字	此选项只适用于水平方向的文字	AUTOCAD
右中(MR)	以指定为文字的中间点的点右对正文字	此选项只适用于水平方向的文字	AUTOCAD
左下(BL)	以指定为下方基线的点左对正文字	此选项只适用于水平方向的文字 车国策	AUTOCAD
中下(BC)	以指定为下方基线的点居中对正文字	此选项只适用于水平方向的文字	AUTOCAD
右下(BR)	以指定为下方基线的点靠右对正文字	此选项只适用于水平方向的文字	AUTOCAD

如图 5-9 所示，形象地给出了 9 种方式的对正（对齐）点。

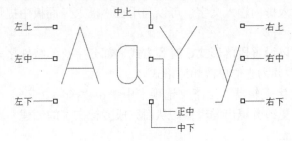

图 5-9　单行文字的对正点

5.3　多行文字（MTEXT）

单个多行文字对象由任意数目的文字行或段落组成。在需要较长的、较为复杂的注释内容时可以考虑多行文字，尤其需要具有内部格式的较长注释和标签时使用多行文字。多行文字使用内置编辑器，可以格式化文字外观、列和边界等。

多行文字的应用比单行文字的应用要灵活很多，多行文字的编辑选项也比单行文字要多。例如，在多行文字对象中，可以通过将格式（如下画线、粗体、颜色和不同的字体）应用到单个字符来替代当前文字样式，还可以创建堆叠文字（如分数或形位公差），以及插入特殊字符（其中包括用于 TrueType 字体的 Unicode 字符）。

5.3.1　创建多行文字的步骤

输入多行文字之前，需要指定文字边框的对角点，所述的"文字边框"用于定义多行文字对象中段落的宽度。多行文字的创建步骤如下。

（1）在命令行的"键入命令"提示下输入 MTEXT 并按 Enter 键，或者在功能区"注释"选项卡的"文字"面板中单击"多行文字"按钮A。

（2）指定边框的两个对角点以定义多行文字对象的宽度。如果功能区处于活动状态，则 AutoCAD 会打开"文字编辑器"上下文选项卡和显示一个多行文字输入框，如图 5-10 所示。如果功能区未处于活动状态，则显示在位文字编辑器。

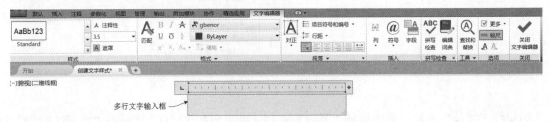

图 5-10　显示"文字编辑器"和输入框

知识点拨： 可以设置多行文字输入框顶部是否带有标尺，其方法是在"文字编辑器"上下文选项卡的"选项"面板中单击"标尺"按钮或取消选中它。可以利用标尺上的相应滑块来设置首行缩进和段落缩进。

（3）利用"文字编辑器"设置所需要的文字样式和文字格式。

（4）在多行文字输入框内输入文字。可以利用在"插入"面板中提供的按钮来设置添加一些特殊符号。

（5）如果需要，可以设置段落形式、对齐方式、部分字符的特殊格式等。还可以选择多行文字中的某些文字字符，并为它们更改相应格式。

（6）在功能区"文字编辑器"上下文选项卡中单击"关闭文字编辑器"按钮✔，或者按 **Ctrl+Enter** 快捷键，保存更改并退出编辑器，从而完成多行文字的创建。

5.3.2 在多行文字中插入符号

在 AutoCAD 的多行文字中可以插入一些所需的特殊符号，例如"直径"符号、"公差"符号、"几乎相等"符号、"不相等"符号和"地界线"符号等。

执行 **MTEXT**（多行文字）命令时，在功能区"文字编辑器"上下文选项卡的"插入"面板中单击"符号"按钮@，展开"符号"下拉菜单，如图 5-11 所示；然后从中选择某种符号选项以在多行文字中插入所需的符号。例如，从该下拉菜单中选择"几乎相等"选项，则在多行文字中插入≈符号。

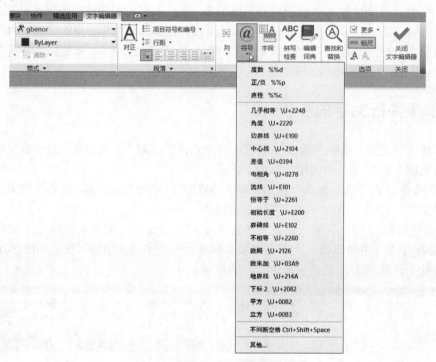

图 5-11 展开"符号"下拉菜单

如果在"符号"下拉菜单中选择"其他"选项，则弹出如图 5-12 所示的"字符映射表"对话框。"字符映射表"对话框列出了所选字体中可用的字符，这些字符集包括 Windows、DOS 和 Unicode。可以将"字符映射表"对话框中的单个字符或字符组复制到剪贴板中，然后再将其粘贴到可以显示它们的任何程序中（即将其粘贴到其他任何兼容程序中），甚至可以通过直接将字符从"字符映射表"拖入空文档中。

在"字符映射表"对话框中选择一种字体，并在该字体包含的可用字符中选择一个字符，单击"选择"按钮，则该字符出现在"复制字符"文本框中，接着单击对话框中的"复制"按钮。然后在多行文字输入框内指定输入位置后右击，再从弹出的快捷菜单中选择"粘贴"命令，如图 5-13 所示，可以将选定的字符粘贴到编辑器文本框中。在粘贴时注意字符字体的匹配。

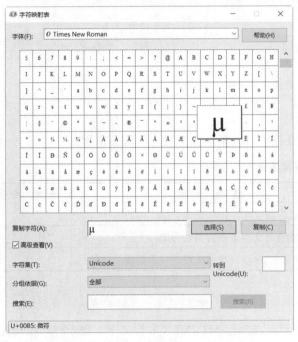

图 5-12 "字符映射表"对话框

图 5-13 从快捷菜单中选择"粘贴"命令

5.3.3 向多行文字对象添加不透明背景或进行填充

如果功能区处于活动状态，那么在创建或编辑多行文字的过程中，在功能区"文字编辑器"上下文选项卡中单击"遮罩"按钮 A，也可以在编辑器文本框中右击并从弹出的快捷菜单中选择"背景遮罩"命令，系统弹出如图 5-14 所示的"背景遮罩"对话框。

在"背景遮罩"对话框中选中"使用背景遮罩"复选框，接着输入边界偏移因子的值（该值基于文字高度）。偏移因子的默认值为 1.5，表示会使背景扩展出文字高度的 0.5 倍。在"填充颜色"选项组中，如果取消选中"使用图形背景颜色"复选框，那么可以利用位于"使用图形背景颜色"复选框右侧的"颜色"下拉列表框来指定一种背景色。给多行文字对象添加不透明背景色的典型示例如图 5-15 所示。

图 5-14 "背景遮罩"对话框

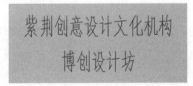

图 5-15 给多行文字对象添加背景色

5.3.4 创建堆叠文字

堆叠文字是指应用于多行文字对象和多重引线中的字符的分数和公差格式。在如图 5-16 所示的几组文字中均具有堆叠文字。

$$\phi 20^{+0.25}_{-0.35} \qquad \phi 85 \frac{H7}{p6} \qquad \phi 91 \frac{H6}{h6}$$

图 5-16　堆叠文字的典型示例

1. 用来定义堆叠的字符

在 AutoCAD 中使用如表 5-2 所示的特殊符号可以指示选定文字的堆叠位置。

表 5-2　定义堆叠的常用字符表

序　号	定义堆叠的字符	堆叠结果	堆叠举例
1	斜杠 "/"	以垂直方式堆叠文字，由水平线分隔	$3/5 \Rightarrow \frac{3}{5}$
2	磅字符（井号）"#"	以对角形式堆叠文字，由对角线分隔	$3\#5 \Rightarrow \frac{3}{5}$
3	插入符 "^"	创建公差形式的堆叠（垂直堆叠，且不用直线分隔）	$3\hat{\,}5 \Rightarrow \frac{3}{5}$

2. 手动堆叠字符

以使用"草图与注释"工作空间界面为例，在执行 MTEXT（多行文字）命令时，在功能区"文字编辑器"上下文选项卡中采用手动的方式堆叠字符，那么需要在输入文字（包括特殊的堆叠字符）后，选择其中要堆叠的文字，然后在"格式"面板中单击"堆叠"按钮。

例如，在文字输入框中输入 ϕ48+0.035^-0.029，接着选择+0.035^-0.029，如图 5-17 所示，再在"格式"面板中单击"堆叠"按钮，则堆叠结果如图 5-18 所示，然后单击"关闭文字编辑器"按钮。

图 5-17　选择要进行格式设置的文字

图 5-18　堆叠结果

知识点拨： 如果要将堆叠文字更改为非堆叠文字，那么在双击要修改的文字后，在文字编辑器输入框中选择堆叠文字，然后单击"堆叠"按钮 以关闭堆叠状态即可。

3. 自动堆叠文字

自动堆叠功能仅应用于堆叠斜杠、磅字符或插入符号前后紧邻的数字字符，对于公差堆叠，+、−和小数点字符也能自动堆叠。在初始默认情况下，AutoCAD 将自动堆叠斜杠、磅字符或插入符号前后输入的数字字符。例如，默认启动自动堆叠功能，如果用户输入 3#5，接着输入非数字字符或空格，则结果自动显示为 3/5。此时，单击在堆叠文字下方出现的 按钮，则打开如图 5-19 所示的下拉菜单以及时对自动堆叠做出反应，从中可选择选项更改堆叠效果或切换至非堆叠状态，并可以进行"堆叠特性"的设置操作。用户可以设置自动堆叠的特性，稍后会介绍。

4. 设置堆叠特性

可以更改堆叠文字特性，其方法是双击要编辑的多行文字对象，选中堆叠文字并右击，接着从弹出的快捷菜单中选择"堆叠特性"命令，弹出如图 5-20 所示的"堆叠特性"对话框。在该对话框中根据需要更改相关设置，包括上、下文字和堆叠外观（如样式、位置和大小）。

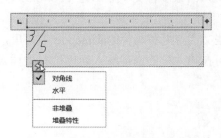

图 5-19　及时对自动堆叠做出反应

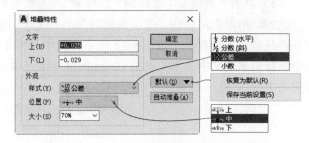

图 5-20　"堆叠特性"对话框

如果要设定自动堆叠的特性，那么在"堆叠特性"对话框中单击"自动堆叠"按钮，弹出如图 5-21 所示的"自动堆叠特性"对话框，从该对话框中设置自动堆叠字符的默认值。注意：选中"启用自动堆叠"复选框时，则自动堆叠在^、#或/前后输入的数字字符。

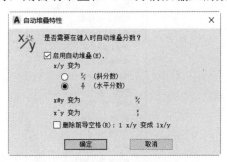

图 5-21　"自动堆叠特性"对话框

5.4　控制码与特殊符号

在 AutoCAD 中，通过输入控制代码或 Unicode 字符串可以在水平行输入一些特殊字符或符号。如表 5-3 所示为 3 种常见符号的控制码与 Unicode 字符串。

表 5-3　3 种常见符号的控制码与 Unicode 字符串

序　　号	控　制　码	Unicode 字符串	结果（对应符号）
1	%%d	\U+00B0	度符号（°）
2	%%p	\U+00B1	公差符号（±）
3	%%c	\U+2205	直径符号（Φ）

　　例如，要在图形区域中输入 Φ56±0.5 文本，可以按照如下步骤操作。

　　（1）以使用"草图与注释"工作空间为例，在命令行的"键入命令"提示下输入 MTEXT 并按 Enter 键，或者在功能区"注释"选项卡的"文字"面板中单击"多行文字"按钮 **A**。

　　（2）指定多行文字输入边框的对角点。在功能区中出现"文字编辑器"上下文选项卡，以及在图形窗口中显示一个顶部带标尺的输入框。

　　（3）设置好相关的文字格式后，在文字输入框内输入%%c56%%p0.5，或者输入\U+220556\U+00B10.5（系统支持 Unicode 字符串输入的话）。

　　（4）单击"关闭文字编辑器"按钮 ✔。在图形区域输入的该多行文字显示为 Φ56±0.5。

　　此外，用户也可以在"文字编辑器"上下文选项卡的"插入"面板中单击"符号"按钮@，打开"符号"下拉菜单，如图 5-22 所示，其中列出了一些文字符号和相应的 Unicode 字符串，从中选择所需的文字符号或相应 Unicode 字符串选项，便可在输入框的当前输入光标位置处插入对应的字符内容。

图 5-22　文字符号和相应的 Unicode 字符串

5.5 编辑文字

在 AutoCAD 中创建好单行文字或多行文字对象后，可以使用多种编辑方法对其进行编辑修改，如移动、旋转、删除、复制和更改文字内容等。

5.5.1 通过夹点编辑文字对象

同其他图形对象一样，也可以通过夹点来对文字对象进行编辑。在图形窗口中单击单行文字或多行文字，则在单行文字或多行文字上便显示相应的夹点，接着选择所需的一个夹点，可以进行拉伸、移动、缩放、镜像、旋转等操作。

例如，单击如图 5-23 所示的单行文字，接着选择该单行文字对象左下角的正方形夹点，再按 Enter 键或空格键遍历夹点模式，直到显示夹点模式为"旋转"，输入旋转角度为 30°并按 Enter 键，旋转结果如图 5-24 所示。

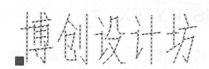

图 5-23　单击单行文字

图 5-24　旋转结果

5.5.2 编辑多行文字（MTEDIT）

MTEDIT 命令用于编辑多行文字。在命令行的"键入命令"提示下输入 MTEDIT 并按 Enter 键，接着选择多行文字对象，显示功能区中的"文字编辑器"上下文选项卡或在位文字编辑器，以修改选定多行文字对象的格式或内容。

5.5.3 编辑文字注释（TEXTEDIT）

在 AutoCAD 2019 中，TEXTEDIT 命令用于编辑选定的多行文字或单行文字对象，或标注对象上的文字，该命令在功能上完全涵盖并替代了以往的 DDEDIT 命令。

在命令行的"键入命令"提示下输入 TEXTEDIT 并按 Enter 键，接着选择注释对象（包括单行文字对象、多行文字对象和标注对象）。如果选择的注释对象是单行文字对象，则进入单行文字对象编辑状态，可以修改该单行文字对象的文字内容；如果选择的注释对象是多行文字对象或标注对象，则系统显示功能区"文字编辑器"上下文选项卡或在位文字编辑器，此时可对选定的多行文字或标注对象进行相应的修改操作，修改内容比单行文字对象大为丰富。

5.5.4　更改多行文字对象的比例（SCALETEXT）

在 AutoCAD 中，一个复杂图形可能包含成百上千个需要设置比例的文字对象，如果对这些比例单独进行设置，那么将是一件非常浪费时间的事情。在这种情形下，可以使用 SCALETEXT 命令（对应"文字缩放"按钮🖿）去修改一个或多个文字对象（如文字、多行文字和属性）的比例而不更改其位置。执行 SCALETEXT 命令时，可以指定相对比例因子或绝对文字高度，或者调整选定文字的比例以匹配现有文字高度。

请看以下的范例操作步骤，所选的两个文字对象相对于指定的基点选项缩放了 2 倍。

```
命令：SCALETEXT↙
选择对象：找到 1 个
选择对象：找到 1 个，总计 2 个
选择对象：↙
输入缩放的基点选项 [现有(E)/左对齐(L)/居中(C)/中间(M)/右对齐(R)/左上(TL)/中上(TC)/
右上(TR)/左中(ML)/正中(MC)/右中(MR)/左下(BL)/中下(BC)/右下(BR)] <正中>：MC↙
指定新模型高度或 [图纸高度(P)/匹配对象(M)/比例因子(S)] <3.5>：S↙
指定缩放比例或 [参照(R)] <1.5>：2↙
2 个对象已更改
```

5.5.5　更改文字对象的对正方式（JUSTIFYTEXT）

使用 JUSTIFYTEXT 命令，可以重定义文字的插入点而不移动文字，即更改文字对象的对正方式而不更改其位置，请看以下的操作范例。

```
命令：JUSTIFYTEXT↙
选择对象：找到 1 个          //在一个矩形边框内选择要修改的多行文字，如图 5-25 所示
选择对象：↙
输入对正选项 [左对齐(L)/对齐(A)/布满(F)/居中(C)/中间(M)/右对齐(R)/左上(TL)/中上(TC)/
右上(TR)/左中(ML)/正中(MC)/右中(MR)/左下(BL)/中下(BC)/右下(BR)] <正中>：MC↙
```

更改对正方式后的效果如图 5-26 所示。

图 5-25　选择要修改对正方式的多行文字　　　　　图 5-26　修改对正方式后的效果

5.5.6　在模型空间和图纸空间之间转换文字高度（SPACETRANS）

使用 SPACETRANS 命令，可以计算模型空间单位和图纸空间单位之间的等价长度。在实际

工作中，通过以透明方式使用 SPACETRANS 命令，可以为命令提供相对于其他空间的距离或长度值。需要用户注意的是，该命令不允许在模型选项卡中使用。

5.5.7 使用"特性"选项板修改选定文字的特性内容

可以使用"特性"选项板来对选定文字进行修改。在快速访问工具栏中单击"特性"按钮 📋，打开"特性"选项板，接着选择要修改的文字对象，然后在"特性"选项板中修改该文字对象的相关特性内容。修改好相关特性内容后，按 Esc 键可退出文字对象的选定状态。

5.6 拼写检查（SPELL）

在 AutoCAD 中，将文字输入图形中时可以检查所有文字的拼写，也可以指定已使用的特定语言的词典并自定义和管理多个自定义拼写词典。适用于拼写检查的文字对象有单行文字、多行文字、标注文字、多重引线文字、在块属性中的文字和在外部参照中的文字。

使用拼写检查，将搜索用户指定的图形或在图形的文字区域中拼写错误的词语。如果找到拼写错误的词语，则将亮显该词语，并且绘图区域将缩放为便于读取该词语的比例。

拼写检查的步骤如下。

（1）在命令行的"键入命令"提示下输入 SPELL 并按 Enter 键，或者在功能区"注释"选项卡的"文字"面板中单击"拼写检查"按钮 ✍，弹出如图 5-27 所示的"拼写检查"对话框。

（2）从"主词典"下拉列表框中选择一个主词典选项（默认的主词典将取决于语言设置），如果单击"词典"按钮，则弹出如图 5-28 所示的"词典"对话框，该对话框显示已安装的词典并允许用户编辑自定义词典。注意，在拼写检查过程中，图形中的词语将与当前主词典和当前自定义词典中的词语相匹配。所有通过"添加"按钮指定的特殊词语都保存在当前正在使用的自定义词典中。

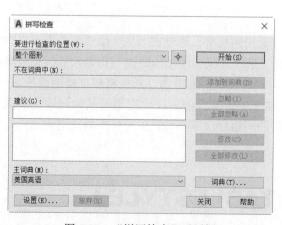

图 5-27 "拼写检查"对话框

图 5-28 "词典"对话框

（3）在"拼写检查"对话框中单击"设置"按钮，弹出如图 5-29 所示的"拼写检查设置"

对话框，从中控制用于拼写检查的选项，包括设置拼写检查的内容和忽略的内容，然后单击"确定"按钮，返回"拼写检查"对话框。

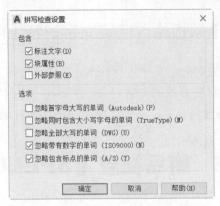

图 5-29 　"拼写检查"对话框

（4）利用"要进行检查的位置"下拉列表框设置检查拼写的区域（如整个图形、当前空间/布局、选定的对象），单击"开始"按钮，如果未找到拼写错误的词语，则显示一条消息；如果找到拼写错误的词语或"嫌疑"词语，则"拼写检查"对话框将识别该词语，并在绘图区域亮显且缩放该词语。

（5）执行以下操作之一。

☑　要更正某个词语，从"建议"列表中选择一个替换词语，或者在"建议"文本框中输入一个词语，根据实际情况单击"修改"按钮或"全部修改"按钮。

☑　要保留某个词语不更改并将其添加到词典，则单击"添加到词典"按钮。

☑　要保留某个词语不改变，则单击"忽略"按钮或"全部忽略"按钮。

（6）为每个拼写错误的词语或"嫌疑"词语重复步骤（5），最后单击"关闭"按钮，完成并退出拼写检查命令。

📢**知识点拨：**在"拼写检查"对话框中单击"放弃"按钮，可以撤销前面的拼写检查操作或一系列操作。

另外，在创建或编辑多行文字时，也可以设置拼写检查。通过在"文字编辑器"上下文选项卡的"拼写检查"面板中单击"拼写检查"按钮🔤来打开或关闭输入时拼写检查功能。打开输入时拼写检查功能，当完成输入任何词语时，均将对其检查拼写错误。系统将按空格键或按 Enter 键视为词语已完成输入，将鼠标光标移至在位文字编辑器内的另一位置也被认为词语已完成输入。任何未在当前词典中找到的词语将作为拼错的词语标注下画线，在标有下画线的词语上右击将显示拼写建议。

5.7　表格样式（TABLESTYLE）

表格样式控制着表格的外观。AutoCAD 在初始时提供默认的表格样式 STANDARD，用户既可以使用该默认表格样式创建表格，也可以根据需要建立自己的表格样式来创建表格。

　　在使用 TABLESTYLE 命令创建新的表格样式时，可以先指定一个起始表格。所谓的起始表格是图形中用作设置新表格样式的样例表格。选定起始表格，意味着用户指定了要从此表格复制得到表格样式的结构和内容。

　　在命令行的"键入命令"提示下输入 TABLESTYLE 并按 Enter 键，或者在功能区"注释"选项卡的"表格"面板中单击"表格样式"按钮 ↘，弹出如图 5-30 所示的"表格样式"对话框。"表格样式"对话框主要用于设置当前表格样式，新建、修改和删除表格样式。

　　"表格样式"对话框的"当前表格样式"信息行用于显示应用于所创建表格的表格样式的名称，即显示当前表格样式的名称。"样式"列表框则用于显示表格样式列表。在"样式"列表框下方是"列出"下拉列表框，用于控制"样式"列表框显示的表格样式列表的内容。"预览"框则位于对话框的中部，用于显示在"样式"列表框中选定样式的预览图像。对话框的右部区域提供"置为当前"按钮、"新建"按钮、"修改"按钮和"删除"按钮。其中，"置为当前"按钮用于将在"样式"列表框中选定的表格样式设定为当前样式，所有新表格都将使用此表格样式来创建；"新建"按钮用于创建新的表格样式；"修改"按钮用于修改选定的表格样式；"删除"按钮则用于删除在"样式"列表框中选定的表格样式，但不能删除图形中正在使用的表格样式。

　　要创建新的表格样式，在"表格样式"对话框中单击"新建"按钮，弹出"创建新的表格样式"对话框，如图 5-31 所示，从中选择基础样式，输入新样式名，接着单击"继续"按钮，弹出如图 5-32 所示的"新建表格样式"对话框。下面介绍"新建表格样式"对话框各组成部分的功能含义。

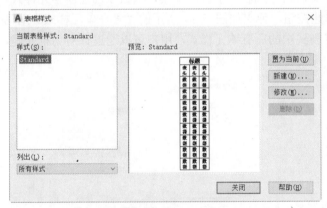

图 5-30　"表格样式"对话框　　　　　图 5-31　"创建新的表格样式"对话框

　　（1）"起始表格"选项组：用于指定起始表格，单击"选择表格"按钮 ▣，可以在图形中选择一个表格用作样例来设置此新表格样式的格式，选择起始表格后，可以指定要从该表格复制得到表格样式的结构和内容。如果单击"删除表格"按钮 ▣，则可以将表格从当前指定的表格样式中删除。

　　（2）"常规"选项组：在该选项组的"表格方向"下拉列表框中选择"向下"或"向上"选项。选择"向下"选项时将创建由上而下读取的表格，其标题行和列标题行位于表格的顶部；选择"向上"选项时将创建由下而上读取的表格，其标题行和列标题行位于表格的底部。

　　（3）"预览"框：显示当前表格样式设置效果的样例。

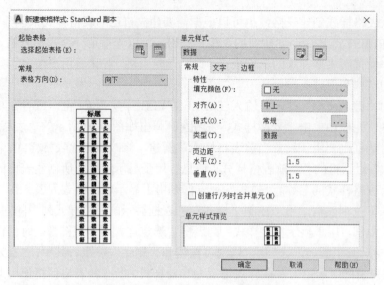

图 5-32　"新建表格样式"对话框

（4）"单元样式"选项组：用于定义新的单元样式或修改现有单元样式。可以根据实际情况创建设定数量的单元样式。"单元样式"选项组包含的内容解释如下。

☑　"单元样式"下拉列表框：显示在表格中的单元样式，从中选择一个选项。

☑　"创建新单元样式"按钮 🔲：单击此按钮，弹出如图 5-33 所示的"创建新单元样式"对话框，接着指定基础样式，并输入新样式名，单击"继续"按钮以创建新单元样式。

☑　"管理单元样式"按钮 🔲：单击此按钮，弹出如图 5-34 所示的"管理单元样式"对话框，该对话框显示了在当前表格样式中的所有单元样式，用户可以通过该对话框新建、重命名或删除单元样式。

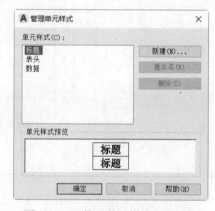

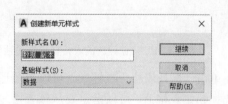

图 5-33　"创建新单元样式"对话框　　　图 5-34　"管理单元样式"对话框

☑　"常规"选项卡：用于设置单元的相关常规特性和页边距等，常规特性包括填充颜色、对齐方式、格式和类型，页边距参数用于控制单元边框和单元内容之间的间距，单元边距设置应用于表格中的所有单元。

☑　"文字"选项卡：用于设置单元样式的文字特性，包括文字样式、文字高度、文字颜色和文字角度，如图 5-35 所示。

☑　"边框"选项卡：用于设置单元样式的边框特性，包括线宽、线型、颜色和间距等，如图 5-36 所示。

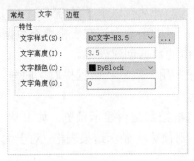
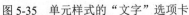

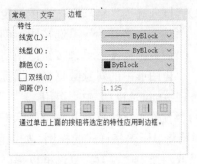

图 5-35　单元样式的"文字"选项卡　　　　图 5-36　单元样式的"边框"选项卡

（5）"单元样式预览"框：显示当前表格样式的单元样式设置效果的样例。

5.8　创建与编辑表格

表格是在行和列中包含数据的复合对象。在 AutoCAD 中，既可以通过空的表格或表格样式创建空的表格对象，也可以将表格链接至 Microsoft Excel 电子表格中的数据。创建好表格之后，可以对表格进行编辑，表格的编辑操作较为灵活。

5.8.1　插入表格（TABLE）

在命令行的"键入命令"提示下输入 TABLE 并按 Enter 键，或者在功能区"注释"选项卡的"表格"面板中单击"表格"按钮，系统弹出如图 5-37 所示的"插入表格"对话框。使用该对话框可以在图形中创建（插入）空的表格对象。下面对该对话框的主要组成要素进行介绍。

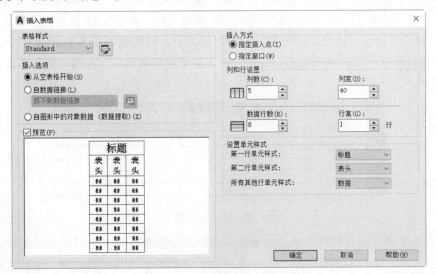

图 5-37　"插入表格"对话框

（1）"表格样式"选项组：在该选项组的下拉列表框中选择当前图形中的表格样式，或者单击下拉列表框旁边的"启动'表格样式'对话框"按钮以创建新的表格样式。

（2）"插入选项"选项组：用于指定插入表格的方式，一共有以下 3 种方式。

☑　"从空表格开始"单选按钮：创建一个空表格，可以手动为该空表格填充数据。

☑　"自数据链接"单选按钮：使用外部电子表格中的数据创建表格。

☑　"自图形中的对象数据（数据提取）"单选按钮：用于启动"数据提取"向导。该方式在 AutoCAD LT 中不可用。

（3）"预览"复选框及其预览显示框："预览"复选框控制是否显示预览。如果从空表格开始，则预览将显示表格样式的样例。如果创建表格链接，则预览将显示结果表格。对于大型表格，通常可以取消选中"预览"复选框以提高性能。

（4）"插入方式"选项组：用于指定表格位置，有两种插入方式，一种是"指定插入点"，另一种是"指定窗口"。

☑　"指定插入点"单选按钮：指定表格左上角的位置。可以使用定点设备（如鼠标），也可以在命令提示下输入坐标值。如果表格样式将表格的方向设定为由下而上读取，则插入点位于表格的左下角。

☑　"指定窗口"单选按钮：指定表格的大小和位置。可以使用定点设备（如鼠标），也可以在命令提示下输入坐标值。选中此单选按钮时，列数、数据行数、列宽和行高取决于窗口的大小以及列和行设置。

（5）"列和行设置"选项组：用于设置列和行的数目和大小。

（6）"设置单元样式"选项组：对于那些不包含起始表格的表格样式，指定新表格中行的单元格式。"第一行单元样式"下拉列表框用于指定在表格中第一行的单元样式（在默认情况下，使用标题单元样式）；"第二行单元样式"下拉列表框用于指定在表格中第二行的单元样式（在默认情况下，使用表头单元样式）；"所有其他行单元样式"下拉列表框用于指定在表格中所有其他行的单元样式（在默认情况下，使用数据单元样式）。

这里以从空表格开始，插入方式为"指定插入点"，列数为 5，列宽 40mm，数据行数为 4，行高为 1 行，第一行单元样式为"标题"，第二行单元样式为"表头"，所有其他行单元样式为"数据"，单击"确定"按钮，接着在图形窗口中指定插入点，则创建如图 5-38 所示的空表格，此时标题栏单元格自动处于活动编辑状态，用户可以在单元格中输入文字注释，然后单击"关闭文字编辑"按钮 。

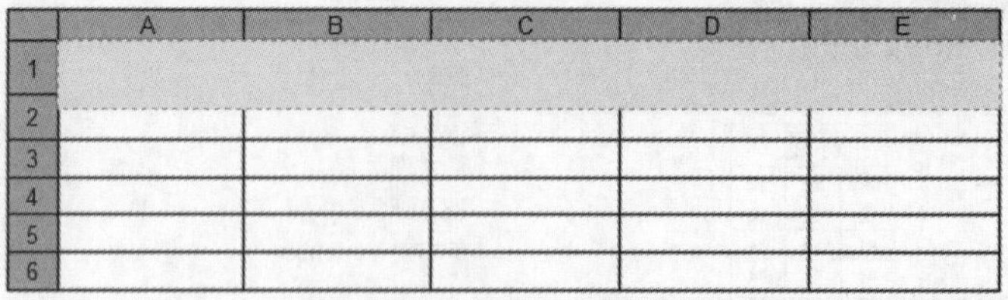

图 5-38　插入空的表格

练习 1：为零件图自行制作简单的标题栏，内容至少包含有用于填写图号、图样名称、工作单位、材料、比例、数量、制图签名及其签名时间、审核签名及其前面时间、图纸数量情况（共几张、第几张）。

练习 2：自行制作由下往上读取数据的明细表，要求包含有"序号""代号""名称""数量""材料""备注"列。

5.8.2 编辑表格

同其他对象一样，可以使用夹点和"特性"选项板来编辑表格，如调整表格的列宽、行高等参数。

双击某个单元格，可以进入该单元格的文本输入状态，此时可以输入或更改该单元格的文本注释。

编辑表格的一大方面是编辑表格单元。在表格中选择某一个表格单元（在单元内单击以选中它）时，会在功能区中显示"表格单元"上下文选项卡，如图 5-39 所示，同时被选中的表格单元会显示相应夹点（通过拖曳单元上的相应夹点可以使单元及其列或行更宽或更小）。利用"表格单元"上下文选项卡可以进行从上方插入行、从下方插入行、删除行、从左侧插入列、从右侧插入列、删除列、匹配单元、单元对正、编辑边框、单元锁定和链接单元等操作。

图 5-39 选择表格单元时

如果在表格中先选择一个单元，接着按住 Shift 键的同时选择另一个单元，则选中这两个单元以及它们之间的所有单元。要选择多个单元，还可以先单击一个单元并在多个单元上拖曳来完成。选中多个单元时，可以进行合并单元等操作，当然不满意也可以进行取消合并单元的操作。

另外，可以将具有大量行数的表格水平打断为主表格部分和次要表格部分，其方法是选择该表格，接着在"特性"选项板中展开"表格打断"选项组，从"启用"下拉列表框中选择"是"选项来启动表格打断。生成的次要表格可以位于主表格的右侧、左侧或下侧，可以指定表格部分的最大高度和间距，可以设定手动位置和手动高度等。

5.9 链接数据（DATALINK）

在 AutoCAD 中，可以将表格链接至 Microsoft Excel（XLS、XLSX 或 CSV）文件中的数据。用户可以将其链接至 Excel 中的整个电子表格、各行、列、单元或单元范围。显然，这是需要前提条件的：必须安装 Microsoft Excel 才能使用 Microsoft Excel 数据链接；要链接至 XLSX 文件类型，必须安装 Microsoft Excel 2007 及其他适合的版本。

将数据从 Microsoft Excel 中引入表格的方式主要有如表 5-4 所示的 3 种。

表 5-4　将数据从 Microsoft Excel 中引入表格的方式

序　　号	方 式 说 明
1	通过附着了支持的数据格式的公式
2	通过在 Excel 中计算公式得出的数据（未附着支持的数据格式）
3	通过在 Excel（附着了数据格式）中计算公式得出的数据

在命令行的"键入命令"提示下输入 DATALINK 并按 Enter 键，或者在功能区"注释"选项卡的"表格"面板中单击"链接数据"按钮，弹出如图 5-40 所示的"数据链接管理器"对话框。下面先介绍该对话框的各主要选项。

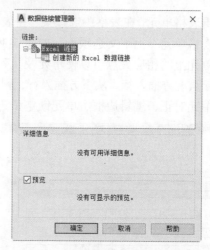

图 5-40　"数据链接管理器"对话框

（1）"链接"树状图：显示包含在图形中的链接，还提供用于创建新数据链接的选项——"创建新的 Excel 数据链接"。

☑　Excel 链接：列出图形中的 Microsoft Excel 数据链接。如果图标显示已链接的链，则数据链接有效；如果图标显示已中断的链，则数据链接已中断。

☑　创建新的 Excel 数据链接：启动一个对话框，用户可以在其中输入新数据链接的名称。创建名称后，将弹出"新建 Excel 数据链接"对话框。

（2）"详细信息"选项组：用于列出在以上树状图中选定的数据链接的信息。

（3）"预览"复选框：选中此复选框时，显示将在图形表中显示的链接数据的预览。如果当前未选择数据链接，则不会显示任何预览。

【范例：应用链接数据的表格】

下面介绍一个应用链接数据的表格范例。

（1）使用"草图与注释"工作空间，在功能区"注释"选项卡的"表格"面板中单击"表格"按钮，弹出"插入表格"对话框。

（2）从"表格样式"选项组的"表格样式"下拉列表框中选择 Standard，

扫码看视频

应用链接数据的
表格范例

在"插入选项"选项组中选中"自数据链接"单选按钮，如图 5-41 所示，接着单击"启动数据链接管理器"按钮，弹出"选择数据链接"对话框。"选择数据链接"对话框其实与由 DATALINK 命令打开的"数据链接管理器"对话框是一样的。

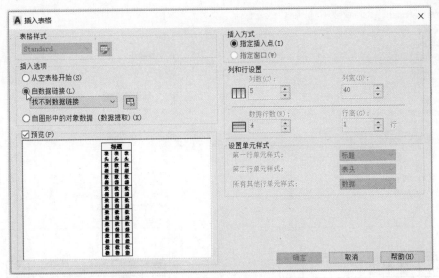

图 5-41　选中"自数据链接"单选按钮

（3）在"选择数据链接"对话框的"链接"列表框中选择"创建新的 Excel 数据链接"选项，弹出"输入数据链接名称"对话框，从中输入数据链接名称，如图 5-42 所示，单击"确定"按钮，弹出如图 5-43 所示的"新建 Excel 数据链接"对话框。

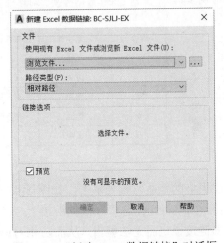

图 5-42　创建新的 Excel 数据链接　　　　图 5-43　"新建 Excel 数据链接"对话框

（4）在"文件"选项组的"路径类型"下拉列表框中选择"完整路径"选项，接着单击"浏览"按钮，选择本书配套资源中的 BC-SJLJ.xls 文件，单击"打开"按钮，此时"新建 Excel 数据链接"对话框如图 5-44 所示，选中"预览"复选框时可以在对话框中预览表格效果。

（5）单击"确定"按钮，返回到"选择数据链接"对话框，可以查看当前数据链接的详细信息和预览效果，如图 5-45 所示。

（6）在"选择数据链接"对话框中单击"确定"按钮，返回到"插入表格"对话框。

（7）在"插入表格"对话框中单击"确定"按钮。

（8）在图形窗口中指定插入点，从而完成创建如图 5-46 所示的包含数据链接的表格。

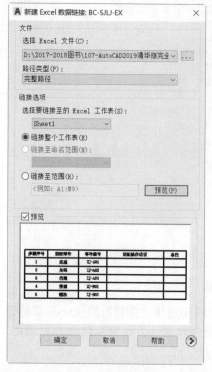

图 5-44　"新建 Excel 数据链接"对话框

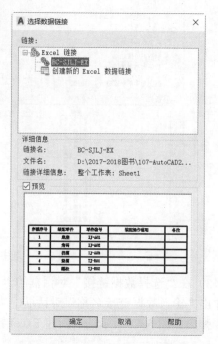

图 5-45　"选择数据链接"对话框

步骤序号	装配零件	零件编号	装配操作说明	备注
1	底座	ZJ-A01		
2	角码	ZJ-A02		
3	挡圈	ZJ-A03		
4	垫圈	ZJ-B01		
5	螺栓	ZJ-B02		

图 5-46　完成创建的链接表格

在表格的合适位置处单击，如图 5-47 所示，包含数据链接的表格将在链接的单元周围显示标识符。如果将光标悬停在数据链接上，将显示有关数据链接的信息。在默认情况下，AutoCAD将数据链接锁定而无法编辑，从而防止对链接的电子表格进行不必要的更改。在很多场合下，可以锁定单元以防止更改数据、更改格式等。如果要解锁数据链接，那么就选定表格单元，在打开的功能区"表格单元"上下文选项卡中单击"单元锁定"按钮，接着选择"解锁"选项。

	A	B	C	D	E
1	步骤序号	装配零件	零件编号	装配操作说明	备注
2	1	底座	ZJ-A01		
3	2	角码	ZJ-A02		
4	3	挡圈	ZJ-A03		
5	4	垫圈	ZJ-B01		
6	5	螺栓	ZJ-B02		

指示已链接的数据

图 5-47　表格中的数据链接标识符

5.10 思考与练习

（1）如何定制符合国家制图标准的一种文字样式？

（2）什么是单行文字对象？什么是多行文字对象？

（3）如何创建堆叠文字？

（4）编辑文字对象的方法主要有哪些？

（5）如何创建表格样式？

（6）如何修改在表格单元格中的文字内容？

（7）上机操作 1：绘制如图 5-48 所示的齿轮参数表。

法向模数	m_1	3
齿数	z	80
齿形角	α	20°
齿顶高系数	h_a^*	1
螺旋角	β	8°6′34″
螺旋方向		LH
径向变位系数	x	0
齿厚	8-8-7HK GB/T 10095.1-2008	
精度等级		
齿轮副中心距	$a±f_a$	
配对齿轮	图号	
	齿数	
公差组	检验项目代号	
	公差（极限偏差）	

图 5-48 齿轮参数表

（8）上机操作 2：创建如图 5-49 所示的各类文字对象。

博创设计坊 $\varnothing 50^{+0.39}_{-0.25}$ $\varnothing \frac{h6}{H7}$ $\frac{4}{9}$ CAD培训

BOCHUANG   R10±0.5   60°±2°   名师&导师

图 5-49 创建各类文字对象

第6章 标注样式与标注

本章导读

尺寸标注是工程图形中重要的一种注释，它是图形的一种"语言"，可以让图形更加容易被理解和读取。尺寸标注的外观主要由标注样式控制。

本章重点介绍标注样式与相关的标注知识。

6.1 标注样式（DIMSTYLE）

尺寸标注的基本组成元素有标注文本（也称尺寸文本）、尺寸线、尺寸线终端结构（通常为箭头或斜线）和尺寸界线。这些组成元素的特性可以通过设置标注样式来控制。所谓的标注样式是标注设置的命名集合，主要用来控制标注的外观，如箭头样式、尺寸界线偏离距离、文字位置、尺寸公差和显示位数等。在实际设计工作中，可以根据国家、行业或工程标准来定制相应的标注样式。

在创建标注时，系统将使用当前标注样式的有关设置。用户可以根据需要新建标注样式或编辑现有的标注样式，并将其定为当前标注样式。用户还可以为指定的标注样式创建其标注子样式。系统初始默认的标注样式为 ISO-25 样式。

在 AutoCAD 中，可以按照如下步骤创建标注样式。

（1）在命令行的"键入命令"提示下输入 DIMSTYLE 并按 Enter 键，或者在功能区"默认"选项卡的"注释"面板中单击"标注样式"按钮，又或者在功能区"注释"选项卡中单击"标注"面板中的"标注样式设置"按钮，系统弹出如图 6-1 所示的"标注样式管理器"对话框。

（2）在"标注样式管理器"对话框中单击"新建"按钮，弹出"创建新标注样式"对话框，如图 6-2 所示，从"基础样式"下拉列表框中选择所需要的一个标注样式作为基础样式，可接受默认的新样式名或输入自定义的新样式名。

知识点拨：如果要创建指定基础样式的标注子样式，那么可以从"用于"下拉列表框中选择要应用于子样式的标注类型，之后单击"继续"按钮，在"新建标注样式"对话框中选择相应的选项卡并进行更改，从而定义标注子样式。

（3）在"创建新标注样式"对话框中单击"继续"按钮，系统弹出如图 6-3 所示的"新建标注样式"对话框。

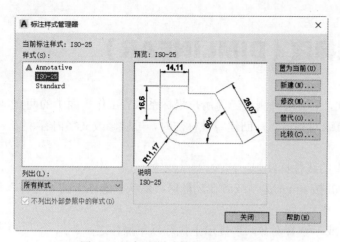

图6-1 "标注样式管理器"对话框

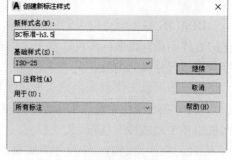

图6-2 "创建新标注样式"对话框

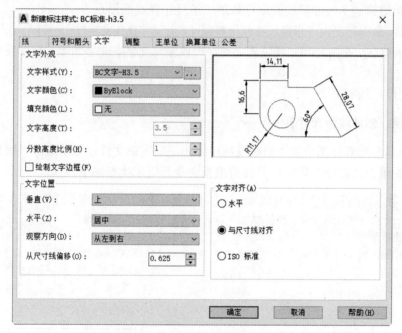

图6-3 "新建标注样式"对话框

（4）在"新建标注样式"对话框的各选项卡中设置新标注样式的相关内容。在对话框右上角的"预览"框中，则显示当前新标注样式的样例图像，用户可以观察对标注样式设置所做的更改效果。

（5）在"新建标注样式"对话框中单击"确定"按钮，然后关闭"标注样式管理器"对话框。

新建标注样式后，如果在"标注样式管理器"对话框中单击"置为当前"按钮，则将处于选中状态的新标注样式设置为当前标注样式，以后在图形中创建的标注对象都将应用该当前标注样式。

6.2　创建线性标注（DIMLINEAR）

DIMLINEAR 命令用于创建线性标注，主要用来测量当前用户坐标系 XY 工作平面中的两点间的直线距离。线性标注可以水平、垂直或对齐放置。创建线性标注时，可以修改文字内容、文字角度或尺寸线的角度。

可以按照以下步骤来创建水平或垂直的线性标注。

（1）在命令行中输入 DIMLINEAR 并按 Enter 键，或者在功能区"默认"选项卡的"注释"面板中单击"线性"按钮 ⊢⊣。

（2）在"指定第一个尺寸界线原点或 <选择对象>:"提示下执行以下操作之一。

☑　按 Enter 键后选择要标注的对象。

☑　依次指定第一条尺寸界线的原点和第二条尺寸界线的原点。

（3）此时，命令行出现"指定尺寸线位置或 [多行文字(M)/文字(T)/角度(A)/水平(H)/垂直(V)/旋转(R)]:"提示信息。在指定尺寸线位置之前，可以编辑文字、文字角度、尺寸线角度，指定标注方向等。

（4）指定尺寸线的位置。

【操作实例：创建线性尺寸】

（1）打开本书配套资源中的"创建线性尺寸.dwg"图形文件，在功能区"默认"选项卡的"注释"面板中单击"线性"按钮 ⊢⊣，接着根据命令行提示执行如下操作。

```
命令: _dimlinear
指定第一个尺寸界线原点或 <选择对象>: ✓          //按 Enter 键
选择标注对象:                                   //选择如图 6-4 所示的对象
指定尺寸线位置或 [多行文字(M)/文字(T)/角度(A)/水平(H)/垂直(V)/旋转(R)]:
                                              //在如图 6-5 所示的位置处单击以放置尺寸
标注文字=50
```

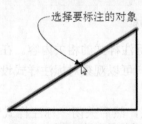

图 6-4　选择要标注的对象

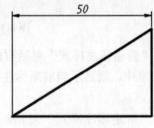

图 6-5　放置尺寸线

（2）在功能区"默认"选项卡的"注释"面板中单击"线性"按钮 ⊢⊣，根据命令行提示执行如下操作。

```
命令: _dimlinear
指定第一个尺寸界线原点或 <选择对象>:           //选择如图 6-6 所示的端点 A
```

指定第二条尺寸界线原点：　　　　　　　　　　　//选择如图 6-6 所示的端点 B
指定尺寸线位置或 [多行文字(M)/文字(T)/角度(A)/水平(H)/垂直(V)/旋转(R)]:
　　　　　　　　　　　　　　　　　　//指定尺寸线位置，如图 6-7 所示

标注文字=30

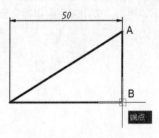

图 6-6　指定两原点

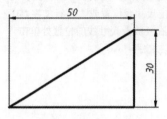

图 6-7　放置尺寸线

6.3　创建对齐标注（DIMALIGNED）

DIMALIGNED（对齐标注）命令用于创建与尺寸界线的原点对齐的线性标注，即创建与指定位置或对象平行的标注，如图 6-8 所示。

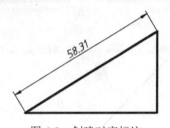

图 6-8　创建对齐标注

创建对齐标注的典型步骤如下。

（1）在命令行中输入 DIMALIGNED 并按 Enter 键，或者在功能区"默认"选项卡的"注释"面板中单击"对齐"按钮。

（2）在"指定第一个尺寸界线原点或 <选择对象>:"提示下执行以下操作之一。

☑　按 Enter 键，选择要标注的对象。

☑　指定第一条尺寸界线的原点和第二条尺寸界线的原点。

（3）此时，命令行出现"指定尺寸线位置或[多行文字(M)/文字(T)/角度(A)]:"提示信息。在指定尺寸线位置之前，可以使用多行文字编辑文字、单行文字编辑文字或旋转文字。

（4）指定尺寸线的位置。

【操作实例：创建对齐尺寸】

（1）打开本书配套资源中的"创建对齐尺寸.dwg"图形文件。

（2）在功能区"默认"选项卡的"注释"面板中单击"对齐"按钮，根据命令行提示进行以下操作。

```
命令: _dimaligned
指定第一个尺寸界线原点或 <选择对象>: ↙    //按 Enter 键
选择标注对象:                //选择如图 6-9 所示的一条边线
指定尺寸线位置或 [多行文字(M)/文字(T)/角度(A)]: M↙
//输入 M 并按 Enter 键，打开"文字编辑器"上下文选项卡（在启用功能区的状态下）；在输入框中
将光标移到测量值后，输入%%p0.5 表示±0.5，此时如图 6-10 所示，单击"关闭文字编辑器"按钮 ☑
指定尺寸线位置或 [多行文字(M)/文字(T)/角度(A)]:
//在要放置尺寸线的位置处单击
标注文字=50
```

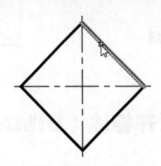

图 6-9　选择要标注的边线

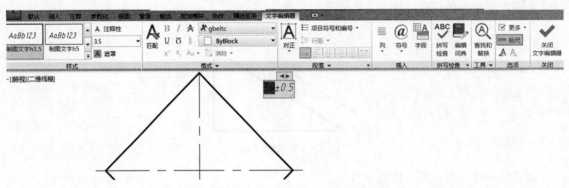

图 6-10　使用"多行文字"编辑标注文字

完成该边线的对齐标注如图 6-11 所示。

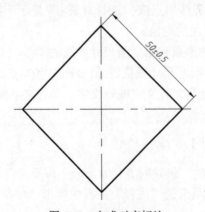

图 6-11　完成对齐标注

6.4 创建弧长尺寸（DIMARC）

DIMARC（弧长标注）命令用于测量圆弧或多段线圆弧段上的距离。弧长标注的典型用法包括测量围绕凸轮的距离或表示电缆的长度。

为区别它们是角度标注还是弧长标注，弧长标注将显示一个圆弧符号（圆弧符号也称为"帽子"或"盖子"），它显示在标注文字的前方或上方，如图 6-12 所示。注意在新版的制图国家标准中，要求将圆弧符号标注在尺寸数字前面，例如弧长为 73.05mm，应标注为⌒73.05。

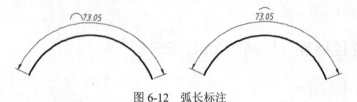

图 6-12 弧长标注

创建弧长尺寸的一般步骤如下。

（1）在命令行中输入 DIMARC 并按 Enter 键，或者在功能区"默认"选项卡的"注释"面板中单击"弧长标注"按钮⌒。

（2）选择弧线段或多段线弧线段。

（3）指定尺寸线的位置。

6.5 创建半径标注和直径标注

半径标注和直径标注用于圆或圆弧。半径标注的测量值前面带有字母 R，如图 6-13（a）所示；直径标注的测量值前面显示有直径符号 Ø，如图 6-13（b）所示。

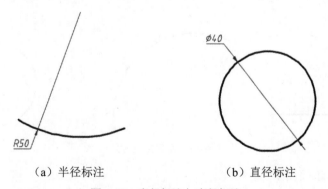

（a）半径标注 （b）直径标注

图 6-13 半径标注与直径标注

6.5.1 创建半径标注（DIMRADIUS）

创建半径标注的步骤如下。

（1）在命令行中输入 DIMRADIUS 并按 Enter 键，或者在功能区"默认"选项卡的"注释"面板中单击"半径标注"按钮。

（2）选择圆弧、圆或多段线弧线段。

（3）此时，命令行出现"指定尺寸线位置或 [多行文字(M)/文字(T)/角度(A)]:"提示信息。在指定尺寸线位置之前，可以根据需要执行如下操作。

☑ 要编辑标注文字内容，输入 T 或 M 并按 Enter 键，即选择"文字(T)"或"多行文字(M)"选项，然后编辑标注文字的内容。

☑ 要编辑标注文字的角度，输入 A 并按 Enter 键，即选择"角度(A)"选项，然后输入标注文字的角度值。

（4）指定尺寸线位置。

6.5.2 创建直径标注（DIMDIAMETER）

创建直径标注的步骤如下。

（1）在命令行中输入 DIMDIAMETER 并按 Enter 键，或者在功能区"默认"选项卡的"注释"面板中单击"直径"按钮。

（2）选择要标注的圆或圆弧。

（3）在指定尺寸线位置之前，可以根据需要使用多行文字或单行文字来编辑标注文字，还可以设置标注文字的角度。

（4）指定尺寸线位置。

6.6　创建角度标注（DIMANGULAR）

角度标注测量两条直线或 3 个点之间的角度，也可以测量其他对象如圆弧的角度，如图 6-14 所示。

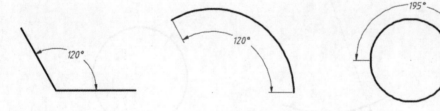

图 6-14　创建角度标注

创建角度标注的步骤如下。

（1）在命令行中输入 DIMANGULAR 并按 Enter 键，或者在功能区"默认"选项卡的"注释"面板中单击"角度"按钮。

（2）按照需要使用以下方法之一。

☑ 选择一条直线，再选择另一条直线。

☑ 选择圆弧。

☑ 选择圆（单击点作为角的第一端点），然后在圆周上指定第二点（该点作为角的第二端点）。

☑ 按 Enter 键或空格键，接着选择角的顶点，然后分别指定角的两个端点。

（3）此时，命令行出现"指定标注弧线位置或 [多行文字(M)/文字(T)/角度(A)/象限点(Q)]:"提示信息。在指定尺寸线圆弧的位置之前，可以编辑标注文字、自定义标注文字，修改标注文字的角度，以及指定标注应锁定到的象限。

（4）指定尺寸线圆弧的位置。

6.7 创建坐标标注（DIMORDINATE）

DIMORDINATE 命令（坐标标注）用来从测量原点（称为基准）到要素（例如部件上的一个孔）的水平或垂直距离。坐标点标注由 X 或 Y 值和引线组成，其中，X 基准坐标标注沿 X 轴测量特征点（要素点）与基准点的距离，Y 基准坐标标注沿 Y 轴测量距离，如图 6-15 所示。

创建坐标标注可以保持特征点（要素点）与基准点的精确偏移量，从而较为有效地避免累积误差增大。在创建坐标标注之前，通常要设置合适的 UCS 原点，使之与要求的基准相符。指定特征点（要素点）位置后，系统将提示用户指定引线端点，在默认情况下，指定引线端点后系统将自动确定是创建 X 基准坐标标注还是 Y 基准坐标标注。

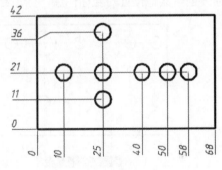

图 6-15 创建坐标标注

【操作范例：创建坐标标注】

在该实例中，首先需要指定一个合适的原点（基准点）。

（1）打开本书配套资源中的"创建坐标标注.dwg"文件，在功能区"默认"选项卡的"图层"面板中，从"图层"下拉列表框中选择"注释"图层，也就是将"注释"图层设置为当前图层。

（2）指定原点，在命令行中执行以下操作。

```
命令：UCS↙
当前 UCS 名称：*世界*
指定 UCS 的原点或 [面(F)/命名(NA)/对象(OB)/上一个(P)/视图(V)/世界(W)/X/Y/Z/Z 轴(ZA)]
<世界>：                    //选择如图 6-16 所示的端点作为 UCS 的新原点
指定 X 轴上的点或 <接受>：↙
```

指定新原点后的效果如图 6-17 所示（可设置在原点显示 UCS 图标）。

（3）创建坐标标注。在功能区"默认"选项卡的"注释"面板中单击"坐标标注"按钮，根据命令行提示进行以下操作。

```
命令：_dimordinate
指定点坐标：                              //指定如图 6-18 所示的圆心 1
指定引线端点或 [X 基准(X)/Y 基准(Y)/多行文字(M)/文字(T)/角度(A)]：
                                         //在所选圆心正下方指定引线端点
标注文字=13
```

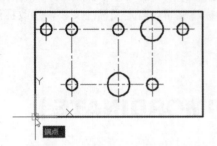

图 6-16　指定将作为新原点的点

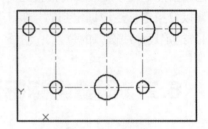

图 6-17　指定新原点后

（4）使用同样的方法，在功能区"默认"选项卡的"注释"面板中单击"坐标标注"按钮 ，继续创建其他位置的坐标标注，标注结果如图 6-19 所示。

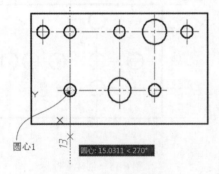

图 6-18　创建一个坐标标注

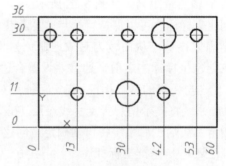

图 6-19　创建坐标标注

6.8　创建折弯半径标注（DIMJOGGED）

DIMJOGGED（折弯半径标注）命令用于测量选定对象的半径，并显示前面带有一个半径符号的标注文字，同时可在任意合适的位置指定尺寸线的原点。通常当圆弧或圆的中心位于布局之外并且无法在其实际位置显示时，可以创建折弯半径标注，以在更方便的位置指定标注的原点（即图示中心位置，或者将其称为中心位置替代），如图 6-20 所示。半径折弯标注的组成示意如图 6-21 所示。

如果要修改折弯半径标注的默认折弯角度，可以在命令行的"键入命令"提示下输入 DIMSTYLE 并按 Enter 键，打开"标注样式管理器"对话框，选择当前的标注样式，单击"修改"按钮，系统弹出"修改标注样式"对话框，接着切换到"符号和箭头"选项卡，在"半径折弯标注"选项组的"折弯角度"文本框中设置该折弯的默认角度，例如输入 45，如图 6-22 所示。

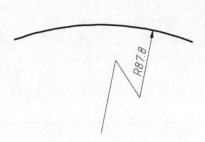

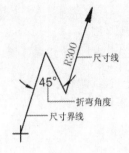

图 6-20　创建折弯半径标注　　　　　图 6-21　折弯半径标注的组成示意

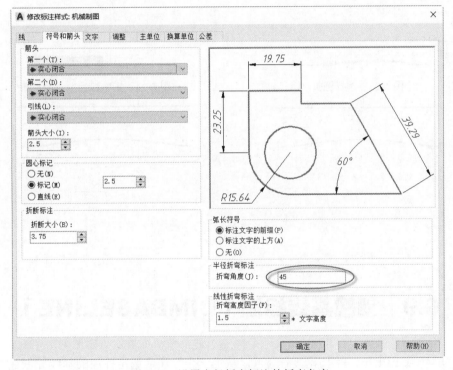

图 6-22　设置半径折弯标注的折弯角度

创建半径折弯标注的步骤如下。

（1）在命令行中输入 DIMJOGGED 并按 Enter 键，或者在功能区"默认"选项卡的"注释"面板中单击"折弯半径标注"按钮。

（2）选择圆弧或圆。

（3）指定图示中心位置，即指定中心位置替代点。

（4）指定尺寸线位置。在指定尺寸线位置之前，可以编辑标注文字及设置标注文字的角度。

（5）指定标注折弯位置。

【操作实例：创建折弯半径标注】

（1）打开本书配套资源中的"折弯半径标注.dwg"文件。

（2）在功能区"默认"选项卡的"注释"面板中单击"折弯标注"按钮，接着根据命令行提示进行以下操作。

```
命令：_dimjogged
选择圆弧或圆：                          //选择如图 6-23 所示的圆弧
指定图示中心位置：                      //在如图 6-24 所示的大概位置处单击
标注文字=200
指定尺寸线位置或 [多行文字(M)/文字(T)/角度(A)]：   //在如图 6-25 所示的位置处单击
指定折弯位置：                          //移动鼠标并指定折弯位置，如图 6-26 所示
```

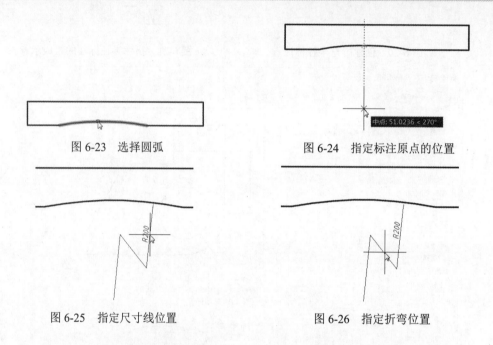

图 6-23　选择圆弧

图 6-24　指定标注原点的位置

图 6-25　指定尺寸线位置

图 6-26　指定折弯位置

6.9　创建基线标注（DIMBASELINE）

使用 DIMBASELINE(基线标注)命令可以从上一个标注或选定标注的基线处创建线性标注、角度标注或坐标标注。基线标注是自同一基线处测量的多个标注。常见的角度基线标注和线性基线标注如图 6-27 所示。

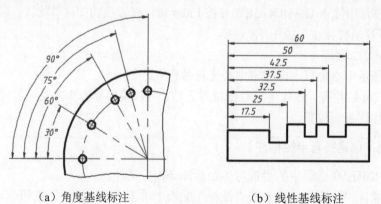

（a）角度基线标注　　　　　　（b）线性基线标注

图 6-27　基线标注

在创建基线标注之前，必须首先创建线性或角度标注。

创建基线标注的一般步骤如下。

（1）在功能区"注释"选项卡的"标注"面板中单击"基线标注"按钮，或者在命令行中输入 DIMBASELINE 并按 Enter 键。在默认情况下，上一个创建的线性标注或角度标注作为基准标注，其原点用作新基线标注的第一条尺寸界线原点，并提示用户指定第二条尺寸线原点。用户也可以选择"选择(S)"选项，或者按 Enter 键，接着重新指定基准标注。

（2）接受默认的基准标注或通过"选择(S)"选项选择任一标注作为基准标注后，使用对象捕捉选择第二条尺寸界线的原点。第二条尺寸线将以指定的距离自动放置，该距离由位于"标注样式管理器"的"直线"选项卡上的"基线间距"参数设定。

（3）使用对象捕捉指定下一条尺寸界线的原点。

（4）根据需要可继续指定下一条尺寸界线原点。

（5）按两次 Enter 键可结束命令。

【范例：创建基线标注】

（1）打开本书配套资源中的"基线标注.dwg"，文件中存在的图形如图 6-28 所示。

（2）创建一个角度尺寸。在功能区"默认"选项卡的"注释"面板中单击"角度标注"按钮，接着根据命令行提示执行以下操作。

扫码看视频

创建基线标注
范例

```
命令：_dimangular
选择圆弧、圆、直线或 <指定顶点>：          //选择如图 6-29 所示的中心线
选择第二条直线：                         //选择如图 6-30 所示的一条倾斜的中心线
指定标注弧线位置或 [多行文字(M)/文字(T)/角度(A)/象限点(Q)]：//在标注弧线的放置处单击
标注文字=20
```

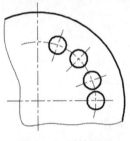
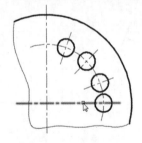
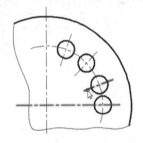

图 6-28　原始图形　　　　　图 6-29　选择第一条线　　　　图 6-30　选择第二条直线

（3）创建连续标注。在功能区"注释"选项卡的"标注"面板中单击"基线标注"按钮，接着根据命令行提示执行以下操作。

```
命令：_dimbaseline
指定第二条尺寸界线原点或 [放弃(U)/选择(S)] <选择>：S✓
选择基准标注：                          //选择刚创建的角度标注作为基准标注
指定第二条尺寸界线原点或 [放弃(U)/选择(S)] <选择>：//选择如图 6-31 所示的端点
标注文字=45
指定第二条尺寸界线原点或 [放弃(U)/选择(S)] <选择>：//选择如图 6-32 所示的端点
标注文字=70
```

指定第二条尺寸界线原点或 [放弃(U)/选择(S)] <选择>：✓
选择基准标注：✓
尺寸界线已解除关联。

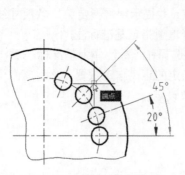

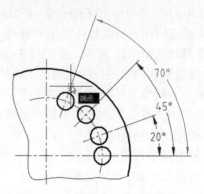

图 6-31　指定第二条尺寸界线原点　　　　　图 6-32　继续指定尺寸界线原点

6.10　创建连续标注（DIMCONTINUE）

使用 DIMCONTINUE（连续标注）命令，可以创建从上一个标注或选定标注的尺寸界线开始的一系列标注，这就是连续标注（属于首尾相连的多个标注）。在创建连续标注之前，必须创建一个合适的尺寸标注（线性标注、角度标注或标注）。如图 6-33 所示的两个示例的尺寸标注都是连续标注。

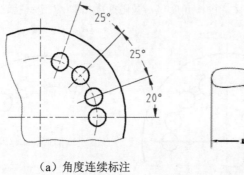

（a）角度连续标注　　　　　　　　　　（b）线性连续标注

图 6-33　连续标注

创建连续标注的操作步骤与创建基线标注类似。下面简述创建连续标注的操作步骤。

（1）在功能区"注释"选项卡的"标注"面板中单击"连续标注"按钮，或者在命令行中输入 DIMCONTINUE 并按 Enter 键。

（2）指定一个尺寸标注以创建连续标注。在默认情况下，上一次创建的线性标注或角度标注的第二条尺寸界线的原点被用作连续标注的第一条尺寸界线的原点。

（3）使用对象捕捉选择第二条尺寸界线的原点，系统将自动排列尺寸线。

（4）可以根据需要继续指定其他尺寸界线原点。

（5）按两次 Enter 键可结束命令。

【操作实例：创建连续标注】

（1）打开本书配套资源中的"连续标注.dwg"，在文件中原始的图形如图 6-34 所示。

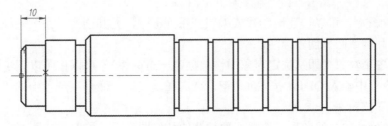

图 6-34　原始图形

（2）创建连续标注。在功能区"注释"选项卡的"标注"面板中单击"连续标注"按钮，根据命令行提示执行以下操作。

```
命令：_dimcontinue
选择连续标注：                                      //选择已经存在的一个线性标注
指定第二条尺寸界线原点或 [放弃(U)/选择(S)] <选择>：     //选择如图 6-35 所示的端点 1
标注文字=16
指定第二条尺寸界线原点或 [放弃(U)/选择(S)] <选择>：     //选择如图 6-35 所示的端点 2
标注文字=36
指定第二条尺寸界线原点或 [放弃(U)/选择(S)] <选择>：     //选择如图 6-35 所示的端点 3
标注文字=14
指定第二条尺寸界线原点或 [放弃(U)/选择(S)] <选择>：     //选择如图 6-35 所示的端点 4
标注文字=10
指定第二条尺寸界线原点或 [放弃(U)/选择(S)] <选择>：     //选择如图 6-35 所示的端点 5
标注文字=12
指定第二条尺寸界线原点或 [放弃(U)/选择(S)] <选择>：     //选择如图 6-35 所示的端点 6
标注文字=12
指定第二条尺寸界线原点或 [放弃(U)/选择(S)] <选择>：     //选择如图 6-35 所示的端点 7
标注文字=12
指定第二条尺寸界线原点或 [放弃(U)/选择(S)] <选择>：     //选择如图 6-35 所示的端点 8
标注文字=22
指定第二条尺寸界线原点或 [放弃(U)/选择(S)] <选择>：✓
选择连续标注：✓
```

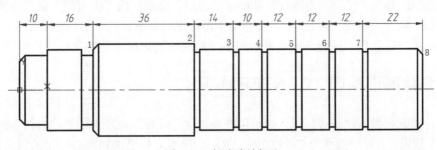

图 6-35　创建连续标注

6.11　快速标注（QDIM）

使用 QDIM 命令，可以快速地创建或编辑一系列标注，尤其创建一系列基线标注或连续标注，或者为一系列圆或圆弧创建标注。

要快速标注多个对象（即从选定对象中快速创建一组标注），可以按照以下步骤来进行。

（1）在命令行中输入 QDIM 按 Enter 键，或者在功能区"注释"选项卡的"标注"面板中单击"快速标注"按钮。

（2）选择要标注的几何图形。选择好要标注的几何图形后，按 Enter 键。

（3）出现"指定尺寸线位置或 [连续(C)/并列(S)/基线(B)/坐标(O)/半径(R)/直径(D)/基准点(P)/编辑(E)/设置(T)]<当前设置>:"提示信息。在指定尺寸线位置之前，可以在命令行提示下输入相应字母来选择标注类型。在接受默认标注类型或选择所需的标注类型后，指定尺寸线位置。

快速标注的各主要选项解释如下。

- ☑ 连续(C)：用于创建一系列连续标注，其中线性标注线端对端地沿着同一条直线排列。
- ☑ 并列(S)：用于创建一系列并列标注，其中线性尺寸线以恒定的增量相互偏移。
- ☑ 基线(B)：用于创建一系列基线标注，其中线性标注共享一条公用尺寸界线。
- ☑ 坐标(O)：用于创建一系列坐标标注，其中元素将以单个尺寸界线以及 X 或 Y 值进行注释，相对于基准点进行测量。
- ☑ 半径(R)：用于创建一系列半径标注。
- ☑ 直径(D)：用于创建一系列直径标注。
- ☑ 基准点(P)：用于为基线和坐标标注设置新的基准点。
- ☑ 编辑(E)：用于编辑一系列标注。将提示用户在现有标注中添加或删除点。
- ☑ 设置(T)：用于为指定尺寸界线原点（交点或端点）设置对象捕捉优先级。

如果要编辑某些线性尺寸标注，在功能区"注释"选项卡的"标注"面板中单击"快速标注"按钮后，选择要编辑的该标注，接着按 Enter 键，可以重新指定该尺寸线的位置。

6.12　创建圆心标记与关联中心线

以"草图与注释"工作空间为例，在功能区"注释"选项卡的"中心线"面板中提供有"圆心标记"按钮⊕和"中心线"按钮。前者用于在选定圆、圆弧或多边形圆弧的中心处创建关联的十字形标记，后者用于创建与选定直线和多段线关联的指定线型的中心线几何图形。

6.12.1　创建圆心标记（CENTERMARK）

要给指定圆或圆弧创建圆心标记，则可以在功能区"注释"选项卡的"中心线"面板中单击"圆心标记"按钮⊕（对应命令为 CENTERMARK），接着选择要添加圆心标记的圆或圆弧即可，最后按 Enter 键结束命令操作。

请看下面一个操作范例。

（1）打开本书配套资源中的"圆心标记练习.dwg"文件，文件中存在的图形如图 6-36 所示。

（2）使用"草图与注释"工作空间，在功能区"默认"选项卡的"图层"面板中，从"图层"下拉列表框中选择"中心线"图层作为当前工作图层。

（3）在功能区中切换至"注释"选项卡，从"中心线"面板中单击"圆心标记"按钮⊕，接着在"选择要添加圆心标记的圆或圆弧"提示下选择最大的一个圆，再分别选择 4 个圆，最后按 Enter 键，效果如图 6-37 所示。

默认时圆心标记中心线各端延伸的长度较短，用户可以通过"特性"选项板来分别修改圆心标记中心线各端延伸的长度，请看下面的步骤。

（4）在功能区"视图"选项卡的"选项板"面板中单击"特性"按钮 ，打开"特性"选项板，在图形窗口中分别选择刚创建的 5 个圆心标记，如图 6-38 所示。

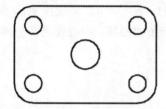

图 6-36 原始图形

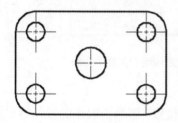

图 6-37 添加 5 个圆心标记

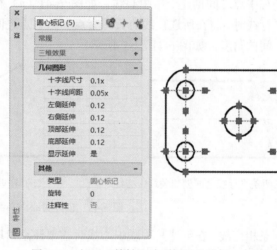

图 6-38 打开"特性"选项板以及选择 5 个圆心标记

（5）在"特性"选项板中展开"几何图形"选项组，分别将"左侧延伸""右侧延伸""顶部延伸""底部延伸"的值都更改为 3.5，如图 6-39 所示，按 Esc 键，可以看到结果如图 6-40 所示。

图 6-39 更改相关延伸值

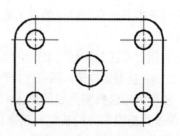

图 6-40 添加 5 个圆心标记

☆**说明：** 系统变量 CENTEREXE 用于控制圆心标记中心线延伸的长度，其保存位置为图形，此系统变量仅接受正实数，其初始值为 0.12。系统变量 CENTEREXE 仅适用于使用 CENTERMARK（圆心标记）命令和 CENTERLINE（中心线）命令创建的中心线延伸的长度。用户可以根据需要将系统变量 CENTEREXE 的值更改为 3 或 3.5。

命令：CENTEREXE✓	//输入 CENTEREXE 并按 Enter 键
输入 CENTEREXE 的新值 <0.1200>: 3.5✓	//输入新值为 3.5（公制）并按 Enter 键

6.12.2 创建关联中心线（CENTERLINE）

使用"中心线"按钮 ═（对应的命令为 CENTERLINE），可以在所选两条线段的起始点和结束点的外观中点之间创建一条中心线，如图 6-41（a）和图 6-41（b）所示。需要注意的是，在选择非平行线时，将在所选直线的假想交点和结束点之间绘制一条中心线，中心线将平分两条非平行线之间的角度，如图 6-41（b）所示。

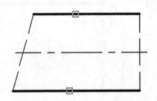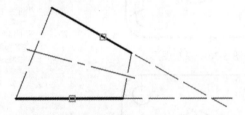

（a）在两条平行线之间创建关联中心线　　　　（b）在非平行线之间绘制关联中心线

图 6-41　创建关联中心线

对于两条相交线，在创建其关联中心线时需要注意拾取点的位置，因为拾取点的位置将定义中心线的方向，如图 6-42 所示。

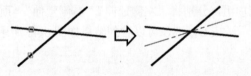

（a）拾取点情形 1　　　　　　　　　　　　（b）拾取点情形 2

图 6-42　为两条相交线创建关联中心线

下面结合实例介绍绘制关联中心线的操作步骤。

（1）打开本书配套资源中的"关联中心线.dwg"文件，该文件中已经存在如图 6-43 所示的原始图形。

（2）使用"草图与注释"工作空间，在功能区"注释"选项卡的"中心线"面板中单击"中心线"按钮 ═，接着选择第一条直线，再选择第二条直线，从而绘制一条中心线，如图 6-44 所示。

（3）使用鼠标选择刚生成的那条中心线，则在该中心线上显示其相应的夹点，如图 6-45 所示，接着单击并拖曳左方的长度夹点来调整此中心线的长度，同时此中心线延伸也将随之移动，如图 6-46 所示。如果拖曳外偏移量夹点时，那么仅仅控制中心线延伸。

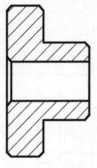

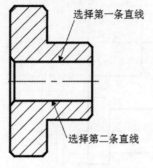

图 6-43 原始图形

图 6-44 选择两条直线绘制中心线

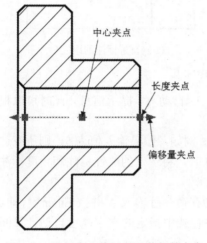

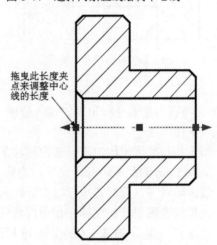

图 6-45 选择中心线以显示其相关夹点

图 6-46 通过夹点编辑中心线的长度

6.13 设置标注间距（DIMSPACE）

使用 DIMSPACE 命令（其映射的工具按钮为"调整间距"按钮 ），可以将重叠的或间距不等的线性标注和角度标注有序隔开，以调整线性标注或角度标注之间的间距。选择的标注必须是线性标注或角度标注并属于同一类型（旋转或对齐标注）、相互平行或同心并且在彼此的尺寸延伸线上。另外，执行 DIMSPACE 命令时，还可以通过使用间距值 0 来对齐线性标注和角度标注。

如图 6-47（a）所示为在竖直方向上显示了间距不等的且产生重叠现象的 4 个平行线性标注（分别表示直径尺寸），如图 6-47（b）所示为使用 DIMSPACE 命令调整了这 4 个平行标注对象之间的间距，使得图样更整洁有序。

要使用 DIMSPACE 命令调整平行线性标注和角度标注之间的间距，可以按照以下步骤来进行。

（1）在命令行的"键入命令"提示下输入 DIMSPACE 并按 Enter 键，或者在功能区"注释"选项卡的"标注"面板中单击"调整间距"按钮 。

（2）要想等分间距分布标注时，选择将用作基准标注的标注。

（3）选择要使其等间距的下一个标注，即选择要产生间距的一个标注。

（4）继续选择要产生间距的其他标注，然后按 Enter 键。

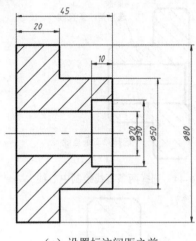

（a）设置标注间距之前

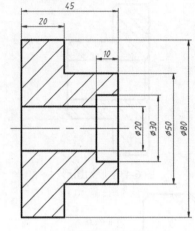

（b）设置标注间距之后

图 6-47　设置标注间距前后

（5）命令窗口的命令行出现"输入值或 [自动(A)] <自动>:"提示信息。此时可以根据设计需要执行以下操作之一。

☑　指定从基准标注均匀隔开选定标注的间距值。例如，如果输入值为 5，则所有选定标注将以 5mm 的距离隔开。注意：当输入值为 0 时，将选定的线性标注和角度标注的标注线末端对齐，即对齐平行线性标注和角度标注。

☑　要指定设置平行线性标注和角度标注间距，则在命令行输入 A 并按 Enter 键，即选择"自动(A)"选项，则基于在选定基准标注的标注样式中指定的文字高度自动计算间距，默认时所得的间距值是标注文字高度的两倍。

练习范例素材文件为"调整标注间距.dwg"。

6.14　标注打断（DIMBREAK）

DIMBREAK（标注打断）命令（其映射的工具为"标注打断"按钮 ）用于在标注和尺寸界线与其他对象的相交处打断或恢复标注和尺寸界线。使用此命令，可以自动或手动将折断标注添加到标注或多重引线，在执行此命令的过程中应该根据与标注或多重引线相交的对象数量选择放置折断标注的合适方法。可以将折断标注添加到以下标注和引线对象：线性标注（包括对齐和旋转的）、角度标注（包括 2 点和 3 点）、径向标注（包括半径、直径和半径折弯）、弧长标注、坐标标注和使用直线引线的多重引线。而使用样条曲线引线的多重引线和使用 LEADER 命令或 QLEADER命令创建的引线对象不支持折断标注。在添加折断标注时，可以用作剪切边的对象包括标注、引线、直线、圆、圆弧、样条曲线、椭圆、多段线、文字、多行文字、部分类型的块和部分外部参照。

另外，折断标注不起作用或不受支持的情况简述如下（摘自 AutoCAD 的帮助文件并经过整理）。

☑　外部参照或块中没有打断：在外部参照和块中不支持标注或多重引线上的折断标注。但是，外部参照或块中的对象可以用作标注或多重引线（不在外部参照或块中）上折断标注的剪切边。

☑　箭头和标注文字上没有打断：折断标注不能放置在箭头或标注文字上。如果用户希望打断显示在标注文字上，则建议使用"背景遮罩"选项。如果对象和标注的相交点显示在箭头或标注文字上，则直到相交对象、标注或多重引线删除时才会显示打断。

☑ 跨空间标注上没有打断：不同空间中的对象以及标注或多重引线不支持自动打断。为打断不同空间中的标注或多重引线，需要使用 DIMBREAK 命令的"手动"选项。

下面以范例形式介绍如何将折断标注到选定的标注对象中，以及练习删除折断标注。

（1）打开本书配套资源中的"折断标注.dwg"文件。

（2）在命令行的"键入命令"提示下输入 DIMBREAK 并按 Enter 键，或者在功能区"注释"选项卡的"标注"面板中单击"标注打断"按钮，接着根据命令行提示进行以下操作。

```
命令：_DIMBREAK
选择要添加/删除折断的标注或 [多个(M)]：          //选择如图 6-48 所示的一个标注
选择要折断标注的对象或 [自动(A)/手动(M)/删除(R)] <自动>：M✓    //选择"手动(M)"选项
指定第一个打断点：<对象捕捉 关>          //关闭对象捕捉后指定如图 6-49 所示的打断点 1
指定第二个打断点：          //指定如图 6-49 所示的打断点 2
1 个对象已修改          //完成创建折断标注的效果如图 6-50 所示
```

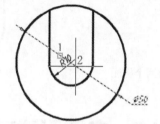

图 6-48　选择要添加折弯的标注　　图 6-49　指定两个打断点　　图 6-50　完成创建折断标注

（3）在功能区"注释"选项卡的"标注"面板中单击"标注打断"按钮，接着根据命令行提示进行以下操作。

```
命令：_DIMBREAK
选择要添加/删除折断的标注或 [多个(M)]：M✓          //选择"多个(M)"选项
选择标注：找到 1 个          //选择如图 6-51 所示的直径尺寸
选择标注：找到 1 个，总计 2 个          //选择如图 6-51 所示的水平线性尺寸
选择标注：✓          //按 Enter 键
选择要折断标注的对象或 [自动(A)/删除(R)] <自动>：A //选择"自动(A)"选项
2 个对象已修改          //自动折断标注的结果如图 6-52 所示
```

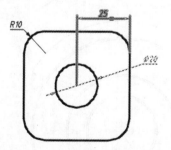

图 6-51　选择要添加折断的两个标注

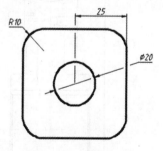

图 6-52　自动折断标注

（4）按 Enter 键以快速重复执行上一个命令，这里即执行 DIMBREAK 命令，接着根据命令行提示进行以下操作。

```
命令：
DIMBREAK
选择要添加/删除折断的标注或 [多个(M)]：M↙          //选择"多个(M)"选项
选择标注：找到 1 个                                //选择如图 6-53 所示的直径尺寸
选择标注：找到 1 个，总计 2 个                      //选择如图 6-53 所示的水平线性尺寸
选择标注：↙                                      //按 Enter 键
选择要折断标注的对象或 [自动(A)/删除(R)] <自动>：R↙   //选择"删除(R)"选项
2 个对象已修改                                     //删除折断标注的结果如图 6-54 所示
```

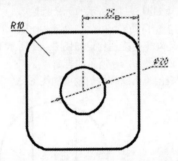

图 6-53　选择要删除折断标注的两个标注

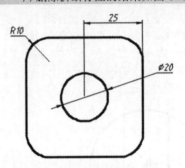

图 6-54　删除折断标注的结果

6.15　多重引线对象

　　引线主要用来连接注释与几何特征。可以从图形中的指定位置处创建引线并在绘制时控制其外观，绘制的引线可以是直线段或平滑的样条曲线。在某些情况下，在多重引线中有一条短水平线（又称为基线）将文字或块和特征控制框连接到引线上。在多重引线中，可以包含多条引线，即可以使一个注解指向图形中的多个对象。在如图 6-55 所示的装配图（只显示局部）中，采用多重引线来注写零件序号。

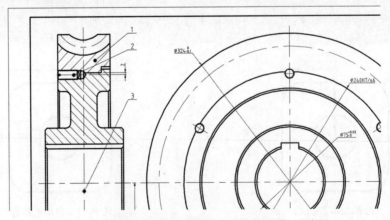

图 6-55　使用多重引线注写零件序号的装配图（局部）

6.15.1　多重引线工具命令

在 AutoCAD 中提供的常用的多重引线工具命令如表 6-1 所示。

表 6-1　常用的多重引线工具命令一览表

序　号	命　　令	按　　钮	对应英文名称	功　能　含　义
1	多重引线		MLEADER	创建多重引线对象
2	添加引线		MLEADEREDIT	将引线添加至现有的多重引线对象
3	删除引线		MLEADEREDIT	将引线从现有的多重引线对象中删除
4	对齐多重引线		MLEADERALIGN	对齐并间隔排列选定的多重引线对象
5	合并多重引线		MLEADERCOLLECT	将包含块的选定多重引线组织整理到行或列中，并通过单引线显示结果
6	多重引线样式		MLEADERSTYLE	创建和修改多重引线样式。多重引线样式可以控制引线的外观

6.15.2　创建多重引线对象（MLEADER）

多重引线对象通常包含箭头（可设置箭头形式）、水平基线、引线或曲线和多行文字对象或块。多重引线可创建为箭头优先、引线基线优先或内容优先。如果已使用多重引线样式，则可以从该指定多重引线样式创建多重引线。

要创建多重引线对象，则通常可以先指定合适的多重引线样式，在命令行的"键入命令"提示下输入 MLEADER 并按 Enter 键，或者单击"多重引线"按钮，确保引线箭头优先以指定引线箭头的位置，接着指定引线基线的位置，此时根据当前多重引线样式的内容类型设置相应的内容。

6.15.3　编辑多重引线对象

编辑多重引线对象的操作主要包括添加引线、删除引线、对齐多重引线和合并多重引线等，下面分别结合图例进行介绍。

1. 添加引线

添加引线的示例如图 6-56 所示，其操作步骤如下。

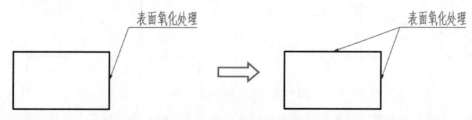

图 6-56　添加引线的操作示例

（1）单击"添加引线"按钮。

（2）选择多重引线。

（3）在"指定引线箭头位置或 [删除引线(R)]:"提示下指定新添加的引线箭头的位置。可以继续添加其他引线箭头的位置。

（4）按 Enter 键完成命令。

2. 将引线从现有的多重引线对象中删除

从现有多重引线对象中删除引线的典型示例如图 6-57 所示。删除引线的一般步骤如下。

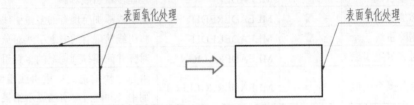

图 6-57　从现有多重引线对象中删除引线

（1）单击"删除引线"按钮🔾。

（2）选择多重引线。

（3）选择要删除的一条引线，可以继续选择其他要删除的引线。

（4）按 Enter 键完成命令。

3. 对齐并间隔排列选定的多重引线对象

对齐多重引线的典型示例如图 6-58 所示。这需要在执行 MLEADERALIGN（对齐多重引线）命令时，选择要对齐的多重引线，再选择所有其他多重引线要与之对齐的多重引线（即要对齐到的多重引线），然后指定方向即可（指定方向时可以根据设计情况开启正交模式）。

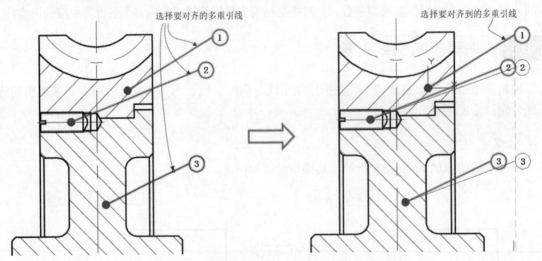

图 6-58　对齐多重引线对象

此外，在对齐多重引线对象的过程中，可以更改多重引线对象的间距，其步骤如下。

（1）在命令行的"键入命令"提示下输入 MLEADERALIGN 并按 Enter 键，或者单击"多重引线对齐"按钮🏳。

（2）选择要对齐的多重引线，按 Enter 键。

（3）此时，当前命令行出现"选择要对齐到的多重引线或 [选项(O)]:"提示信息。在当前命令行中输入 O 并按 Enter 键，则出现如图 6-59 所示的提示信息。

图 6-59　命令行提示

（4）根据需要执行以下操作之一。

☑　输入 D 并按 Enter 键，则将内容在两个选定点之间均匀隔开。

☑　输入 P 并按 Enter 键，则放置内容并使选定多重引线中的每条最后的引线线段均平行。

☑　输入 S 并按 Enter 键，则指定选定的多重引线内容范围之间的间距。

☑　输入 U 并按 Enter 键，则使用多重引线内容之间的当前间距。

4．合并多重引线

合并多重引线是指将包含块的选定多重引线整理到行或列中，并通过单引线显示结果，如图 6-60 所示。

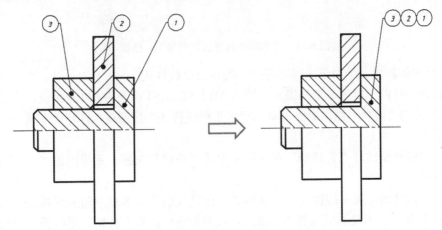

图 6-60　合并多重引线对象

合并多重引线对象的一般步骤如下。

（1）单击"多重引线合并"按钮 。

（2）依次选择要合并成组的多重引线对象（要求多重引线的类型为块），选择完所需的多重引线对象后，按 Enter 键。

（3）指定收集的多重引线位置。在指定该放置位置之前，可以进行"垂直(V)""水平(H)"或"缠绕(W)"设置。"垂直(V)"用于将多重引线集合放置在一列或多列中；"水平(H)"用于将多重引线集合放置在一行或多行中；"缠绕(W)"用于指定缠绕的多重引线集合的宽度，可指定缠绕宽度或指定多重引线集合的每行中块的最大数目。

用户可以打开本书配套资源中的"对齐多重引线.dwg"文件来进行合并多重引线对象的练习操作。

6.15.4 多重引线样式（MLEADERSTYLE）

多重引线样式可以控制引线的外观。用户可以使用默认的多重引线样式 STANDARD，也可以创建自己所需的多重引线样式。

在命令行的"键入命令"提示下输入 MLEADERSTYLE 并按 Enter 键，或者在功能区"注释"选项卡的"引线"面板中单击"多重引线样式管理器"按钮 ，又或者在功能区"默认"选项卡的"注释"溢出面板中单击"多重引线样式"按钮 ，打开如图 6-61 所示的"多重引线样式管理器"对话框。利用该对话框可以新建、修改、删除多重引线，以及设置当前多重引线样式等。

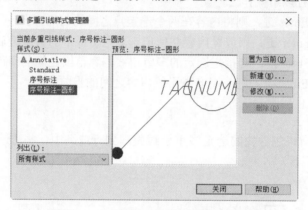

图 6-61   "多重引线样式管理器"对话框

下面介绍如何新建一个用于注写零件序号的多重引线样式。

（1）在命令行的"键入命令"提示下输入 MLEADERSTYLE 并按 Enter 键，或者在功能区"默认"选项卡的"注释"溢出面板中单击"多重引线样式"按钮 ，打开"多重引线样式管理器"对话框。

（2）在"多重引线样式管理器"对话框中单击"新建"按钮，系统弹出"创建新多重引线样式"对话框。

（3）在"创建新多重引线样式"对话框的"新样式名"文本框中输入新样式名为"零件序号"，如图 6-62 所示，基础样式选择 Standard，接着单击"继续"按钮，系统弹出"修改多重引线样式"对话框。

图 6-62   "创建新多重引线样式"对话框

（4）切换到"引线格式"选项卡。从"常规"选项组的"类型"下拉列表框中选择"直线"；在"箭头"选项组的"符号"下拉列表框中选择"点"选项，并设置其相应的大小为2；其他采用默认值，如图 6-63 所示。

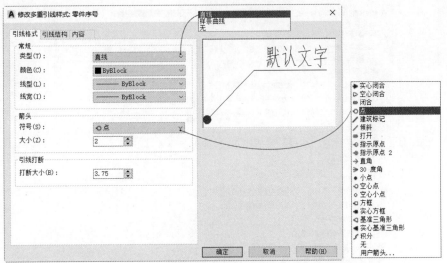

图 6-63　设置引线格式

（5）切换到"引线结构"选项卡，通过在"约束"选项组、"基线设置"选项组和"比例"选项组来定义引线结构，如图 6-64 所示。

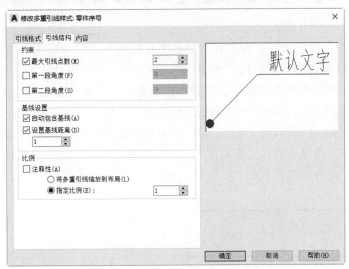

图 6-64　设置引线结构

（6）切换到"内容"选项卡，从"多重引线类型"下拉列表框中选择"多行文字"选项，接着分别指定文字选项和引线连接设置，如图 6-65 所示。多重引线类型分 3 种，分别是"多行文字""块""无"。零件序号的多重引线类型可以是"多行文字"或"块"，如果选择"块"，那么就需要指定源块为"圆"。

（7）在"修改多重引线样式"对话框中单击"确定"按钮。返回到"多重引线样式管理器"对话框，新创建的"零件序号"多重引线样式出现在"样式"列表框中（当列出所有样式时）。此时可以根据设计需要更改当前多重引线样式。

（8）在"多重引线样式管理器"对话框中单击"关闭"按钮。

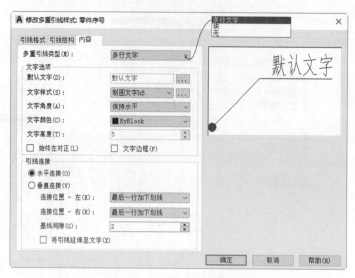

图 6-65　设置多重引线内容

6.16　折弯标注（DIMJOGLINE）

DIMJOGLINE（折弯标注）命令（其对应的工具按钮为"折弯标注"按钮✓）用于在线性标注或对齐标注中添加或删除折弯线，所述折弯线用于表示此尺寸标注值应该显示为实际距离值，而不应该是在线性标注中的实际测量值，通常，实际测量值小于显示的标注值（实际距离值）。在如图 6-66 所示的图例中，其线性标注添加了折弯线。

折弯由两条平行线和一条与平行线成 40°角的交叉线组成，如图 6-67 所示。折弯的高度由在标注样式的"文字"选项卡的"文字高度"文本框中定义的文字高度值乘以折弯高度因子的值决定，折弯高度因子是在标注样式的"符号和箭头"选项卡的"线性折弯标注"选项组中设定的。

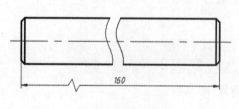

图 6-66　折弯标注

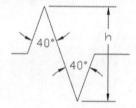

图 6-67　折弯线示意

6.16.1　创建折弯线性标注

下面结合操作范例（配套范例文件为"折弯线性标注.dwg"），介绍将折弯添加到线性标注的典型步骤。

（1）打开本书配套资源中的"折弯线性标注.dwg"，该文件中存在着如图 6-68 所示的原始光轴零件图形，该光轴零件实际长度为 160mm。

（2）使用"草图与注释"工作空间，当前图层为"注释"图层，在功能区"默认"选项卡的"注释"面板中单击"线性"按钮🖵，创建一个水平线性尺寸，如图 6-69 所示。

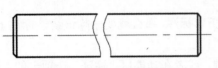

图 6-68 原始光轴零件图形

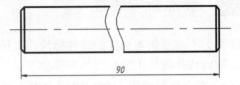

图 6-69 创建一个水平线性尺寸

（3）在命令行中输入 DIMJOGLINE 并按 Enter 键，或者在功能区"注释"选项卡的"标注"面板中单击"折弯标注"按钮✔，选择刚创建的水平线性尺寸作为要添加折弯的标注，接着在尺寸线上指定折弯位置，或者按 Enter 键。如果在"指定折弯位置 (或按 ENTER 键):"提示下直接按 Enter 键，则默认将折弯放在标注文字和第一条尺寸界线之间的中点处，或基于标注文字位置的尺寸线的中点处。本例，在"指定折弯位置 (或按 ENTER 键):"提示下直接按 Enter 键，得到的折弯标注如图 6-70 所示。

（4）双击线性尺寸值，进入编辑状态，将尺寸值更改为 160mm，在功能区"文字编辑器"上下文选项卡中单击"关闭文字编辑器"按钮✔，从而将测量值改为表示光轴真实长度的尺寸值，如图 6-71 所示。这才算使线性标注的折弯标注具有完整的设计含义。

在将折弯添加到线性标注后，用户可以使用夹点重定位折弯：先选择包含折弯标注的线性标注，接着选择折弯处的夹点，沿着尺寸线将夹点移至另一合适点，如图 6-72 所示。

用户可以通过"特性"选项板来修改折弯高度因子：选择折弯标注后，单击"特性"按钮🖼以打开"特性"选项板，展开"直线和箭头"选项区域，在"折弯高度因子"文本框中可根据需要输入新的折弯高度因子值，如图 6-73 所示。

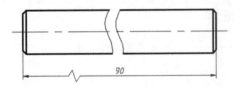

图 6-70 创建线性标注的折弯标注

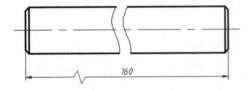

图 6-71 将测量值改为真实长度值

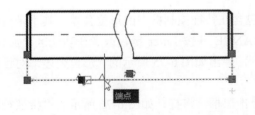

图 6-72 使用夹点调整折弯位置

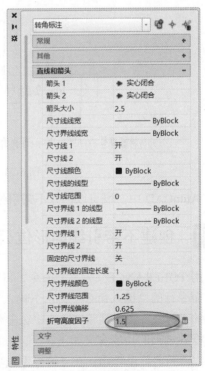

图 6-73 修改折弯高度因子

6.16.2 删除折弯线性

如果为不需要折弯标注的线性标注错误地添加了折弯标注，那么就要删除该线性标注上的折弯了。删除线性标注上的折弯的步骤如下。

（1）在命令行中输入 DIMJOGLINE 并按 Enter 键，或者在功能区"注释"选项卡的"标注"面板中单击"折弯标注"按钮 。

（2）在"选择要添加折弯的标注或 [删除(R)]:"提示下输入 R 并按 Enter 键，也可以使用鼠标在命令行的提示选项中直接选择"删除(R)"选项。

（3）选择要删除的折弯。

6.17 创建形位公差

形位公差在机械图样中经常应用到，它用于表达零件要素（点、线、面）的实际形状或实际位置对理想形状或理想位置的允许变动量，包括形位、轮廓、方向、位置和跳动等方面的允许偏差。

形位公差通过特征控制框来表示，特征控制框的组成图如图 6-74 所示，从左边算起的第一个框用于注写一个几何特征符号，表示应用公差的几何特征，例如位置、轮廓、形状、方向、同轴或跳动等，其他有些框的内容可根据该形位公差的要求增减，例如有些形位公差不需要基准。

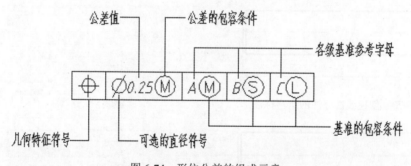

图 6-74 形位公差的组成示意

在 AutoCAD 中，既可以创建不带引线的形位公差，也可以创建带引线的形位公差。

6.17.1 创建不带引线的形位公差（TOLERANCE）

使用 TOLERANCE（公差）命令，可以创建包含在特征控制框中的形位公差，其不带引线。

在命令行的"键入命令"提示下输入 TOLERANCE 并按 Enter 键，或者在功能区"注释"选项卡的"标注"溢出面板中单击"公差"按钮 ，弹出如图 6-75 所示的"形位公差"对话框。该对话框各选项的功能含义如下。

（1）"符号"选项组：在"符号"选项组中单击黑框，将打开如图 6-76 所示的"特征符号"对话框，从中选择所需要的几何特征符号。如果在"特征符号"对话框中单击右下位置处的空白符号框，则退出该对话框，表示没有选择几何特征符号。当选择某个几何特征符号后，该特征符号显示在"形位公差"对话框的黑框中，例如，在图 6-77 中，选中的是全跳动公差符号。

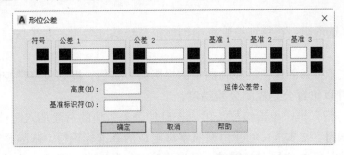

图 6-75　"形位公差"对话框

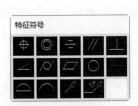

图 6-76　"特征符号"对话框

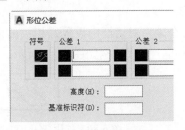

图 6-77　指定特征符号

（2）"公差 1"选项组：用于创建特征控制框中的第一个公差值，所述的公差值指明了几何特征相对于精确形状的允许偏差量。可以根据设计要求，在公差值前插入直径符号，在公差值后插入公差的包容条件符号（即修饰符号）。

- ☑　从左边算起的第一个框（水平方向）：用于在公差值前面插入直径符号，单击该框插入直径符号；若再次单击该框，则取消插入直径符号。
- ☑　第二个框（水平方向）：输入公差值。
- ☑　第三个框（水平方向）：单击该框，则打开如图 6-78 所示的"附加符号"对话框，从中选择其中一个修饰符号。选择要使用的符号后，"附加符号"对话框被关闭，选定的符号将显示在"形位公差"对话框的相应黑框中，如图 6-79 所示。

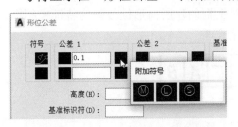

图 6-78　打开"附加符号"对话框

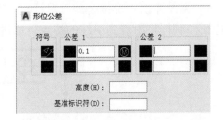

图 6-79　指定公差的包容条件符号

（3）"公差 2"选项组：在特征控制框中创建第二个公差值。

（4）"基准 1"选项组：在特征控制框中创建第一级基准参照，所述的"基准参照"由值和修饰符号组成。基准是理论上精确的几何参照，用于建立特征的公差带。

- ☑　第一个框：创建基准参照值。
- ☑　第二个框（位于基准参照值右侧的黑框）：单击此框，则打开"附加符号"对话框，从中选择要使用的符号。这些符号可以作为基准参照的修饰符。

（5）"基准2"选项组：在特征控制框中创建第二级基准参照，方式与创建第一级基准参照相同。

（6）"基准3"选项组：在特征控制框中创建第三级基准参照，方式与创建第一级基准参照相同。

（7）"高度"文本框：创建特征控制框中的投影公差带值，投影公差带控制固定垂直部分延伸区的高度变化，并以位置公差控制公差精度。

（8）"延伸公差带"框：单击该框，可以在延伸公差带值的后面插入延伸公差带符号。

（9）"基准标识符"文本框：创建由参照字母组成的基准标识符。基准是理论上精确的几何参照，用于建立其他特征的位置和公差带。可以作为基准的对象包括点、直线、平面、圆柱或者其他几何图形。

在"形位公差"对话框中设置好相关的内容后，单击"确定"按钮，然后在图形中指定形位公差的位置即可，完成示例如图6-80所示。

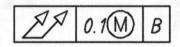

图6-80　使用TOLERANCE命令创建的一个全跳动公差

6.17.2　使用LEADER创建带引线的形位公差

使用LEADER命令可以在图形中创建带引线的形位公差，其步骤如下。

（1）在命令行的"键入命令"提示下输入LEADER并按Enter键。

（2）指定引线起点。

（3）指定引线的下一点。可以启用正交模式连续指定两点以获得直角形式的引线。

（4）按Enter键直至显示"输入注释选项 [公差(T)/副本(C)/块(B)/无(N)/多行文字(M)] <多行文字>:"。

（5）输入T并按Enter键，即选择"公差(T)"选项。

（6）系统弹出"形位公差"对话框，利用该对话框创建所需形位公差的特征控制框。创建好的特征控制框将附着到引线的端点，如图6-81所示。

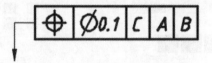

图6-81　创建带引线的形位公差

6.17.3　使用QLEADER创建带引线的形位公差

使用QLEADER命令也可以在图形中创建带引线的形位公差，其步骤如下。

（1）在命令行的"键入命令"提示下输入QLEADER并按Enter键。

（2）在"指定第一个引线点或 [设置(S)] <设置>:"提示下选择"设置(S)"选项，弹出"引线设置"对话框。

（3）在"引线设置"对话框的"注释"选项卡中，从"注释类型"选项组中选中"公差"单选按钮，如图 6-82（a）所示；接着切换至"引线和箭头"选项卡，设置如图 6-82（b）所示的内容；然后单击"确定"按钮。

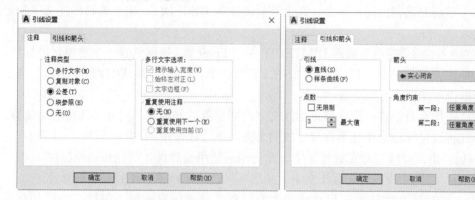

（a）设置注释类型　　　　　　　　（b）设置引线和箭头

图 6-82　"引线设置"对话框

（4）分别指定两点以指定第一个引线点和下一个点。

（5）在"指定下一点:"提示下按 Enter 键，或者再指定一个合适的点。

（6）系统弹出"形位公差"对话框，从中进行相关设置，单击"确定"按钮。

6.18　编辑标注及编辑标注文字

在 AutoCAD 中，除了可以使用"标注样式管理器"对话框、"特性"选项板、夹点和快捷菜单方式来编辑标注、标注文字之外，还可以使用以下命令工具。

6.18.1　使用 DIMEDIT 编辑标注

DIMEDIT 命令主要用于编辑标注对象上的标注文字和尺寸界线。

在命令行的"键入命令"提示下输入 DIMEDIT 并按 Enter 键，在命令行中将出现"输入标注编辑类型 [默认(H)/新建(N)/旋转(R)/倾斜(O)] <默认>:"提示信息。

☑　默认(H)：将选定的旋转标注文字移回默认位置。

☑　新建(N)：使用文字编辑器更改选定的标注文字。

☑　旋转(R)：旋转选定的标注文字。选择"旋转(R)"选项后，若在"指定标注文字的角度"提示下输入标注文字的角度时，输入 0 将标注文字按系统设定的默认方向放置。

☑　倾斜(O)：调整线性标注延伸线的倾斜角度，倾斜角度从 UCS 的 X 轴进行测量。当尺寸界线与图形的其他要素冲突时，"倾斜(O)"选项将很有用处。该选项对应位于功能区"注释"选项卡的"标注"溢出面板中的"倾斜"按钮。

6.18.2　使用 DIMTEDIT 编辑标注文字并重定位尺寸线

DIMTEDIT 命令用于移动和旋转标注文字并重定位尺寸线，即使用此命令可以更改或恢复标注文字的位置、对正方式和角度。该命令有个等效命令为 DIMEDIT，用于编辑标注文字和更改尺寸界线角度。

在命令行的"键入命令"提示下输入 DIMTEDIT 并按 Enter 键，接着选择一个要编辑的标注，命令行显示"为标注文字指定新位置或 [左对齐(L)/右对齐(R)/居中(C)/默认(H)/角度(A)]:"提示信息，然后可根据提示选项进行以下操作。

- ☑ 为标注文字指定新位置：指定选定标注文字的新位置，其标注和尺寸界线将自动调整，尺寸样式将决定标注文字显示在尺寸线的上方、下方还是中间。
- ☑ 左对齐(L)：沿尺寸线左对正标注文字。此选项只适用于线性、半径和直径标注。
- ☑ 右对齐(R)：沿尺寸线右对正标注文字。此选项只适用于线性、半径和直径标注。
- ☑ 居中(C)：将标注文字放置在尺寸线的中间位置。此选项只适用于线性、半径和直径标注。
- ☑ 默认(H)：将标注文字移回默认位置。
- ☑ 角度(A)：修改标注文字的角度，文字角度从 UCS 的 X 轴进行测量。注意：文字的中心点并没有改变，输入零度角将使标注文字以默认方向放置。如果移动了文字或者重生成了标注，则由文字角度设置的方向将保持不变。

另外，在功能区"注释"选项卡的"标注"溢出面板中也提供有 DIMTEDIT 命令几个子功能的相应按钮，即"文字角度"按钮、"左对齐"按钮、"居中对正"按钮和"右对齐"按钮。

6.18.3　使用 TEXTEDIT 来修改标注文字

TEXTEDIT 命令用于编辑选定的注释对象，包括多行文字、单行文字对象、标注对象上的文字。在命令行的"键入命令"提示下输入 TEXTEDIT 并按 Enter 键，接着选择注释对象，则系统在功能区显示"文字编辑器"上下文选项卡或在位文字编辑器，以对选定的多行文字、单行文字或标注对象进行修改操作。

6.18.4　标注的其他一些实用工具命令

在功能区"注释"选项卡的"标注"面板中还提供了以下一些实用工具命令。

- ☑ "检验"按钮：添加或删除与选定标注关联的检验信息。检验标注用于指定应检查制造的部件的频率，以确保标注值和部件公差处于指定范围内。该按钮对应的命令为 DIMINSPECT。
- ☑ "更新"按钮：用当前标注样式更新标注对象。可以将标注系统变量保存或恢复到选定的标注样式。该按钮对应的命令为 -DIMSTYLE。
- ☑ "重新关联"按钮：将选定的标注关联或重新关联到对象或对象上的点。每个关联点提示旁边都显示一个标记,如果当前标注的定义点与几何对象无关联,则标记将显示为 X,如果定义点与几何图像相关联,则标记将显示为框内的 X。该按钮对应的按钮为 DIMREASSOCIATE。

☑ "替代"按钮:控制选定标注中使用的系统变量的替代值,包括替代选定标注的指定标注系统变量,或者清除选定标注对象的替代,从而将其返回到由其标注样式定义的设置。该命令对应的按钮为 DIMOVERRIDE。

6.19 使用"特性"选项板 设置尺寸公差

扫码看视频

尺寸公差创建范例

在一个图形中,并不是所有的尺寸标注对象都需要注写以"后缀"形式表示的尺寸公差。推荐使用"特性"选项板为选定的单个尺寸标注对象设置单独的尺寸公差。下面通过范例形式介绍如何使用"特性"选项板为选定尺寸设置尺寸公差。

(1)打开本书配套资源中的"尺寸公差创建.dwg"文件,已有的图形及尺寸标注如图 6-83 所示。

(2)在图形中选择要添加尺寸公差的直径尺寸,如图 6-84 所示。

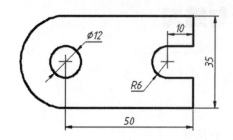

图 6-83 已有的图形及尺寸标注

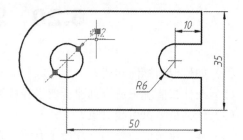

图 6-84 选择要编辑的直径尺寸

(3)在快速访问工具栏中单击"特性"按钮,或者在功能区"视图"选项卡的"选项板"面板中单击"特性"按钮,以打开"特性"选项板。

(4)在"特性"选项板中展开"公差"选项区域,从"显示公差"下拉列表框中选择所需要的一种公差方式(可供选择的选项有"无""对称""极限偏差""极限尺寸""基本尺寸"),并设置相应的公差参数。

例如,从"显示公差"下拉列表框中选择"极限偏差",在"公差下偏差"文本框中输入 0.049,在"公差上偏差"文本框中输入 0.035,在"公差精度"文本框中输入 0.000,在"公差文字高度"文本框中输入 0.8,其他采用默认设置,如图 6-85 所示。

(5)将光标置于绘图区域,按 Esc 键,可以看到为指定尺寸标注对象设置尺寸公差的完成效果,如图 6-86 所示。

(6)可以继续选择其他的一个尺寸标注对象,设置其所需的尺寸公差。例如,为数值为 50mm 的水平距离尺寸设置对称公差为±0.1。

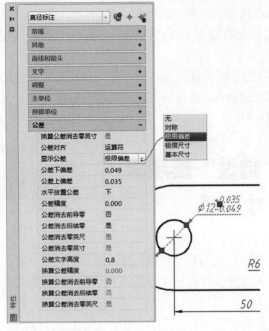

图 6-85　使用"特性"选项板设置尺寸公差

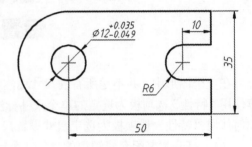

图 6-86　添加好尺寸公差

6.20　思考与练习

（1）如何定制标注样式？

（2）在什么情况下适合创建折弯半径标注？

（3）什么是多重引线对象？

（4）能创建形位公差的工具命令有哪些？分别适合用在什么场合？

（5）总结一下编辑标注及编辑标注文字的工具命令有哪些？

（6）如何快速为指定尺寸添加尺寸公差？

（7）上机操作 1：绘制如图 6-87 所示的二维图形，并标注其尺寸。

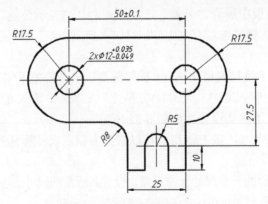

图 6-87　绘制图形并标注尺寸

（8）上机操作 2：按照如图 6-88 所示的工程图进行绘制，然后进行相关的标注。

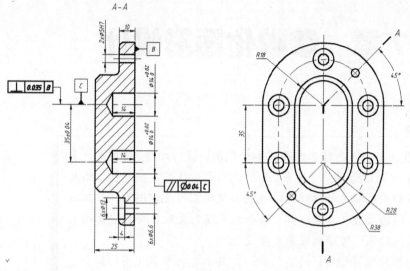

图 6-88 绘制工程图参考效果

（9）扩展学习：以"草图与注释"工作空间，在功能区"默认"选项卡的"注释"面板中还提供有一个"标注"按钮，用于在单个命令会话中创建多种类型的标注，请自行研习该命令的用法。

第 7 章 参数化图形设计

本 章 导 读

　　AutoCAD 新近的几个版本都提供参数化图形设计功能,这也是代表 AutoCAD 未来发展趋势的一个方面。参数化图形设计其实就是在二维几何图形中使用相关约束进行设计,以关联和限制二维几何图形。在二维几何图形上应用约束后,如果对其中某个对象进行更改,那么受其约束参数影响的其他对象也可能相应地发生变化。

　　本章介绍参数化图形设计的实用知识,具体包括参数化图形简介、创建几何约束关系、标注约束、编辑受约束的几何图形、约束设置与参数管理器。

7.1　关于参数化图形

　　参数化图形是一项用于使用约束进行设计的技术,所谓的约束是应用至二维几何图形的关联和限制。参数化图形有两种常用的约束类型,分别是几何约束和标注约束。其中,几何约束控制对象相对于彼此的关系,标注约束控制对象的距离、长度、角度和半径值等。

　　在参数化图形设计中,用户可以通过约束几何图形来保持图形的设计规范和要求,可以将多个几何约束或标注约束应用于指定对象,在标注约束中还可以使用公式和方程式等。通常先在设计中应用几何约束以大概确定设计的形状,然后再应用标注约束来确定对象的具体大小和方位。在工程的设计阶段,通过约束可以在试验各种设计或进行更改时强制执行要求。

　　在 AutoCAD 参数化图形中,约束状态主要有以下 3 种。

☑　未约束:未将约束应用于任何几何图形。

☑　欠约束:将某些约束应用于几何图形,但未完全约束。

☑　完全约束:将所有相关几何约束和标注约束应用于几何图形,并且完全约束的一组对象中还需要包括至少一个固定约束以锁定几何图形的位置。

　　在实际的参数化图形设计工作中,用户可以先创建一个新图形,对新图形进行完全约束,然后以独占方式对设计进行控制,如释放并替换几何约束,更改标注约束中的参数值。也可以先立欠约束的图形,之后可以对其进行更改,如使用编辑命令和夹点的组合,添加或更改约束等。

　　在 AutoCAD 中可以对这些对象应用约束:图形中的对象与块参照中的对象;某个块参照中的对象与其他块参照中的对象(而非同一个块参照中的对象);外部参照的插入点与对象或块,

而非外部参照中的所有对象。

以使用"草图与注释"工作空间为例，参数化图形设计的相关工具命令位于功能区"参数化"选项卡中，该选项卡包括"几何"面板、"标注"面板和"管理"面板，如图 7-1 所示。

图 7-1　功能区的"参数化"选项卡

7.2　几何约束

几何约束控制对象相对于彼此的关系，对图形使用约束后，如果对一个对象所做的更改可能会影响其他对象。例如，如果一条直线被约束为与圆弧相切，更改该圆弧的位置时将自动保留切线，如图 7-2 所示。下面将分别介绍各种几何约束应用、自动约束和使用约束栏。

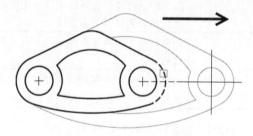

图 7-2　应用几何约束示例

7.2.1　各种几何约束应用（GEOMCONSTRAINT）

用户可以根据需要指定二维对象或对象上的点之间的几何约束，以使图形符合设计要求。在二维图形中可以创建的几何约束类型包括水平、竖直、垂直、平行、相切、相等、平滑、重合、同心、共线、对称和固定。创建几何约束关系的典型步骤为：先单击所需的约束工具命令，接着选择相应的有效对象或参照。

几何约束各类型工具命令的相关应用说明如表 7-1 所示。

表 7-1　几何约束各类型的应用内容

序　号	约束类型	按钮图标	约束功能及应用特点
1	水平	⚏	约束一条直线或一对点，使其与当前 UCS 的 X 轴平行；对象上的第 2 个选定点将设定为与第 1 个选定点水平
2	竖直	⚍	约束一条直线或一对点，使其与当前 UCS 的 Y 轴平行；对象上的第 2 个选定点将设定为与第 1 个选定点垂直
3	垂直	✕	约束两条直线或多段线线段，使其夹角始终保持为 90°，第 2 个选定对象将设为与第 1 个对象垂直

续表

序　号	约束类型	按钮图标	约束功能及应用特点
4	平行	//	选择要置为平行的两个对象，第 2 个对象将被设为与第 1 个对象平行
5	相切	○̇	约束两条曲线，使其彼此相切或其延长线彼此相切
6	相等	=	约束两条直线或多段线线段使其具有相同长度，或约束圆弧和圆使其具有相同半径值；使用"多个"选项可以将两个或多个对象设为相等
7	平滑	✗	约束一条样条曲线，使其与其他样条曲线、直线、圆弧或多段线彼此相连并保持 G2 连续性；注意选定的第 1 个对象必须为样条曲线，第 2 个选定对象将设为与第 1 条样条曲线 G2 连续
8	重合	└	约束两个点使其重合，或者约束一个点使其位于对象或对象延长部分的任意位置，注意第 2 个选定点或对象将设为与第 1 个点或对象重合
9	同心	◎	约束选定的圆、圆弧或椭圆，使其具有相同的圆心点，注意第 2 个选定对象将设为与第 1 个对象同心
10	共线	✗	约束两条直线，使其位于同一无限长的线上；注意应将第 2 条选定直线设为与第 1 条共线
11	对称	[|]	约束对象上的两条曲线或两个点，使其以选定直线为对称轴彼此对称
12	固定	🔒	约束一个点或一条曲线，使其固定在相对于世界坐标系的特定位置和方向上，例如，使用固定约束，可以锁定圆心

各约束类型也可以通过 GEOMCONSTRAINT 命令来选择。

```
命令：GEOMCONSTRAINT↙
    输入约束类型 [水平(H)/竖直(V)/垂直(P)/平行(PA)/相切(T)/平滑(SM)/重合(C)/同心(CON)/共
线(COL)/对称(S)/相等(E)/固定(F)] <重合>：        //选择约束类型
```

下面介绍一个应用几何约束的简单范例，以加深读者对几何约束的理解和掌握。

（1）打开本书配套资源中的"几何约束应用范例.dwg"图形文件，原始图形如图 7-3 所示。

（2）使用"草图与注释"工作空间，在功能区中切换至"参数化"选项卡，从"几何"面板中单击"固定"按钮🔒，选择小圆以获取其圆心应用固定约束。按 Enter 键重复执行"固定"命令，在"选择点或 [对象(O)] <对象>:"提示下选择"对象(O)"选项，接着选择右边的大圆，从而使该圆固定在相对于世界坐标系的特定位置和方向上，注意相应固定约束在图形窗口中的显示图标，如图 7-4 所示。

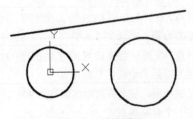

图 7-3　原始图形

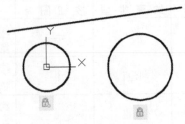

图 7-4　创建两个固定约束

（3）创建相切约束 1。在"几何"面板中单击"相切"按钮◯，选择左边的小圆，再选择直线段，从而使直线段与小圆建立相切关系，如图 7-5 所示。

（4）创建相切约束 2。在"几何"面板中单击"相切"按钮◯，选择右边的大圆，再选择直线段，从而使直线段与大圆也建立相切关系，如图 7-6 所示。

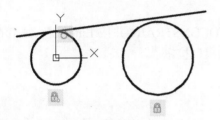
图 7-5　建立相切约束 1

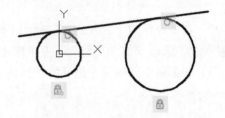
图 7-6　建立相切约束 2

7.2.2　自动约束（AUTOCONSTRAIN）

AUTOCONSTRAIN（自动约束）用于根据对象相对于彼此的方向自动将几何约束应用于对象的选择集。

自动约束的操作步骤如下。

（1）在命令行的"键入命令"提示下输入 AUTOCONSTRAIN 并按 Enter 键，或者在功能区"参数化"选项卡的"几何"面板中单击"自动约束"按钮，此时命令行显示"选择对象或[设置(S)]:"提示信息。

（2）选择"设置(S)"选项，弹出"约束设置"对话框并自动切换至"自动约束"选项卡，如图 7-7 所示。在此对话框中，可以更改应用的约束类型、应用约束的顺序以及适用的公差，例如在约束列表中选择一种约束类型，通过单击"下移"按钮或"上移"按钮，可以更改在对象上使用 AUTOCONSTRAIN（自动约束）命令时约束的优先级。设置好后单击"确定"按钮。

图 7-7　"约束设置"对话框的"自动约束"选项卡

（3）选择要自动约束的对象，最后按 Enter 键，此时命令行提示将显示该命令应用的约束的数量。

请看在图形中应用自动约束的一个范例，该范例使用默认的自动约束设置。

（1）打开本书配套资源中的"自动约束应用.dwg"文件，该文件中存在的原始图形如图 7-8 所示。

（2）在命令行的"键入命令"提示下输入 AUTOCONSTRAIN 并按 Enter 键，或者在功能区"参数化"选项卡的"几何"面板中单击"自动约束"按钮。

（3）根据命令行的提示进行如下操作。

```
命令：_AutoConstrain
选择对象或 [设置(S)]：指定对角点：找到 16 个      //指定两个角点框选所有的图形对象
选择对象或 [设置(S)]：✓                          //按 Enter 键
已将 33 个约束应用于 16 个对象                    //结果如图 7-9 所示
```

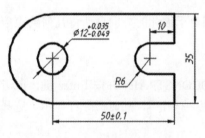

图 7-8　原始图形

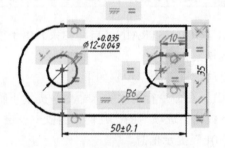

图 7-9　自动约束的结果

7.2.3　使用约束栏

约束栏显示一个或多个图标，这些图标表示已应用于对象的几何约束，如图 7-10 所示，通过约束栏可以查阅约束对象的相关信息。在实际设计工作中，有时为了获得满意的图形表达效果，可以将图形中的某些约束栏拖放到合适的位置，还可以控制约束栏的显示状态（显示或隐藏）。

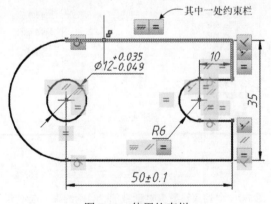

图 7-10　使用约束栏

在约束栏上滚动浏览约束图标时，将亮显与该几何约束关联的对象。将鼠标光标悬停在已应用几何约束的对象上时，会亮显与该对象关联的所有约束栏。

用户可以单独或全局显示/隐藏几何约束和约束栏。用户可以在功能区"参数化"选项卡的"几何"面板中找到相应的约束栏操作工具命令，它们的功能含义如表 7-2 所示。

表 7-2　约束栏的 3 个操作工具

按　钮	名　称	功 能 含 义	备　注
[✓]	显示/隐藏	显示或隐藏选定对象的几何约束	选择某个对象以亮显相关几何约束
[✓]	全部显示	显示图形中的所有几何约束	可针对受约束几何图形的所有或任意选择集显示或隐藏约束栏
[✓]	全部隐藏	隐藏图形中的所有几何约束	可针对受约束几何图形的所有或任意选择集隐藏约束栏

7.3　标　注　约　束

标注约束也是另外一类重要的约束，它控制图形设计的大小和比例，通常用于约束对象之间或对象上的点之间的距离，约束对象之间或对象上的点之间的角度，以及约束圆弧和圆的大小。标注约束会产生一个约束变量以保留约束值，用户可以利用参数管理器来重命名约束变量。标注约束的典型示例如图 7-11 所示，在该示例中，创建有 3 个标注约束。如果更改标注约束的值，AutoCAD 系统会计算对象上的所有约束，并自动更新受影响的对象。此外，可以向多段线中的线段添加约束，就像这些线段为独立的对象一样。注意标注约束中显示的小数位数由 LUPREC 和 AUPREC 系统变量控制。

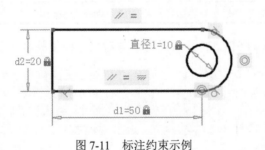

图 7-11　标注约束示例

7.3.1　标注约束的形式

标注约束的形式有两种，即动态约束和注释性约束。至于要创建的标注约束属于哪种形式，可以在功能区"参数化"选项卡的"标注"溢出面板中进行设置，如图 7-12 所示。其中，"动态约束模式"按钮用于启用动态约束模式，创建标注约束时将动态约束应用至对象；"注释性约束模式"按钮用于启用注释性约束模式，创建标注约束时将注释性约束应用至对象。

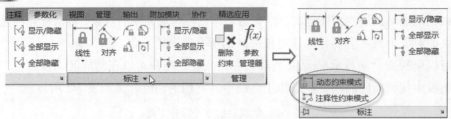

图 7-12 启用动态约束模式或注释性约束模式

1. 动态约束

动态约束是在初始默认情况下创建的标注约束形式。动态约束对于常规参数化图形和设计任务来说非常理想，动态约束具有以下特征。

- ☑ 缩小或放大时保持大小相同。
- ☑ 可以在图形中轻松全局打开或关闭。
- ☑ 使用固定的预定义标注样式进行显示。
- ☑ 自动放置文字信息，并提供三角形夹点，可以使用这些夹点更改标注约束的值。
- ☑ 打印图形时不显示。

对于图形中的动态标注约束，用户可以使用如表 7-3 所示的工具按钮（位于功能区"参数化"选项卡的"标注"面板中）来设置动态约束是否显示。如果希望只使用几何约束时，或者需要在图形中继续执行其他操作时，可以隐藏所有动态约束，以减少混乱。

表 7-3 用于设置动态约束显示与否的工具按钮

序 号	按 钮	名 称	功 能 含 义
1		显示/隐藏	显示或隐藏选定对象的动态标注约束，用于为一个选择集显示或隐藏动态约束
2		全部显示	显示图形中的所有动态标注约束
3		全部隐藏	隐藏图形中的所有动态标注约束

此外，还可以使用 DCDISPLAY 显示或隐藏与对象选择集关联的动态约束。

```
命令: DCDISPLAY✓                        //输入 DCDISPLAY 并按 Enter 键
选择对象: 指定对角点: 找到 N 个          //定义对象选择集
选择对象: ✓                             //按 Enter 键结束对象选择
输入选项 [显示(S)/隐藏(H)]<显示>:        //选择"显示(S)"或"隐藏(H)"选项
```

在以下情况下可以使用"特性"选项板将动态约束更改为注释性约束（如图 7-13 所示）：需要控制动态约束的标注样式时，或者需要打印标注约束时。

2. 注释性约束

注释性约束具有这些特征：缩小或放大时大小发生变化；随图层单独显示；使用当前标注样式显示；提供与标注上的夹点具有类似功能的夹点功能；打印图形时显示。

在一些设计情况下，打印注释性约束后，可以使用"特性"选项板将注释性约束转换回动态约束。

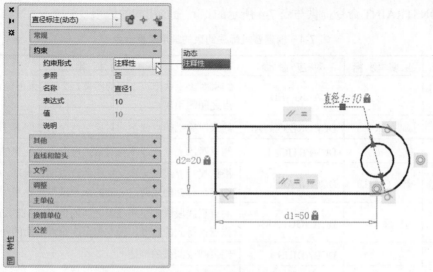

图 7-13　将动态约束更改为注释性约束

此外，可以将所有动态约束或注释性约束转换为参照参数，所谓参照参数是一种从动标注约束（动态或注释性），它并不控制关联的几何图形，但是会将类似的测量报告给标注对象。可以将参照参数用作显示可能必须要计算的测量结果的简便方式。参照参数中的文字信息始终显示在括号中，如图 7-14 所示，可以通过"特性"选项板对选定标注约束进行参照关系设置。

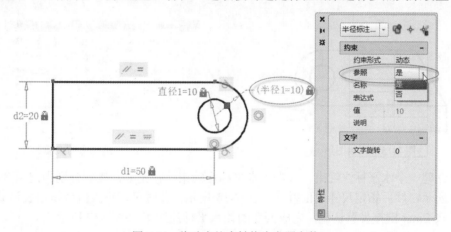

图 7-14　将动态约束转换为参照参数

7.3.2　创建标注约束（DIMCONSTRAINT）

DIMCONSTRAINT 命令用于对选定对象或对象上的点应用标注约束，或将关联标注转换为标注约束。

```
命令：DIMCONSTRAINT↙          //输入 DIMCONSTRAINT 并按 Enter 键
当前设置：约束形式=动态
输入标注约束选项 [线性(L)/水平(H)/竖直(V)/对齐(A)/角度(AN)/半径(R)/直径(D)/形式(F)/
转换(C)] <对齐>：          //指定标注约束选项，再根据所选标注约束选项进行相应操作
```

DIMCONSTRAINT 命令提供与表 7-4 所示的工具命令相同的选项。

表 7-4　创建各类标注约束的常用工具命令

标注约束	工具图标	对应命令	功能用途
对齐		DCALIGNED	约束对象上两个点之间的距离，或者约束不同对象上两个点之间的距离
水平	（水平）	DCHORIZONTAL	约束对象上的点或不同对象上两个点之间 X 方向的距离
竖直		DCVERTICAL	约束对象上的点或不同对象上两个点之间 Y 方向的距离
线性	（线性）	DCLINEAR	根据尺寸界线原点和尺寸线的位置创建水平、垂直或旋转约束，包括约束两点之间的水平或竖直距离
角度		DCANGULAR	约束直线段或多段线线段之间的角度、由圆弧或多段线圆弧扫掠得到的角度，或对象上 3 个点之间的角度
半径		DCRADIUS	约束圆或圆弧的半径
直径		DCDIAMETER	约束圆或圆弧的直径

下面介绍在图形中创建各种动态标注约束的范例。

（1）打开本书配套资源中的"标注约束操练.dwg"文件，该文件中存在的原始图形如图 7-15 所示。确保启用"动态约束模式"，如图 7-16 所示。

扫码看视频

创建标注约束范例

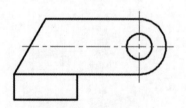

图 7-15　原始图形

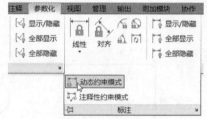

图 7-16　启用动态约束模式

（2）创建一个水平标注约束。单击"水平标注约束"按钮，接着分别指定两个约束点，如图 7-17 所示，然后指定尺寸线位置，如图 7-18 所示，此时可以输入值或指定表达式（名称=值），这里按 Enter 键接受默认值，完成创建的该水平标注约束如图 7-19 所示。

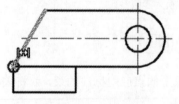

（a）指定第一个约束点

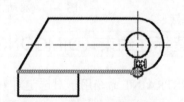

（b）指定第二个约束点

图 7-17　指定两个约束点

（3）再创建一个水平标注约束。单击"水平标注约束"按钮，接着根据命令行提示进行以下操作。

```
命令：_DcHorizontal
指定第一个约束点或 [对象(O)] <对象>: O      //选择"对象(O)"选项
选择对象：                                //选择如图 7-20 所示的水平线段
指定尺寸线位置：                          //使用鼠标光标在指定尺寸线的位置处单击
标注文字=25
```

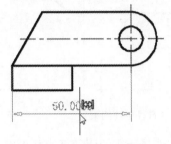

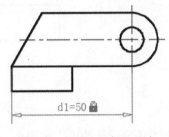

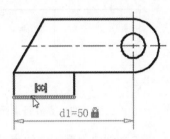

图 7-18　指定尺寸线位置　　　　图 7-19　创建水平标注约束　　　　图 7-20　选择要约束的水平线段

此时，按 Enter 键接受默认的尺寸参数值，创建的第 2 个水平标注约束如图 7-21 所示（图中已适当调整两个水平标注约束的放置位置）。

（4）创建竖直标注约束。单击"竖直标注约束"按钮，接着根据命令行提示进行如下操作。

```
命令：_DcVertical
指定第一个约束点或 [对象(O)] <对象>: ✓      //按 Enter 键以接受选择默认的"对象(O)"选项
选择对象：                                //选择如图 7-22 所示的直线
指定尺寸线位置：                          //使用鼠标光标在指定尺寸线的位置处单击
标注文字=10
```

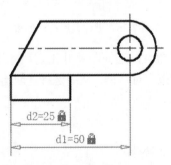

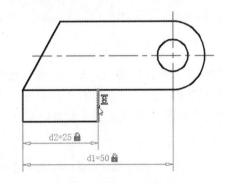

图 7-21　创建水平标注约束 2　　　　　　图 7-22　选择一条直线对象

此时，按 Enter 键接受默认的尺寸参数值，创建的竖直标注约束如图 7-23 所示。

（5）创建直径标注约束。单击"直径标注约束"按钮，选择圆并指定尺寸线位置，按 Enter 键接受默认的表达式（值），从而完成如图 7-24 所示的直径标注约束。

（6）创建对齐标注约束。单击"对齐标注约束"按钮，在"指定第一个约束点或 [对象(O)/点和直线(P)/两条直线(2L)] <对象>:"提示下输入 O，并按 Enter 键以确认选择"对象(O)"选项，选择倾斜的直线段，接着指定尺寸线位置，按 Enter 键接受默认的标注表达式（值），从而完成如图 7-25 所示的对齐标注约束。

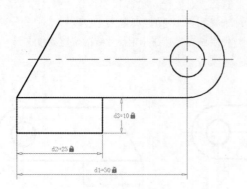

图 7-23　完成竖直标注约束

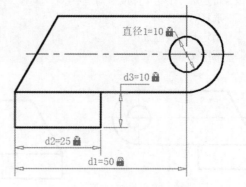

图 7-24　直径标注约束

（7）创建角度标注约束。单击"角度标注约束"按钮，分别选择所需的两条直线并指定尺寸线位置，直接按 Enter 键接受默认的标注表达式（值），从而完成如图 7-26 所示的角度标注约束。

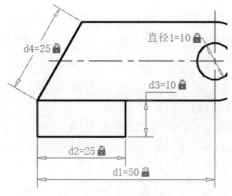

图 7-25　对齐标注约束

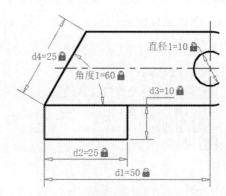

图 7-26　创建角度标注约束

（8）创建半径标注约束。单击"半径标注约束"按钮，选择圆弧并指定尺寸线位置，按 Enter 键接受默认值，此时弹出如图 7-27 所示的"标注约束"对话框，从中选择"创建参照标注"选项，从而完成如图 7-28 所示的半径参照标注。

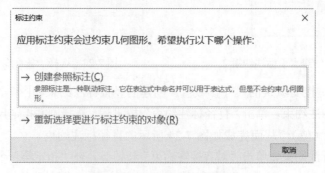

图 7-27　"标注约束"对话框

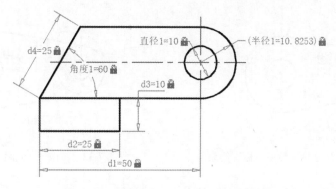

图 7-28　完成创建半径参照标注后的效果

7.3.3　将关联标注转换为标注约束（DCCONVERT）

使用 DCCONVERT 命令（对应的工具为"转换"按钮）可以将关联标注转换为标注约束，此命令相当于 DIMCONSTRAINT 中的"转换"选项。此命令为图形快速转换成参数化图形或部分参数化图形提供了一个便捷途径。下面介绍一个典型范例，在该范例中将选定的普通尺寸标注转换为标注约束，并通过修改一个标注约束的尺寸值来驱动图形。

（1）打开本书配套资源中的"将尺寸标注转换为标注约束.dwg"文件，该文件已经存在着如图 7-29 所示的原始图形。该图形已经建立了若干个几何约束，在功能区"参数化"选项卡的"几何"面板中单击"全部显示"按钮，可以显示图形中的所有几何约束，如图 7-30 所示。

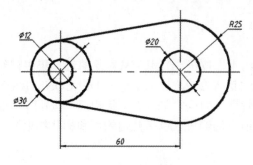

图 7-29　原始图形

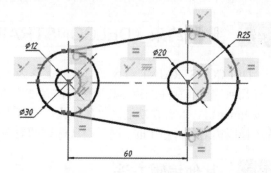

图 7-30　显示图形中的所有几何约束

（2）在命令行的"键入命令"提示下输入 DCCONVERT 并按 Enter 键，或者在功能区"参数化"选项卡的"标注"面板中单击"转换"按钮，接着选择要转换的关联标注，本例先选择水平线性尺寸，再选择其余尺寸标注，然后按 Enter 键，从而将所选的这些尺寸都转换为标注约束，如图 7-31 所示。

（3）双击 d1 水平距离标注约束，在屏显文本框中输入新值为 80，如图 7-32 所示，接着按 Enter 键确认更改该值，由该标注约束的新值驱动得到的新图形如图 7-33 所示。

（4）在功能区"参数化"选项卡的"几何"面板中单击"全部隐藏"按钮以隐藏图形中的所有几何约束，接着在"参数化"选项卡的"标注"面板中单击"全部隐藏"按钮，以隐藏图形中的所有动态标注约束，最终的图形效果如图 7-34 所示。

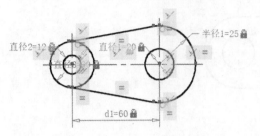

图 7-31　将选定尺寸标注转换为标注约束

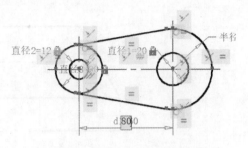

图 7-32　修改一个标注约束的值

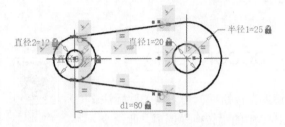

图 7-33　修改一个标注约束的参数值后

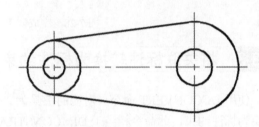

图 7-34　最终的图形效果

7.4　编辑受约束的几何图形

本节介绍如何删除约束，以及关于约束的其他编辑方法。

7.4.1　删除约束（DELCONSTRAINT）

DELCONSTRAINT 命令（对应的工具为"删除约束"按钮□x）用于从对象的选择集中删除所有几何约束和标注约束。其操作方法是在命令行的"键入命令"提示下输入 DELCONSTRAIN 并按 Enter 键，或者在功能区"参数化"选项卡的"管理"面板中单击"删除约束"按钮□x，接着选择所需对象并按 Enter 键，则从选定的对象删除所有的约束（包括几何约束和标注约束）。

7.4.2　其他编辑方法

对于未完全约束的几何图形，编辑它们时约束会精确发挥作用，但是要注意可能会出现意外结果。而更改完全约束的图形时，要注意观察几何约束和标注约束对控制结果的影响。

对受约束的几何图形进行设计更改，通常可以使用标准编辑命令、"特性"选项板、参数管理器和夹点模式。

7.5　参数管理器（PARAMETERS）

参数管理器列出标注约束参数、参照参数和用户变量。在参数管理器中，单击标注约束参数的名称可以亮显图形中的约束，双击名称或表达式可以对它们进行编辑，右击并选择"删除"命令可以删除标注约束参数或用户变量，单击列标题可以按名称、表达式或值对参数的列表进行排序。

　　在命令行的"键入命令"提示下输入 PARAMETERS 命令并按 Enter 键，或者在功能区"参数化"选项卡的"管理"面板中单击"参数管理器"按钮f_x，可以打开"参数管理器"选项板（可简称为参数管理器），如图 7-35 所示。在该参数管理器的列表中可以像常规表格一样更改相应的内容，例如可以更改指定约束的名称、表达式和值。"创建新参数组"按钮用于创建新参数组，"新建用户参数"按钮用于创建新的用户参数，"删除"按钮用于删除选定参数。如果在参数管理器中单击"展开参数过滤器树"按钮，则"参数管理器"选项板将展开参数过滤器树，如图 7-36 所示。

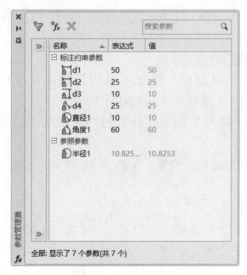

图 7-35　参数管理器

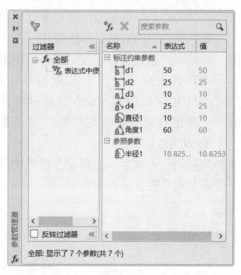

图 7-36　展开参数过滤器树

　　在表达式中可以使用相关的运算符和函数。用户需要了解表达式的优先级顺序。表达式是根据这些标准数学优先级规则计算的：① 括号中的表达式优先，最内层括号优先；② 运算符标准顺序为取负值、指数、乘除、加减；③ 优先级相同的运算符从左至右计算。

7.6　约束设置（+CONSTRAINTSETTINGS）

　　在功能区"参数化"选项卡中单击"几何"或"标注"旁的"设置"按钮，系统都会弹出"约束设置"对话框，并自动进入相应的选项卡。该对话框具有 3 个选项卡，即"几何"选项卡、"标注"选项卡和"自动约束"选项卡。

　　在 AutoCAD 中，+CONSTRAINTSETTINGS 命令用于控制调用"约束设置"对话框时默认显示的选项卡：选项卡索引为 0 时，默认显示的选项卡为"几何"选项卡；选项卡索引为 1 时，默认显示的选项卡为"标注"选项卡；选项卡索引为 2 时，默认显示的选项卡为"自动约束"选项卡（在 AutoCAD LT 中不可用）。

```
命令：+CONSTRAINTSETTINGS↙
选项卡索引 <0>：                       //输入选项卡索引值 0、1 或 2
```

（1）"几何"选项卡：主要用于控制约束栏上几何约束类型的显示，如图 7-37 所示。具体设置内容如下。

☑　"推断几何约束"复选框：选中此复选框时，创建和编辑几何图形时推断几何约束（不适用于 AutoCAD LT）。

☑　"约束栏显示设置"选项组：控制图形编辑器中是否为对象显示约束栏或约束点标记。例如，可以为水平约束和相切约束隐藏约束栏的显示。

☑　"全部选择"按钮：选择全部几何约束类型。

☑　"全部清除"按钮：清除选定的几何约束类型。

☑　"仅为处于当前平面中的对象显示约束栏"复选框：选中此复选框时，仅为当前平面上受几何约束的对象显示约束栏。

☑　"约束栏透明度"选项组：设定图形中约束栏的透明度。

☑　"将约束应用于选定对象后显示约束栏"复选框：用于手动应用约束后或使用 AUTOCONSTRAIN 命令时显示相关约束栏（不适用于 AutoCAD LT）。

☑　"选定对象时显示约束栏"复选框：用于临时显示选定对象的约束栏（不适用于 AutoCAD LT）。

（2）"标注"选项卡：主要用于控制约束栏上的标注约束设置，如图 7-38 所示。该选项卡中各主要选项的功能含义如下。

图 7-37　"约束设置"对话框的"几何"选项卡　　图 7-38　"约束设置"对话框的"标注"选项卡

☑　"标注名称格式"下拉列表框：为应用标注约束时显示的文字指定格式，可选选项有"名称和表达式""名称""值"。

☑　"为注释性约束显示锁定图标"复选框：针对已应用注释性约束的对象显示锁定图标（DIMCONSTRAINTICON 系统变量）。

☑　"为选定对象显示隐藏的动态约束"复选框：选中此复选框时，显示选定时已设定为隐藏的动态约束。

（3）"自动约束"选项卡：主要用于控制约束栏上的自动约束设置，例如控制应用于选择集的约束，以及使用 AUTOCONSTRAIN 命令时约束的应用顺序。

7.7 思考与练习

（1）如何理解 AutoCAD 参数化图形的概念？

（2）简述自动约束的操作步骤。

（3）什么是约束栏？可以举例进行说明。

（4）标注约束的形式有哪些？

（5）如何删除图形中已存在的几何约束？

（6）利用参数管理器可以进行哪些主要操作？

（7）上机操作 1：打开本书配套资源中的练习文件 7-ex7.dwg，原始图形如图 7-39 所示。在该图形中添加相关的几何约束和尺寸约束，可以尝试修改个别尺寸约束的尺寸值，完成效果如图 7-40 所示。

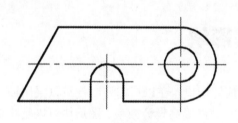

图 7-39 原始图形

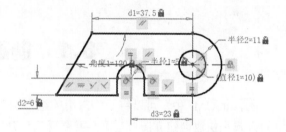

图 7-40 添加几何约束和尺寸约束

（8）上机操作 2：请自行设计一个图形，要求应用上水平约束、竖直约束、固定约束、相切约束、相等约束等，并添加相应的尺寸约束，使图形变成完全约束的图形。

第8章 图块与外部参照工具

本 章 导 读

　　AutoCAD 提供实用的图块与外部参照工具。使用图块工具主要有利于在不同的图形文件中快速创建重复的对象。使用外部参照工具则可以在图形中参照其他用户的图形协调用户之间的工作，与其他设计师所做的更改保持同步，可以确保显示参照图形的最新版本，能在工程完成并准备归档时将附着到参照图形和当前图形永久合并（绑定）到一起。

　　本章主要讲解 AutoCAD 的图块与外部参照工具的相关实用知识。

8.1　创建图形块

　　在 AutoCAD 中，可以将一些常用的组合图形创建成图形块，在以后需要时便可以采用插入块的方式来快速地建立图形，而不需要再从头开始创建，故能提高设计效率。图形块可以是绘制在几个图层上的不同特性对象（如不同颜色、线型和线宽特性的对象）的组合。图形块作为 AutoCAD 中的单个对象，可以对其进行插入、缩放、旋转、移动、分解和阵列等编辑处理。

8.1.1　块定义（BLOCK）

　　使用 BLOCK 命令可以从选定的对象中创建一个块定义。每个块定义都包括块名、一个或多个对象、用于插入块的基点坐标值和所有相关的属性数据。

　　在命令行的"键入命令"提示下输入 BLOCK 并按 Enter 键，或者单击"创建块"按钮 ，弹出"块定义"对话框，如图 8-1 所示。下面介绍该对话框各主要选项和工具的功能含义。

　　（1）"名称"文本框：用于指定块的名称，块名称最多可以包含 255 个字符，包括字母、数字、空格以及操作系统或程序未作他用的任何特殊字符。块名称及块定义将保存在当前图形中。倘若在"名称"文本框中选择现有的块时，将显示块的预览。

　　（2）"基点"选项组：用于指定块的插入基点。可以在相应的文本框中输入 X、Y、Z 坐标值，也可以选中"在屏幕上指定"复选框以在关闭对话框时提示用户指定基点，还可以通过单击"拾取点"按钮 以在当前图形中拾取插入基点。

　　（3）"对象"选项组：用于指定新块中要包含的对象，以及创建块之后如何处理这些对象，是保留还是删除选定的对象，或者是将它们转换成块实例。

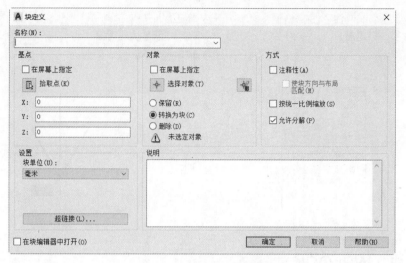

图 8-1 "块定义"对话框

- ☑ "在屏幕上指定"复选框：选中此复选框时，则在关闭对话框时，将提示用户指定对象。
- ☑ "选择对象"按钮 ✛：单击此按钮，暂时关闭"块定义"对话框，由用户选择要成块的对象，选择完对象后按 Enter 键返回"块定义"对话框。
- ☑ "快速选择"按钮 ☄：单击此按钮，弹出"快速选择"对话框，从中定义选择集。
- ☑ "保留"单选按钮：用于创建块以后，将选定对象保留在图形中作为区别对象。
- ☑ "转换为块"单选按钮：用于创建块以后，将选定对象转换成图形中的块实例。
- ☑ "删除"单选按钮：用于创建块以后，从图形中删除选定的对象。

（4）"方式"选项组：用于指定块的行为，包括指定块是否为注释性，是否按统一比例缩放和是否允许分解。

（5）"设置"选项组：使用该选项组的"块单位"下拉列表框中指定块参照插入单位，"超链接"按钮用于打开"插入超链接"对话框，可将某个超链接与块定义相关联。

（6）"说明"选项组：在该选项组的文本框中输入块的文字说明。

（7）"在块编辑器中打开"复选框：选中此复选框时，单击"确定"按钮后，将在块编辑器中打开当前的块定义。

请看以下创建图形块的一个简单范例。

打开本书配套资源中的"块定义_三极闸流晶体管.dwg"文件，接着在命令行中输入 BLOCK 并按 Enter 键，弹出"块定义"对话框。在"名称"文本框中输入"三极闸流晶体管"，接着在"对象"选项组中选中"转换为块"单选按钮，单击"选择对象"按钮 ✛，暂时关闭"块定义"对话框，在图形窗口中指定角点 1 和角点 2 来窗选整个图形，如图 8-2 所示，按 Enter 键返回到"块定义"对话框。在"基点"选项组中单击"拾取点"按钮 ▣，选择如图 8-3 所示的中点作为新块的基点。在"块定义"选项组中继续设置其他选项，然后单击"确定"按钮。

此外，用户也可以在命令行的"键入命令"提示下输入-BLOCK，此时将不弹出"块定义"对话框，而是根据命令行提示进行相应的操作。

```
命令：-BLOCK↙                    //输入-BLOCK 并按 Enter 键
输入块名或 [?]：NEWBLOCK↙          //输入新建图块的名称
```

```
指定插入基点或 [注释性(A)]:              //指定插入基点
选择对象: 指定对角点: 找到 6 个          //选择要创建块的对象
选择对象: ↙                             //按 Enter 键
```

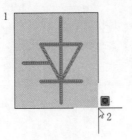

图 8-2　选择对象

图 8-3　指定基点

8.1.2　写块（WBLOCK）

使用 WBLOCK（写块）命令，可以将选定对象保存到指定的图形文件或将块转换为指定的图形文件。如果需要作为相互独立的图形文件来创建几种版本的符号，或者要在不保留当前图形的情况下创建图形文件，通常可以使用 WBLOCK 命令。

虽然 WBLOCK 命令和 BLOCK 命令都可以定义块，但二者还是有明显差异的。BLOCK 命令创建的块保存在当前所属的图形文件中，只能在该图形文件中使用。WBLOCK 命令则可以将块、选择集或整个图形作为一个单独的图形文件保存在磁盘上，其定义的块本身既是一个可以被其他图形引用的图形文件，也可以单独打开，这样的块被称为写块或全局块。

在命令行的"键入命令"提示下输入 WBLOCK 并按 Enter 键，或者在功能区"插入"选项卡的"块定义"面板中单击"写块"按钮，弹出如图 8-4 所示的"写块"对话框。该对话框用于将当前图形的零件保存到不同的图形文件，或者将指定的块定义另存为一个单独的图形文件。

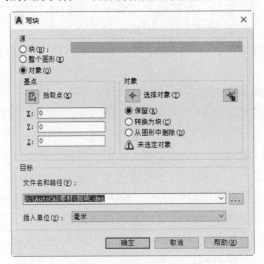

图 8-4　"写块"对话框

"写块"对话框各主要组成元素的功能含义如下。

（1）"源"选项组：用于指定块和对象，将其另存为文件并指定插入点。

☑ "块"单选按钮：用于指定要另存为文件的现有块。选中此单选按钮时，从"块名"下拉列表框中选择块名称。

☑ "整个图形"单选按钮：用于指定要另存为其他文件的当前图形。

☑ "对象"单选按钮：用于选择要另存为文件的对象。选中该单选按钮时，"基点"子选项组和"对象"子选项组可用。"基点"子选项组用于指定块的基点，有两种方法：一种方法是拾取点；另一种方法是输入 X、Y、Z 坐标值。如果在"对象"子选项组中单击"选择对象"按钮 ✛，则可以临时关闭"写块"对话框，接着在图形窗口中选择一个或多个对象以保存至文件；"快速选择"按钮则用于通过打开"快速选择"对话框来过滤选择集；"保留"单选按钮用于将选定对象另存为文件后，在当前图形中仍然保留它们；"转换为块"单选按钮用于将选定对象另存为文件后，在当前图形中将它们转换为块；"从图形中删除"单选按钮则用于将选定对象另存为文件后，从当前图形中删除它们。

（2）"目标"选项组：用于指定文件的新名称和新的保存路径，以及设定插入块时所用的测量单位。其中，利用"插入单位"下拉列表框指定从设计中心拖曳新文件或将其作为块插入到使用不同单位的图形时用于自动缩放的单位值。如果希望插入时不自动缩放图形，那么在该下拉列表框中选择"无单位"选项。

这里介绍一个写块的操作范例，要求将当前图形文件中的一个图块另存为一个单独的新块文件，其步骤如下。

（1）打开本书配套资源中的"写块操练.dwg"图形文件，在命令行的"键入命令"提示下输入 WBLOCK 并按 Enter 键，或者在功能区"插入"选项卡的"块定义"面板中单击"写块"按钮 ，弹出"写块"对话框。

（2）在"源"选项组中选中"块"单选按钮，接着从"块名"下拉列表框中选择"标题栏"块名称，如图 8-5 所示。

图 8-5 "写块"对话框

（3）在"目标"选项组中单击位于"文件名和路径"下拉列表框右侧的 按钮，弹出"浏览图形文件"对话框，如图 8-6 所示，为选定块指定写块的保存位置和文件名，单击"保存"按钮，返回到"写块"对话框。

图 8-6   "浏览图形文件"对话框

（4）插入单位默认为"毫米"，单击"确定"按钮，从而将图形中的选定块转换为指定的图形文件。

如果在命令行的"键入命令"提示下输入-WBLOCK 并按 Enter 键，弹出"创建图形文件"对话框（与 FILEDIA 系统变量的值设置相关，以 FILEDIA=1 为例），如图 8-7 所示，指定保存位置和文件名后，单击"保存"按钮，命令行出现"输入现有块名或[块=输出文件(=)/整个图形(*)]<定义新图形>:"提示信息，根据命令行提示进行相关的操作即可。

图 8-7   "创建图形文件"对话框

☑ 输入现有块名：输入当前图形中要进行写块操作的现有块名。

☑ 块=输出文件(=)：指定现有块和输出文件具有相同名称。

☑ 整个图形(*)：将整个图形（未引用的符号除外）写入新输出文件。模型空间对象被写入到模型空间，图纸空间对象被写入图纸空间。

☑ 定义新图形：将对象保存到新图形文件中。

8.2 块 属 性

块属性是附属于块的非图形信息，其应用思路是在创建存储属性特征的属性定义后，将其附着到块中使其成为块属性。所谓的属性是将数据附着到块上的标签或标记。属性中可能包含的数据包括零件编号、价格、注释和物主的名称等。

8.2.1 定义属性（ATTDEF）

ATTDEF 命令（对应的工具为"定义属性"按钮 ✎）的功能用途是创建用于在块中存储数据的属性定义。

在命令行的"键入命令"提示下输入 ATTDEF 并按 Enter 键，或者在功能区"插入"选项卡的"块定义"面板中单击"定义属性"按钮 ✎，弹出如图 8-8 所示的"属性定义"对话框。利用该对话框，可以定义属性模式、属性标记、属性提示、属性默认值、插入点和属性文字设置等。下面先简要地介绍该对话框的各主要选项功能。

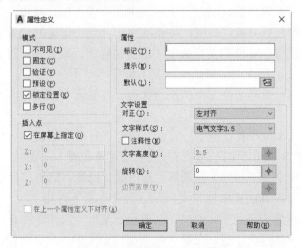

图 8-8 "属性定义"对话框

（1）"模式"选项组：该选项组用于在图形中插入块时，设定与块关联的属性值选项。

☑ "不可见"复选框：若选中此复选框，则指定插入块时不显示或打印属性值。

☑ "固定"复选框：若选中此复选框，则在插入块时指定属性的固定属性值，此设置用于永远不会更改的信息。

☑ "验证"复选框：若选中此复选框，则插入块时提示验证属性值是否正确。

☑ "预设"复选框：若选中此复选框，则插入块时，将属性设置为其默认值而无须显示提示。

☑ "锁定位置"复选框：选中此复选框，则锁定块参照中属性的位置。解锁后，属性可以相对于使用夹点编辑的块的其他部分移动，并且可以调整多行文字属性的大小。

☑ "多行"复选框：若选中此复选框，则指定属性值可以包含多行文字，并且允许用户指定属性的边界宽度。

（2）"属性"选项组：该选项组用于设定属性数据，包括"标记""提示""默认"。

☑ "标记"文本框：在此文本框中，则指定用来标识属性的名称。属性标记可以使用任何字符组合（空格除外），小写字母会自动转换为大写字母。

☑ "提示"文本框：在此文本框中，则指定在插入包含该属性定义的块时显示的提示。如果不在该文本框中输入提示内容，那么属性标记将用作提示。如果在"模式"选项组中选中"固定"复选框，那么"提示"文本框不可用。

☑ "默认"文本框：在此文本框中，则指定默认属性值。

（3）"插入点"选项组：该选项组用于指定属性位置，有两种方式：一种方式是选中"在屏幕上指定"复选框并使用定点设备（如鼠标）来指定属性相对于其他对象的位置；另一种方式是输入坐标值。

（4）"文字设置"选项组：该选项组用于设定属性文字的对正、样式、高度和旋转等。

☑ "对正"下拉列表框：指定属性文字的对正方式。

☑ "文字样式"下拉列表框：指定属性文字的预定义样式。

☑ "注释性"复选框：选中此复选框时，则指定属性为注释性。如果块是注释性的，则属性将与块的方向相匹配。

☑ "文字高度"文本框：指定属性文字的高度。可输入值，或单击"文字高度"按钮 ✛ 并用定点设备（如鼠标）指定高度，此高度为从原点到指定的位置的测量值。如果选择了有固定高度（任何非 0 值的文字高度）的文字样式，或者在"对正"下拉列表框中选择了"对齐"选项，那么"文字高度"文本框等不可用。

☑ "旋转"文本框：指定属性文字的旋转角度。可输入值或用定点设备（如鼠标）来指定旋转角度。

☑ "边界宽度"文本框：换行至下一行前，指定多行文字属性中一行文字的最大长度。如果该值为 0，则对文字行的长度没有限制。"边界宽度"不适用于单行属性。

（5）"在上一个属性定义下对齐"复选框：选中此复选框，则将属性标记直接置于之前定义的属性的下面。如果之前没有创建属性定义，那么此复选框不可用。

创建好一个或多个属性定义之后，可以在创建块定义时，选择属性定义添加到要包含块定义中的对象。将属性定义合并到块中后，在插入包含属性定义的块时，将弹出的"编辑属性"对话框以供用户根据属性定义中设定的提示信息输入相应的属性值。

下面介绍一个典型范例，操作知识点包括创建属性定义和将属性附着到块上。

（1）单击"打开"按钮 ⬚，弹出"选择文件"对话框，选择本书配套的"电阻.dwg"文件，单击对话框中的"打开"按钮，该文件的原始图形如图 8-9 所示。

扫码看视频

电阻块创建

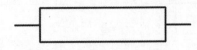

图 8-9　电阻（原始图形）

（2）使用"草图与注释"工作空间，在功能区"默认"选项卡的"图层"面板的"图层"下拉列表框中选择"注释"图层，以将该图层设置为当前图层。

（3）在功能区"插入"选项卡的"块定义"面板中单击"定义属性"按钮，或者在命令行的"键入命令"提示下输入 ATTDEF 并按 Enter 键，弹出"属性定义"对话框。

（4）在"模式"选项组中只选中"锁定位置"复选框，在"插入点"选项组中选中"在屏幕上指定"复选框，在"属性"选项组的"标记"文本框中输入 R，在"提示"文本框中输入"请输入电阻器的大小（Ω）"，在"文字设置"选项组的"对正"下拉列表框中选择"正中"，在"文字样式"下拉列表框中选择"电气文字 3.5"，如图 8-10 所示。

（5）在"属性定义"对话框中单击"确定"按钮。

（6）在电阻图形正上方的合适位置处单击一点以放置该属性，如图 8-11 所示。可以通过夹点编辑方式对属性的放置位置进行微调。

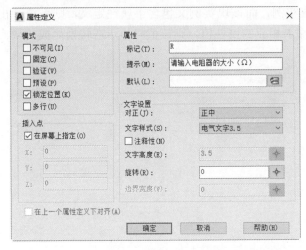

图 8-10　在"属性定义"对话框中进行相关设置

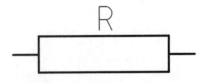

图 8-11　完成创建一个属性定义

（7）在命令行的"键入命令"提示下输入 BLOCK 并按 Enter 键，或者在功能区"插入"选项卡的"块定义"面板中单击"创建块"按钮，弹出"块定义"对话框。

（8）在"名称"文本框中输入新块名称为"电阻-水平放置"，在"对象"选项组中选中"转换为块"单选按钮，在"方式"选项组中只选中"允许分解"复选框，在"设置"选项组的"块单位"下拉列表框中默认选择"毫米"选项，如图 8-12 所示。

（9）在"对象"选项组中单击"选择对象"按钮，分别指定角点 1 和角点 2 以使用窗口选择方式选择整个电阻图形和属性定义，如图 8-13 所示，按 Enter 键，返回到"块定义"对话框。

（10）在"基点"选项组中单击"拾取点"按钮，系统临时关闭"块定义"对话框，选择如图 8-14 所示的端点作为块的插入基点。指定插入基点后，系统自动返回到"块定义"对话框。

（11）在"块定义"对话框中单击"确定"按钮。

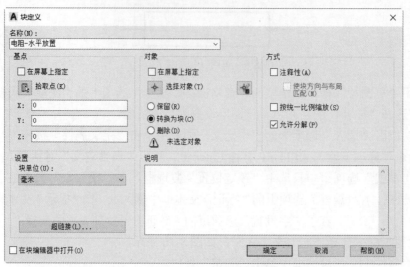

图 8-12 "块定义"对话框

（12）由于之前在"块定义"对话框中选中"转换为块"单选按钮，则 AutoCAD 系统在创建块以后，将选定对象转换成在图形中的块实例，而该块实例又包含了属性定义，则系统弹出如图 8-15 所示的"编辑属性"对话框。若输入相应的属性值，则该值将显示在转换而成的块实例中。

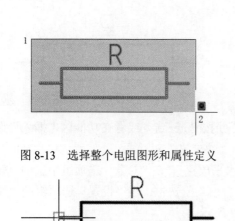

图 8-13 选择整个电阻图形和属性定义

图 8-14 指定块的插入基点

图 8-15 "编辑属性"对话框

（13）本例，直接在"编辑属性"对话框中单击"确定"按钮。此时，如果在图形窗口中单击电阻的任意图线，那么可以发现选择了整个电阻图形，即该电阻图形成为块实例，且块夹点显示在块的插入基点处，如图 8-16 所示。

图 8-16 将选定对象转换成块实例

8.2.2 使用 EATTEDIT 在块参照中编辑属性

使用 EATTEDIT 命令，可以在块参照中编辑属性，即可以编辑在块中每个属性的值、文字选项和特性。

在命令行的"键入命令"提示下输入 EATTEDIT 并按 Enter 键，或者在功能区"插入"选项卡的"块"面板中单击"编辑属性"→"单个"按钮 ，接着在图形中选择附有属性的块，则系统弹出"增强属性编辑器"对话框，如图 8-17 所示。"增强属性编辑器"对话框包含"属性"选项卡、"文字选项"选项卡和"特性"选项卡。

☑ "属性"选项卡：用于显示指定给每个属性的标记、提示和值，选择要编辑的属性标记，在"值"文本框中可更改其属性值。

☑ "文字选项"选项卡：设定用于定义图形中属性文字的显示方式和特性，具体设置内容如图 8-18 所示。

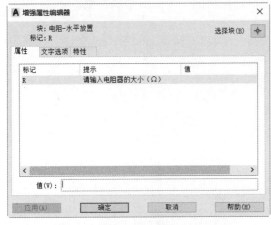

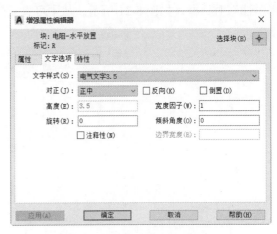

图 8-17 "增强属性编辑器"对话框　　　　图 8-18 "文字选项"选项卡

☑ "特性"选项卡：用于定义属性所在的图层以及属性文字的线型、颜色和线宽，如图 8-19 所示。如果图形使用打印样式，可以使用该选项卡为属性指定打印样式。

以 8.2.1 节在当前图形中转换生成的电阻图形块（带有属性）为例，在"增强属性编辑器"对话框的"属性"选项卡中，在属性列表中选择"标记"为 R 的属性，接着在"值"文本框中输入 50Ω，单击"应用"按钮和"确定"按钮，则电阻图形块中在标记位置处显示该属性值，如图 8-20 所示。

📢 **知识点拨**：在图形窗口中双击带有属性的块时，可以快速弹出"增强属性编辑器"对话框，从中可编辑附着到该块的属性值。

· 189 ·

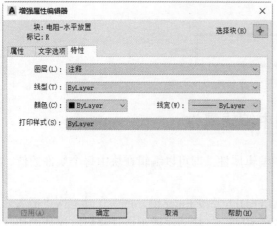

图 8-19 "特性"选项卡

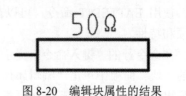

图 8-20 编辑块属性的结果

8.2.3 使用 ATTEDIT 编辑块中的属性信息

使用 ATTEDIT 命令可以更改块中的属性信息。

在命令行中输入 ATTEDIT 并按 Enter 键，接着选择块参照（带有属性定义的），系统弹出"编辑属性"对话框，如图 8-21 所示。从中可直观地编辑选定块的一个或多个属性值。

图 8-21 "编辑属性"对话框

如果要修改独立于块的属性值和属性特性，那么可以使用-ATTEDIT 命令，即在命令行中输入-ATTEDIT 并按 Enter 键，根据命令行提示进行相应的操作。

8.2.4 管理属性（BATTMAN）

BATTMAN 命令（对应的工具为"管理属性"按钮）用于管理选定块定义的属性。

在命令行中输入 BATTMAN 并按 Enter 键，或者在功能区"插入"选项卡的"块定义"面板中单击"管理属性"按钮，弹出"块属性管理器"对话框，如图 8-22 所示。利用该对话框，可以在块中编辑属性定义、从块中删除属性以及更改插入块时系统提示用户输入属性值的顺序。对于每一个选定块,属性列表下的说明都会标识在当前图形和在当前模型空间或布局中相应块的实例数目。为了让读者更好地掌握管理属性的知识，这里还是有必要介绍一下"块属性管理器"对话框各主要工具选项的功能含义。

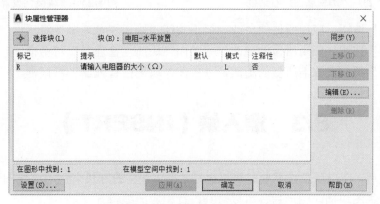

图 8-22 "块属性管理器"对话框

☑ "选择块"按钮：单击此按钮，"块属性管理器"对话框将被关闭，接着在图形窗口中选择块，完成选择后返回"块属性管理器"对话框。如果修改了块的属性，并且未保存所做的更改便选择一个新块，那么系统将提示在选择其他块之前先保存更改。

☑ "块"下拉列表框：列出当前图形中具有属性的所有块定义，从中选择要修改属性的块。

☑ 属性列表：显示所选块中每个属性的特性。

☑ "同步"按钮：单击此按钮，将更新具有当前定义的属性特性的选定块的全部实例。注意此操作不会影响每个块中赋给属性的值。

☑ "上移"按钮：在提示序列的早期阶段移动选定的属性标签。注意选定固定属性时，此按钮不可用。

☑ "下移"按钮：在提示序列的后期阶段移动选定的属性标签。注意选定固定属性时，此按钮不可使用。

☑ "编辑"按钮：单击此按钮，弹出如图 8-23 所示的"编辑属性"对话框，从中可以修改属性特性。

☑ "删除"按钮：用于从块定义中删除选定的属性。如果在单击"删除"按钮之前已经选中"块属性设置"对话框中的"将修改应用到现有参照"复选框，那么将删除当前图形中全部块实例的属性。对于仅具有一个属性的块，"删除"按钮不可用。

☑ "设置"按钮：单击此按钮，系统打开"块属性设置"对话框，从中可以自定义"块属性管理器"对话框中的属性信息的列出方式（属性列表的显示外观）。

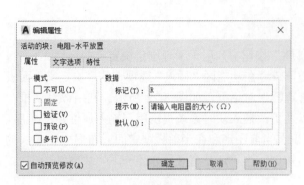

图 8-23 "编辑属性"对话框

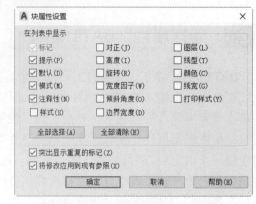

图 8-24 "块属性设置"对话框

- ☑ "应用"按钮：应用所做的更改，但不关闭"块属性管理器"对话框。
- ☑ "确定"按钮：应用所做的更改，并关闭"块属性管理器"对话框。
- ☑ "取消"按钮：取消所做的更改，并关闭"块属性管理器"对话框。

8.3 插入块（INSERT）

完成块定义后，在以后工作需要时可以采用"插入块"的方式来调用该块图形，而不必重新开始——绘制。将图块插入图形后，可以对其进行相应的编辑处理。

插入块的一般步骤如下。

（1）在命令行中输入 INSERT 并按 Enter 键，或者在功能区"插入"选项卡的"块"面板中单击"插入"按钮 并选择更多选项命令，AutoCAD 系统弹出如图 8-25 所示的"插入"对话框。

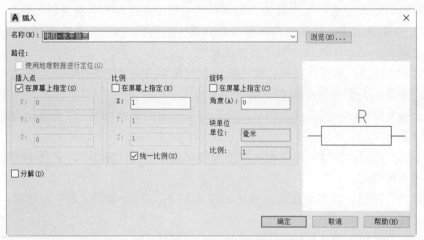

图 8-25 "插入"对话框

（2）在"插入"对话框的"名称"下拉列表框中，选择一个块定义名称。也可以单击"浏览"按钮并通过出现的对话框来选择要插入的块或图形文件。

（3）分别在"插入点""比例""旋转"等选项组中进行设置。如果要想在关闭对话框后使用鼠标来指定插入点、比例和旋转角度，则需要选中相应的"在屏幕上指定"复选框。也可以采用在"插入点""比例""旋转"选项组中分别输入值的方式进行相应设置。

（4）可以根据设计情况，决定是否选中"分解"复选框等。

（5）单击"插入"对话框中的"确定"按钮。

请看绘制简单并联电阻的操作范例。

（1）打开本书配套资源中的"绘制并联电阻.dwg"图形文件。

（2）在命令行中输入 INSERT 并按 Enter 键，弹出"插入"对话框。

（3）从"名称"下拉列表框中选择已有的"电阻-水平放置"块名称。

（4）在"插入点"选项组中选中"在屏幕上指定"复选框；在"比例"选项组中选中"统一比例"复选框，取消选中"在屏幕上指定"复选框，在 X 文本框中输入 1；在"旋转"选项组中取消选中"在屏幕上指定"复选框，角度值默认为 0。

（5）取消选中"分解"复选框，单击"确定"按钮。

（6）在图形窗口中任意单击一点以作为该电阻图块的插入点，系统弹出"编辑属性"对话框，如图 8-26 所示，输入该电阻器的标识为 R1，单击"确定"按钮。插入的第一个电阻图块如图 8-27 所示。

（7）在功能区"插入"选项卡的"块"面板中单击"插入"按钮，接着从其列表中选择"电阻-水平放置"块名，如图 8-28 所示。

图 8-26 "编辑属性"对话框

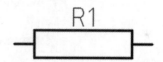

图 8-27 插入的第一个电阻图块

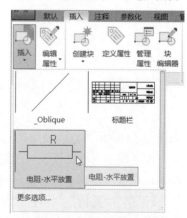

图 8-28 选择要插入的块的名称

（8）在命令行的"指定插入点或 [基点(B)/比例(S)/X/Y/Z/旋转(R)]:"提示下输入"@0,-13"并按 Enter 键，弹出"编辑属性"对话框，设置该电阻图块的标识为 R2，单击"确定"按钮。

（9）将"粗实线"图层设置为当前图层，使用 LINE 命令绘制相应的直线段，结果如图 8-30 所示。

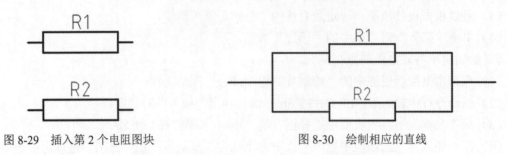

图 8-29　插入第 2 个电阻图块　　　　　　　　图 8-30　绘制相应的直线

8.4　块编辑器（BEDIT）

BEDIT 命令用于在块编辑器中打开块定义。在命令行中输入 BEDIT 并按 Enter 键，或者在功能区"插入"选项卡的"块定义"面板中单击"块编辑器"按钮，弹出如图 8-31 所示的"编辑块定义"对话框。在该对话框中选择要编辑的块或输入块名，可预览该块效果，接着单击"确定"按钮便可在块编辑器中打开。块编辑器是一个相对独立的环境，主要用于为当前图形创建和更改块定义，使用块编辑器还可以向块中添加动态行为。

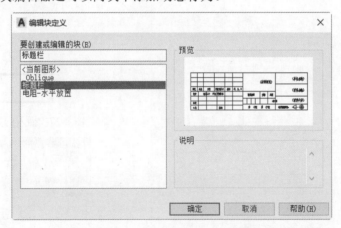

图 8-31　"编辑块定义"对话框

如图 8-32 所示为进入块编辑器环境编辑某"标题栏"块的工作界面，包括一个特殊的编写区域（在该区域中，可以像在绘图区域中一样绘制和编辑几何图形）、"块编辑器"上下选项卡和"块编写选项板"窗口。在功能区处于开启状态时，功能区提供的"块编辑器"上下文选项卡包括"打开/保存""几何""标注""管理""操作参数""可见性""关闭"等面板。而"块编写选项板"窗口包括"参数"选项卡、"动作"选项卡、"参数集"选项卡和"约束"选项卡。其中，"参数"选项卡提供用于向块编辑器中的动态块定义中添加参数的工具，所谓参数用于指定几何图形在块参照中的位置、距离和角度；"动作"选项卡提供用于向块编辑器中的动态块定义中添加动作的工具，动作定义了在图形中操作块参照的自定义特性时，动态块参照的几何图形如何移动或变化;"参数集"选项卡提供用于在块编辑器中向动态块定义中添加一个参数或至少一个动作的工具,将参数集添加到动态块中时,动作将自动与参数相关联;"约束"选项卡提供用于将几何约束和约束参数应用于对象的工具。从块编辑器提供的这些工具来看,在块编辑器中,用户可以定义块、添加动作参数、添加几何约束或标注约束(在 AutoCAD LT 中不可用)、定义属性、管理可见性状态、测试和保存块定义。

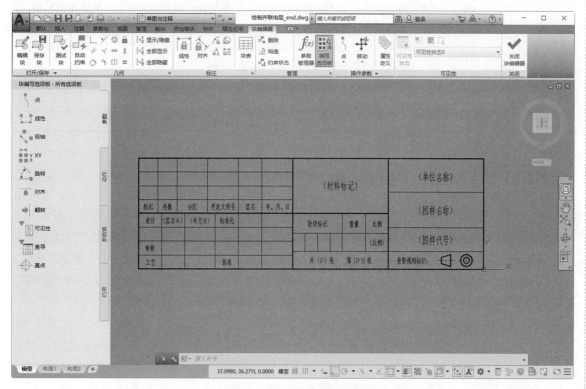

图 8-32 进入块编辑器环境

需要用户注意的是在块编辑器中,UCS 命令将被禁用。用户需要记住这 3 点:① 在块编辑器内,UCS 图标的原点定义了块的基点,用户可以通过相对 UCS 图标原点移动几何图形或通过添加基点参数来更改块的基点。② 可以将参数指定给现有的三维块定义,但不能沿 Z 轴编辑该块。③ 虽然能向包含实体对象的动态块中添加动作,但无法编辑动态块内的实体对象(如拉伸实体、移动实体内的孔)。

8.5 动 态 块

AutoCAD 中的动态块包含规则或参数,用于说明当块参照插入图形时如何更改参照的外观。在某些设计情况下,可以使用动态块插入可更改形状、大小或配置的一个块,而不是插入许多静态块定义中的一个。

创建动态块的所需步骤如表 8-1 所示,本书只要求大致了解即可。

表 8-1　创建动态块的所需步骤

序　号	步骤主题	步骤描述
1	设计块内容	了解块应如何改变或移动，哪些部分会依赖其他部分，例如块可以改变大小，改变大小后会影响其他几何图形
2	绘制几何图形	在绘图区域或块编辑器内绘制块几何图形
3	添加参数	添加各个参数或参数集来定义几何图形，几何图形将受动作或操作的影响，记住将相互依赖的对象
4	添加动作	如果使用的是动作参数，那么在必要时添加动作以定义当几何图形被操纵时将发生怎样的变化
5	定义自定义特性	添加特性，确定块在绘图区域中如何显示，自定义特性影响块几何图形的夹点、标签和预设值
6	测试块	在保存或退出块编辑器之前，测试动态块定义等

下面介绍一个可旋转动态块的创建范例。

（1）打开本书配套资源中的"可旋转动态块.dwg"图形文件，该文件已有一个电阻符号图形。

（2）在命令行中输入 BLOCK 并按 Enter 键，弹出"块定义"对话框。在"名称"文本框中输入"可旋转电阻图形符号动态块"；在"对象"选项组中选中"转换为块"单选按钮，单击"选择对象"按钮 ✛ 并选择全部的图形，按 Enter 键；在"基点"选项组中单击"拾取点"按钮 🔣，选择图形最左端的端点作为块插入基点；选中"在块编辑器中打开"复选框，单击"确定"按钮。

（3）进入块编辑器环境。在"块编写选项板"窗口中打开"参数"选项卡，选择"旋转"以将旋转参数添加到块定义中，接着根据命令行提示执行以下操作。

```
命令：_BParameter 旋转
    指定基点或 [名称(N)/标签(L)/链(C)/说明(D)/选项板(P)/值集(V)]:     //选择如图8-33所示
的端点
    指定参数半径：21✓
    指定默认旋转角度或 [基准角度(B)] <0>: ✓
```

完成将旋转参数添加到块定义中，如图 8-34 所示。

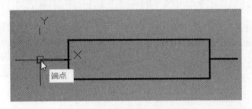

图 8-33　指定块插入基点

图 8-34　将旋转参数添加到块定义中

（4）在"块编写选项板"窗口中打开"动作"选项卡，选择"旋转"动作图标 ⟳，在编写区域中单击旋转参数标签，接着选择电阻图形符号的 3 个组成图元，按 Enter 键，此时旋转动作标签显示在编写区域中，如图 8-35 所示。

（5）此时，可以单击"测试块"按钮 🔲，打开"测试块窗口"窗口，在该"测试块窗口"窗口中单击选择动态块，此时发现该动态块中显示有一个圆形的夹点和一个正方形的夹点。选择圆形的夹点移动鼠标可旋转该块（注意关闭正交模式），如图 8-36 所示，亦可在命令窗口中输入精确的旋转角度。单击"关闭测试块"按钮 ✔，返回到块编辑器。

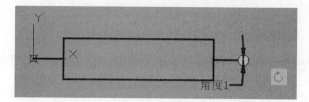

图 8-35　将旋转动作添加到块定义中

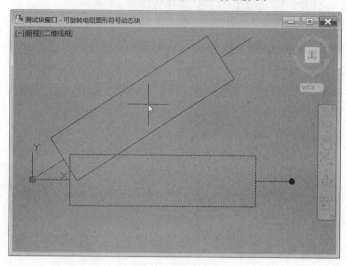

图 8-36　测试块窗口

（6）在功能区"块编辑器"上下文选项卡的"打开/保存"面板中单击"保存块"按钮 ，然后在"关闭"面板中单击"关闭块编辑器"按钮 ✔。

8.6　外　部　参　照

在 AutoCAD 中，可以将任意图形文件插入到当前图形作为外部参照，但这并不是真正的插入，而是"链接"，即附着的外部参照链接至当前图形中，参照图形中所做的更改将反映到当前图形中，因此使用外部参照可以生成图形而不会显著增加图形文件的大小。使用外部的参照图形，用户可以通过在图形中参照其他用户的图形协调用户之间的工作，从而与其他设计师所做的更改保持同步，也可以使用组成图形装配一个主图形，主图形将随工程的开发而被更改。当工程完成并准备归档时，将附着的参照图形和当前图形永久合并（绑定）到一起。另外，打开图形时，将自动重载每个参照图形，从而反映参照图形文件的最新状态。在使用外部参照时，注意不要在图形中使用在参照图形中已存在的图层名、标注样式、文字样式和其他命名元素，以免出现混乱。

与块参照相同，外部参照在当前图形中是以单个对象的形式存在的。如果外部参照包含任何可变块属性，那么它们将被忽略。如果要分解外部参照，那么必须首先绑定外部参照。

在 AutoCAD 中，用户可以使用多种方法附着外部参照，如使用 ATTACH 命令、XATTACH 命令、EXTERNALREFERENCES 命令和设计中心等。使用设计中心时，可以进行简单附着、预浏览图形参照及其描述、通过拖曳快速地放置外部参照等。

当外部参照附着到当前图形时，在状态栏托盘上将显示有一个"管理外部参照"图标 🗁，如图 8-37 所示。

| 470.4075, 127.5150, 0.0000 模型 ⊞ ⠿ ▾ ⊢ ▭ ▾ ⟳ ▾ 丶 ▾ ∠ ◰ ▾ ☰ ▦ ◨ ▾ ┇ 🗛 ▾ ⚙ ▾ ▤ ⊠ ◉ 🗁 ▨ ⊡ ☰ |

图 8-37　显示有一个外部参照图标

8.6.1　使用 ATTACH 命令进行附着操作

使用 ATTACH 命令，可插入对外部文件（如其他图形、光栅图像和参考底图）的参照。

在命令行中输入 ATTACH 并按 Enter 键，或者在功能区"插入"选项卡的"参照"面板中单击"附着"按钮🗁，弹出如图 8-38 所示的"选择参照文件"对话框，此时指定查找范围，选择所需的文件类型，并选择要插入附着的文件。可以插入附着的文件类型有"图形（*.dwg）""DWF文件（*.dwfx；*.dwf）""Microstation DGN（*.dgn）""所有 DGN 文件（*.*）""PDF 文件（*.pdf）""Autodesk 点云（*.rcp；*.rcs）""所有图像文件"等。对于"图形（*.dwg）"文件类型，可以选择多个此类型的文件进行附着；而对于其他文件格式，则只可以选择一个文件进行附着。

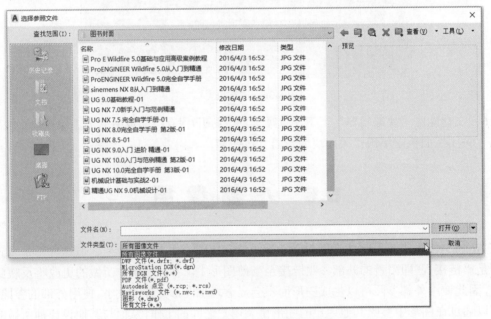

图 8-38　"选择参照文件"对话框

选择好参照文件后，单击"打开"按钮，系统会根据所选文件的类型弹出相应的对话框，从中设定参照类型、比例、插入点和路径类型等。路径类型分"完整路径""相对路径""无路径"3 种。

以选择一个"图形（*.dwg）"类型的参照文件为例。选择好该"图形（*.dwg）"类型的参照文件后，在"选择参照文件"对话框中单击"打开"按钮，打开"附着外部参照"对话框，在"参照类型"选项组中选中"附着型"单选按钮；在"路径类型"选项组中选择"完整路径"选项；其他的比例、插入点、旋转等设置如图 8-39 所示，然后单击"确定"按钮，接着在图形窗口中指定插入点即可完成附着该外部参照。

图 8-39 "附着外部参照"对话框

知识点拨: 在"附着外部参照"对话框的"参照类型"选项组中可以指定外部参照为附着型的还是覆盖型的。与附着型的外部参照不同,当覆盖型外部参照附着到另一图形时,将忽略该覆盖型外部参照。

通过 ATTACH 附着操作,可以将储存在 DWF、DWFx、PDF 和 DGN 文件中的二维几何图形作为参考底图,并捕捉到该二维几何图形。参考底图与附着的光栅图像相似,都提供视觉内容,同时也支持对象捕捉和裁剪。与外部参照不同,不能将参照底图绑定到图形中。

下面介绍附着 DWF 或 DWFx 参考底图的步骤。附着 PDF 和 DGN 参考底图的操作步骤也类似。

(1)在功能区"插入"选项卡的"参照"面板中单击"附着"按钮⤵,弹出"选择参照文件"对话框。

(2)选择要附着的 DWF 或 DWFx 文件,单击"打开"按钮。

(3)在"附着 DWG 参考底图"对话框中,选择一张图纸,或使用 Shift 或 Ctrl 键选择多张图纸。

(4)使用下列方法之一指定参考底图文件的插入点、比例或旋转角度。

☑ 选中"在屏幕上指定"复选框,以使用定点设备(如鼠标)在所需位置、按所需比例或角度附着 DWF 参考底图。

☑ 取消选中"在屏幕上指定"复选框,然后在"插入点""比例"或"旋转角度"下输入值。

(5)单击"确定"按钮。

8.6.2 使用 XATTACH 命令附着外部参照

XATTACH 命令用于将选定的 DWG 文件附着为外部参照。将图形文件附着为外部参照时,可以将该参照图形链接到当前图形,如果打开或重新加载参照图形时,当前图形中将显示对该文件所做的更改。

在命令行中输入 XATTACH 并按 Enter 键，弹出"选择参照文件"对话框，文件类型只有"图形（*.dwg）"一种，如图 8-40 所示，选择所需的 DWG 文件后，单击"打开"按钮，弹出如图 8-41 所示的"附着外部参照"对话框，从中指定参照类型、比例、插入点、路径类型和旋转等，单击"确定"按钮，如果设置是需要在屏幕上指定的，则接着根据命令行提示去指定即可。

图 8-40 "选择参照文件"对话框

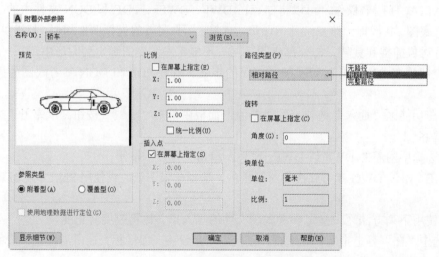

图 8-41 "附着外部参照"对话框

附着文件后，用户可以通过"外部参照"上下文选项卡调整和剪裁外部参照。

8.6.3 使用"外部参照"选项板（EXTERNALREFERENCES/XREF）

EXTERNALREFERENCES 或 XREF 命令用于打开"外部参照"选项板。

在命令行中输入 EXTERNALREFERENCES 或 XREF 并按 Enter 键，或者在功能区"视图"选项卡的"选项板"面板中单击"外部参照选项板"按钮，则打开如图 8-42 所示的"外部参照"选项板。该选项板用于组织、显示并管理参照文件，如 DWG 文件（外部参照）、DWF、DWFx、PDF 或 DGN 参考底图、光栅图像和点云（在 AutoCAD LT 中不可用）。注意，只有 DWG、DWF、DWFx、PDF 和光栅图像文件可以从"外部参照"选项板中直接打开。下面介绍"外部参照"选项板的各主要组成部分。

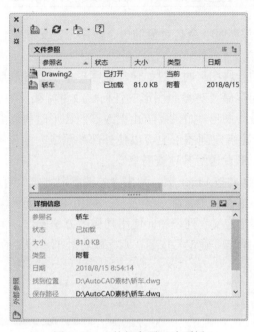

图 8-42   "外部参照"选项板

（1）"外部参照"选项板工具栏：位于"外部参照"选项板的最上一行，包括以下几个工具按钮。

☑   "附着"列表 ：用于将文件附着到当前图形。单击 中的下三角按钮，打开一个列表，从列表中选择一种附着格式选项以打开"选择参照文件"对话框。列表中提供的附着格式选项包括"附着 DWG""附着图像""附着 DWF""附着 DGN""附着 PDF""附着点云""附着协调模型"。

☑   "刷新"列表 ：单击 中的下三角按钮，打开一个刷新列表，从中选择"刷新"或"重载所有参照"选项，以刷新列表显示或重新加载所有参照以显示在参照文件中可能发生的任何更改。其中"刷新"用于同步参照图形文件的状态数据与内存中的数据。

☑   "更改路径"列表 ：用于修改选定文件的路径。单击 中的下三角按钮，打开"更改路径"列表，从中可以将路径设置为相对或绝对。如果参照文件与当前图形存储在相同位置，那么可以删除路径。

☑   "帮助"按钮 ：用于打开"帮助"系统。

（2）"文件参照"窗格：包括"列表视图"按钮 、"树状图"按钮 和参照文件列表。用户可以根据需要在列表视图和树状图之间切换。参照文件列表用于在当前图形中显示参照的列表，包括状态、大小和创建日期等信息。要编辑文件名，则可以在参照文件列表中双击要编辑的文件名。双击"类型"下方的单元可以更改参照类型。

（3）"详细信息"窗格：用于显示选定参照的信息或预览图像。单击"详细信息"按钮 ，则在该窗格中显示在"文件参照"窗格中选定的文件的信息。单击"预览"按钮 🖼️ ，则在该窗格中显示在"文件参照"窗格中选定的文件的缩略图图像。

8.6.4　绑定外部参照的选定命名对象定义（XBIND）

XBIND 命令用于将外部参照中命名对象的一个或多个定义绑定到当前图形中，这里需要了解绑定的概念。

在归档包含外部参照的最终图形时，对如何存储图形中的外部参照有两种选择：一种是将外部参照图形与最终图形一起存储（对参照图形的任何更改将持续反映在最终图形中）；另一种则是将外部参照图形绑定至最终图形。如果要防止更改参照图形时更新归档图形，那么将外部参照绑定到最终图形。将外部参照绑定到图形上可以使外部参照成为图形中的固有部分，不再是外部参照文件，这样有利于将图形发送给其他查看者。

在命令行中输入 XBIND 并按 Enter 键，弹出"外部参照绑定"对话框，接着在"外部参照"列表中选择外部参照下的所需命名对象的一个定义，如图 8-43 所示，单击"添加"按钮，则将该命名对象定义移动到"绑定定义"列表中。使用同样的方法操作，将其他命名对象定义添加到"绑定定义"列表中。最后单击"确定"按钮，则完成将外部参照中命名对象的一个或多个选定定义绑定到当前图形中。

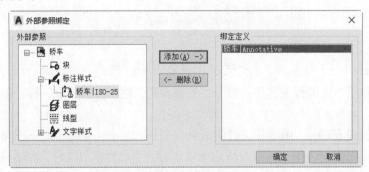

图 8-43　"外部参照绑定"对话框

8.6.5　将外部参照绑定到当前图形中（通过"外部参照"选项板）

XBIND 只绑定外部参照中选定的命名对象定义，如果要将整个外部参照绑定到当前图形中，那么可以按照以下步骤来进行。

（1）在功能区"插入"选项卡的"参照"面板中单击"对话框启动器"按钮 ，弹出"外部参照"选项板。

（2）在"外部参照"选项板的"文件参照"窗格中右击要绑定的参照名称，从弹出的快捷菜单中选择"绑定"命令，如图 8-44 所示。

（3）在弹出的如图 8-45 所示的"绑定外部参照/DGN 参考底图"对话框中指定以下绑定类型之一。

☑　选中"绑定"单选按钮，将外部参照中的对象转换为块参照，其命名对象定义将添加到块名称n前缀的当前图形，其中 n 是一个开始于 0（零）的编号。

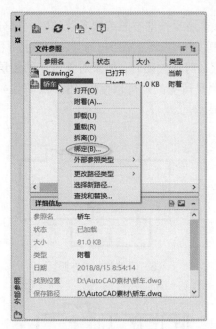

图 8-44　从右键快捷菜单中选择"绑定"命令　　　图 8-45　"绑定外部参照/DGN 参考底图"对话框

☑　选中"插入"单选按钮，同样将外部参照中的对象转换为块参照，命名对象定义将被合并到当前图形中，但不添加前缀。

（4）在"绑定外部参照/DGN 参考底图"对话框中单击"确定"按钮。

8.6.6　裁剪外部参照（CLIP）

CLIP 命令（对应的工具为"裁剪"按钮🖼）用于将选定对象（如块、外部参照、图像、视口和参考底图）修剪到指定的边界。

裁剪外部参照的步骤如下。

（1）在命令行中输入 CLIP 并按 Enter 键，或者在功能区"插入"选项卡的"参照"面板中单击"裁剪"按钮🖼。

（2）在"选择要裁剪的对象:"提示下选择一个外部参照。

（3）在"输入剪裁选项 [开(ON)/关(OFF)/剪裁深度(C)/删除(D)/生成多段线(P)/新建边界(N)]<新建边界>:"命令提示下，选择"新建边界(N)"选项。

（4）在"指定剪裁边界或选择反向选项: [选择多段线(S)/多边形(P)/矩形(R)/反向剪裁(I)]<矩形>:"提示下，选择以下选项之一进行操作。

☑　选择多段线(S)：用于选择一个多段线作为剪裁边界。

☑　多边形(P)：用于通过指定多边形顶点来定义一个多边形剪裁边界。

☑　矩形(R)：用于通过指定两个对角点来定义一个矩形剪裁边界。

☑　反向剪裁(I)：用于更改要隐藏的区域，将根据用户指定的区域剪裁外部参照。"反向剪裁(I)"选项采取与上一次不同的剪裁边界的模式，初始默认时隐藏边界外的对象，如果首次使用该选项，那么将隐藏边界内的对象。

在 AutoCAD 中，通过裁剪边界，用户可以确定希望显示外部参照或块参照的哪一部分，如隐藏边界外部或内部的冗余部分。如图 8-46 所示为裁剪外部参照的图例。剪裁边界时，不会改变外部参照或块中的对象，而只是改变它们的显示方式。剪裁关闭时，如果对象所在的图层处于打开且已解冻状态，将不显示边界，此时整个外部参照是可见的。可以使用 CLIP（剪裁）命令打开或关闭剪裁结果，从而控制剪裁区域是隐藏还是显示。

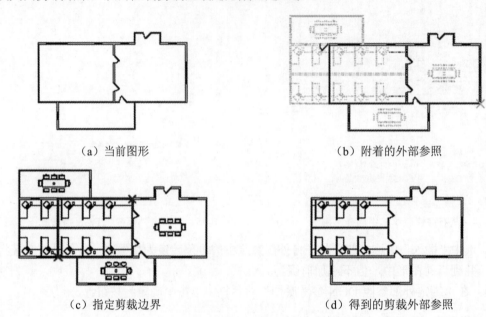

（a）当前图形　　　　　　　　　　　　　　　（b）附着的外部参照

（c）指定剪裁边界　　　　　　　　　　　　　　（d）得到的剪裁外部参照

图 8-46　剪裁外部参照的图例

8.6.7　调整（ADJUST）

通过 ADJUST 命令（对应的工具为"调整"按钮），可以控制选定图像和参考底图（DWF、DWFx、PDF 和 DGN 参考底图）的多个显示设置，如调整选定参考底图（DWF、DWFx、PDF 或 DGN）或图像的淡入度、对比度和单色设置。

在命令行中输入 ADJUST 并按 Enter 键，或者在功能区"插入"选项卡的"参照"面板中单击"调整"按钮，接着选择图像或参考底图，按 Enter 键。接下去的提示信息取决于选择的是一个或多个图像，还是一个或多个参考底图。对于图像，将要求控制淡入度、对比度和亮度；对于参考底图，则要求控制淡入度、对比度和单色。

8.6.8　编辑参照（REFEDIT）

使用 REFEDIT 命令（对应的工具为"编辑参照"按钮）可以直接在当前图形中编辑外部参照或块定义。

在命令行中输入 REFEDIT 并按 Enter 键，或者在功能区"插入"选项卡的"参照"溢出面板中单击"编辑参照"按钮，接着选择要编辑的参照，则弹出"参照编辑"对话框。该对话框包含两个选项卡，分别是"标识参照"选项卡和"设置"选项卡，它们的功能含义如下。

1. "标识参照"选项卡

"标识参照"选项卡如图 8-47 所示，用于为标识要编辑的参照提供视觉辅助工具并控制选择参照的方式。

- ☑ "参照名"列表框：显示选定要进行在位编辑的参照以及选定参照中嵌套的所有参照。只有选定对象是嵌套参照的一部分时，才会显示嵌套参照。如果显示了多个参照，可从中选择要修改的特定外部参照或块。一次只能在位编辑一个参照。
- ☑ "预览"框：显示当前选定参照的预览图像。预览图像将按参照最后保存在图形中的状态来显示该参照。当修改被保存到参照时，参照的预览图像并不会更新。
- ☑ "路径"信息区域：显示选定参照的文件位置。如果选定参照是一个块，则不显示路径。
- ☑ "自动选择所有嵌套的对象"单选按钮：控制嵌套对象是否自动包含在参照编辑任务中。
- ☑ "提示选择嵌套的对象"单选按钮：控制是否在参照编辑任务中逐个选择嵌套对象。

2. "设置"选项卡

"设置"选项卡如图 8-48 所示，用于为编辑参照提供一些选项，包括"创建唯一图层、样式和块名"复选框、"显示属性定义以供编辑"复选框和"锁定不在工作集中的对象"复选框。这里需要理解工作集的概念，工作集是指提取的对象集合（临时提取从选定的外部参照或块中选择的对象，并使其可在当前图形中进行编辑），可以对其进行修改并存储以更新外部参照或块定义。

图 8-47　"标识参照"选项卡

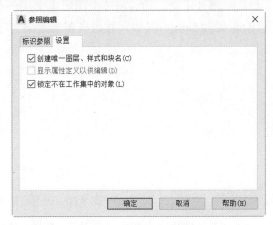

图 8-48　"设置"选项卡

8.6.9　使用"外部参照"上下文选项卡

在图形窗口中选择外部参照时，则在功能区中出现如图 8-49 所示的"外部参照"上下文选项卡。"外部参照"上下文选项卡提供如表 8-2 所示的 5 个按钮。

图 8-49　"外部参照"上下文选项卡

表 8-2 "外部参照"上下文选项卡中的 5 个按钮

序 号	按 钮	名 称	命 令	功 能 用 途
1		在位编辑参照	REFEDIT	直接在当前图形中编辑块或外部参照
2		打开参照	XOPEN	在单独的窗口中打开块或外部参照
3		创建剪裁边界	XCLIP	允许用户删除旧剪裁边界并创建一个新剪裁边界
4		删除剪裁	XCLIP	删除剪裁边界
5		外部参照	EXTERNALREFERENCES	打开"外部参照"选项板，利用该选项板对外部参照进行相应的操作

8.7　思考与练习

（1）块定义与写块有什么不同？

（2）简述插入块的一般方法及步骤。

（3）如何理解动态块？

（4）上机操作 1：绘制如图 8-50 所示的表面粗糙度符号（去除材料），并分别创建 A、B、C、D、E 属性定义，然后将整个图形定义成一个表面粗糙度块。最短的水平线段距离图形最下端点的距离为 5mm，其他尺寸根据图形效果自行确定。

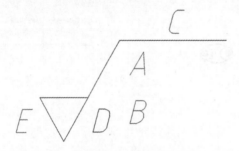

图 8-50　表面粗糙度符号（去除材料）

（5）上机操作 2：新建一个 dwg 文档，绘制一个标题栏，并在相应的常用单元格内进行属性定义，最后将它们定义成一个包含若干属性定义的标准标题栏块，如图 8-51 所示。

标记	处数	分区	更改文件号	签名	年、月、日				
设计			标准化			阶段标记	重量	比例	
审核									
工艺			批准			共　张　第　张		投影规则标识	

图 8-51　标题栏块

第9章 基本的三维建模功能

本章导读

　　AutoCAD 提供强大的三维建模功能,用于设计立体感和真实感强的三维模型。本章将重点讲解 AutoCAD 基本的三维建模功能。

9.1 三维中的坐标系

　　三维建模涉及的坐标系主要有三维笛卡儿坐标系、柱坐标系和球坐标系。另外,用户需要掌握用户坐标系（UCS）在三维建模环境中的应用,因为在三维环境中创建或修改对象时,通过移动和重新定向 UCS 通常可以简化工作,UCS 的 XY 平面称为工作平面。

9.1.1 三维坐标系简述

　　使用三维笛卡儿坐标、柱坐标或球坐标可以在三维空间中定位点。

　　1. 三维笛卡儿坐标

　　三维笛卡儿坐标通过使用 X、Y、Z 值来指定精确的位置。绝对三维笛卡儿坐标值（X,Y,Z）在命令行的输入格式如下。

X,Y,Z

　　例如,在命令行中输入 "5,-80,32",表示一个位于沿 X 轴正方向 5 个单位、沿 Y 轴负方向80 个单位、沿 Z 轴正方向 32 个单位的点。

　　如果启用动态输入,则使用#前缀来指定绝对坐标。

　　相对三维笛卡儿坐标在命令行的输入格式如下。

@X,Y,Z

　　在使用三维笛卡儿坐标时,可以使用默认的 Z 值。假设先按照 "X,Y,Z" 格式输入一个坐标,接着使用 "X,Y" 格式输入随后的坐标,那么随后的坐标都将默认使用之前的 Z 值,即保持 Z 值不变。也就是当以 "X,Y" 格式输入坐标时,AutoCAD 系统将从上一输入点复制 Z 值。

　　2. 柱坐标

　　三维柱坐标通过 XY 平面中与 UCS 原点之间的距离、XY 平面中与 X 轴的角度以及 Z 值来描述精确的位置。假设动态输入处于关闭状态时，即在命令行中输入坐标时，采用以下语法指定使用绝对柱坐标的点。

$$X<[与 X 轴所成的角度],Z$$

例如，在命令行中输入的坐标"20<60,13"表示距当前 UCS 的原点 20 个单位、在 XY 平面中与 X 轴成 60°角、沿 Z 轴 13 个单位的点。

相对柱坐标在命令行的输入格式如下。

$$@X<[与 X 轴所成的角度],Z$$

例如，在命令行中输入的坐标"@9<30,7"表示在 XY 平面中距上一输入点 9 个单位、与 X 轴正向成 30°角、在 Z 轴正向延伸 7 个单位的点。

3．球坐标

三维球坐标通过指定某个位置距当前 UCS 原点的距离、在 XY 平面中与 X 轴所成的角度以及与 XY 平面所成的角度来指定该位置。假设动态输入处于关闭状态而采用在命令行中输入坐标时，使用以下语法指定使用绝对球坐标的点。

$$X<[与 X 轴所成的角度]<[与 XY 平面所成的角度]$$

例如，在命令行中输入的坐标"15<45<60"表示在 XY 平面中距当前 UCS 的原点 15 个单位、在 XY 平面中与 X 轴成 45°角以及在 Z 轴正向上与 XY 平面成 60°角的点。

需要基于上一点来定义点时，可以输入前面带有@符号的相对球坐标值。相对球坐标在命令行的输入格式如下。

$$@X<[与 X 轴所成的角度]<[与 XY 平面所成的角度]$$

例如，坐标"@12<60<30"表示距上一个测量点 12 个单位、在 XY 平面中与 X 轴正方向成 60°角以及与 XY 平面成 30°角的位置。

9.1.2 控制三维中的用户坐标系

在三维建模工作中，通过在三维模型空间中移动和重新定向 UCS，可以在一定程度上简化设计工作。

对于三维笛卡儿坐标系，如果已知 X 轴和 Y 轴的方向，那么可以使用右手定则来确定 Z 轴的正方向，方法是将右手手背靠近屏幕放置，大拇指指向 X 轴的正方向，食指指向 Y 轴的正方向，伸出的中指所指示的方向即 Z 轴的正方向。用户还可以使用右手定则来确定三维空间中绕坐标轴旋转的默认正方向，其方法将右手拇指指向轴的正方向，卷曲其余四指，则右手四指所指示的方向即轴的正旋转方向，右手定则示意手势如图 9-1 所示。

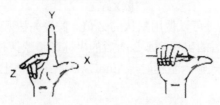

图 9-1　右手定则示意手势图

在实际的三维设计中，用户可以灵活地控制用户坐标系，例如，可以根据需要在三维空间的适当位置定位和定向 UCS，必要时可以保存和恢复用户坐标系方向。

1. 新建（定义）UCS

要新建 UCS，可以在命令行的"键入命令"提示下输入 UCS 并按 Enter 键，命令行显示"指定 UCS 的原点或 [面(F)/命名(NA)/对象(OB)/上一个(P)/视图(V)/世界(W)/X/Y/Z/Z 轴(ZA)] <世界>:"提示信息。

- ☑ 指定 UCS 的原点：使用一点、两点或三点定义一个新的 UCS。如果指定单个点，当前 UCS 的原点将会移动，而不会更改 X、Y 和 Z 轴的方向；如果指定第二点，则 UCS 将旋转以使正 X 轴通过该点；如果指定第三点，则 UCS 将围绕新 X 轴旋转来定义正 Y 轴。
- ☑ 面(F)：将 UCS 动态对齐到三维对象的面。
- ☑ 命名(NA)：保存或恢复命名 UCS 定义。
- ☑ 对象(OB)：将 UCS 与选定的二维或三维对象对齐。UCS 可以与包括点云在内的任何对象类型对齐（参照线和三维多段线除外）。
- ☑ 上一个(P)：恢复上一个 UCS。
- ☑ 视图(V)：将 UCS 的 XY 平面与垂直于观察方向的平面对齐。原点保持不变，但 X 轴和 Y 轴分别变为水平和垂直。
- ☑ 世界(W)：将 UCS 与世界坐标系（WCS）对齐。
- ☑ X：绕 X 轴旋转当前 UCS。
- ☑ Y：绕 Y 轴旋转当前 UCS。
- ☑ Z：绕 Z 轴旋转当前 UCS。
- ☑ Z 轴(ZA)：将 UCS 与指定的正 Z 轴对齐，UCS 原点移动到第一个点，其正 Z 轴通过第二个点。

在这里以通过指定某一个点（如点"100,30,10"）作为新原点来创建 UCS 为例，其操作步骤如下。

```
命令：UCS↙
当前 UCS 名称：*世界*
指定 UCS 的原点或 [面(F)/命名(NA)/对象(OB)/上一个(P)/视图(V)/世界(W)/X/Y/Z/Z 轴(ZA)]
<世界>：100,30,10↙
指定 X 轴上的点或 <接受>：↙
```

2. 使用 UCS 预置

在命令行的"键入命令"提示下输入 UCSMAN 并按 Enter 键，弹出 UCS 对话框，该对话框具有 3 个选项卡，即"命名 UCS"选项卡、"正交 UCS"选项卡和"设置"选项卡。

- ☑ "命名 UCS"选项卡用于列出 UCS 定义并设置当前 UCS，如图 9-2 所示。
- ☑ "正交 UCS"选项卡用于将 UCS 改为正交 UCS 设置之一，如图 9-3 所示。"正交 UCS 名称"列表框列出当前图中定义的 6 个正交坐标系，正交坐标系是根据"相对于"下拉列表框中指定的基准坐标系定义的。在"正交 UCS 名称"列表框中选择一个正交坐标系，单击"置为当前"按钮，则可恢复选定的该正交坐标系。注意：在"正交 UCS 名称"列表框中，可以使用"深度"选项为选定的正交 UCS 指定深度和新原点，所谓的深度用于指定正交 UCS 的 XY 平面与通过 UCS（由 UCSBASE 系统变量指定）的原点的平行平面之间的距离，UCSBASE 坐标系的平行平面可以是 XY、YZ 或 XZ 平面。

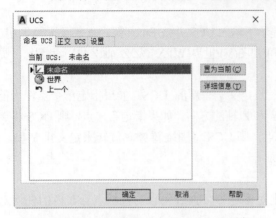
图 9-2　UCS 对话框的"命名 UCS"选项卡

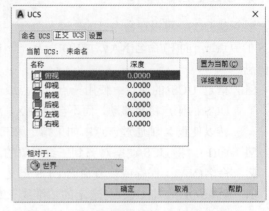
图 9-3　UCS 对话框的"正交 UCS"选项卡

☑　"设置"选项卡用于显示和修改与视口一起保存的 UCS 图标设置和 UCS 设置，如图 9-4 所示。其中，"UCS 图标设置"选项组用于指定当前视口的 UCS 图标显示设置，包括设置是否显示当前视口中的 UCS 图标、是否显示于 UCS 原点、是否应用到所有活动视口、是否允许选择 UCS 图标。"UCS 设置"选项组用于指定更新 UCS 设置时 UCS 的行为。

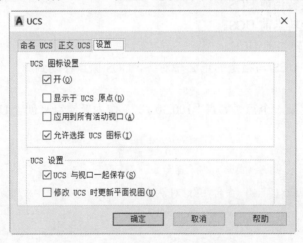
图 9-4　UCS 对话框的"设置"选项卡

3. 在图纸空间中改变 UCS

在模型空间改变 UCS 的相关操作是很灵活的，当然也可以在图纸空间定义新的 UCS，但是图纸空间中的 UCS 仅限于二维操作，虽然允许在图纸空间中输入三维坐标，但不能执行三维查看命令。

4. 按名称保存并恢复 UCS 位置

用户可以保存命名 UCS 位置。按名称保存 UCS 有助于以后在实际设计中根据需要恢复或调用所需的 UCS 位置。

9.2 绘制三维线条

下面结合简单实例介绍常用三维线条的绘制方法、步骤。

9.2.1 在三维空间中绘制直线（LINE）

在三维空间中指定不同的两个点即可绘制一条直线，例如，要在空间点（100,50,32）和（10,-40,-68）之间绘制一条直线，其绘制过程说明如下。

```
命令：LINE↙
指定第一个点：100,50,32↙
指定下一点或 [放弃(U)]：10,-40,-68↙
指定下一点或 [放弃(U)]：↙
```

使用 LINE 命令可以一次连续绘制一系列首尾相连的空间线段，并且可以使这些线段形成封闭的形状，请看以下一个绘制范例。

```
命令：LINE↙
指定第一个点：0,0,0↙
指定下一点或 [放弃(U)]：0,50,50↙
指定下一点或 [放弃(U)]：50,80,50↙
指定下一点或 [闭合(C)/放弃(U)]：50,80,0↙
指定下一点或 [闭合(C)/放弃(U)]：C↙
```

绘制好闭合图形后，可以从"三维导航"下拉列表框中选择"东南等轴测"标准视图名称（以使用"三维建模"工作空间为例，"三维导航"下拉列表框位于功能区"常用"选项卡的"视图"面板中，如图 9-5 所示），此时完成绘制的闭合直线段如图 9-6 所示。

图 9-5 指定标准视图名

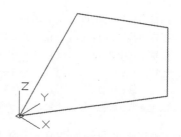

图 9-6 完成搭建的闭合空间直线段

9.2.2 在三维空间中绘制样条曲线（SPLINE）

使用 SPLINE 命令（对应的"样条曲线"按钮 位于"三维建模"工作空间的"常用"选项

卡的"绘图"面板中），可以在三维空间绘制样条曲线，样条曲线的创建方式有"拟合"和"控制点"两种。

```
命令：SPLINE↙
当前设置：方式=拟合    节点=弦
指定第一个点或 [方式(M)/节点(K)/对象(O)]：M↙
输入样条曲线创建方式 [拟合(F)/控制点(CV)] <拟合>：F↙
当前设置：方式=拟合    节点=弦
指定第一个点或 [方式(M)/节点(K)/对象(O)]：0,0,0↙
输入下一个点或 [起点切向(T)/公差(L)]：100,30,-28↙
输入下一个点或 [端点相切(T)/公差(L)/放弃(U)]：120,30.5,40↙
输入下一个点或 [端点相切(T)/公差(L)/放弃(U)/闭合(C)]：380,-50,35↙
输入下一个点或 [端点相切(T)/公差(L)/放弃(U)/闭合(C)]：↙
```

完成绘制的样条曲线如图 9-7 所示。

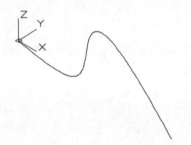

图 9-7 在三维空间中绘制样条曲线

9.2.3 绘制三维多段线（3DPOLY）

3DPOLY 命令（对应的工具为"三维多段线"按钮 ）用于绘制三维多段线（可以不共面），所谓三维多段线是作为单个对象创建的直线段相互连接而成的序列，不能包括圆弧段。以下是绘制三维多段线的一个操作范例。

```
命令：3DPOLY↙
指定多段线的起点：0,0,0↙
指定直线的端点或 [放弃(U)]：10,20,60↙
指定直线的端点或 [放弃(U)]：40,60,80↙
指定直线的端点或 [闭合(C)/放弃(U)]：70,20,60↙
指定直线的端点或 [闭合(C)/放弃(U)]：70,0,0↙
指定直线的端点或 [闭合(C)/放弃(U)]：↙
```

绘制的三维多段线如图 9-8（a）所示。用户可以使用 PEDIT 命令（"编辑多段线"按钮 ）对该三维多段线进行修改编辑，这和修改二维多段线的方法是一样的。例如要将刚绘制的三维多段线转换为样条曲线，则可以按照以下步骤进行。

```
命令：PEDIT↙
选择多段线或 [多条(M)]：        //选择三维多段线
```

```
输入选项 [闭合(C)/合并(J)/编辑顶点(E)/样条曲线(S)/非曲线化(D)/反转(R)/放弃(U)]: S↙
输入选项 [闭合(C)/合并(J)/编辑顶点(E)/样条曲线(S)/非曲线化(D)/反转(R)/放弃(U)]: ↙
```

将该三维多段线修改为样条曲线的结果如图9-8（b）所示。

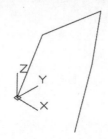 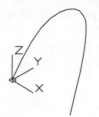

（a）绘制的三维多段线　　（b）将三维多段线修改为样条曲线

图9-8　绘制和修改三维多段线

9.2.4 绘制螺旋线（HELIX）

使用HELIX命令（对应的工具为"螺旋"按钮）可以绘制开口的二维螺旋或三维螺旋线。可以将所创建的三维螺旋线用作路径，沿着此路径扫掠圆对象，便可创建弹簧实体模型。创建螺旋线时，可以指定底面半径、顶面半径、高度、圈数、圈高和扭曲方向这些特性。如果将底面半径和顶面半径指定为同一个值，那么将创建圆柱形螺旋（不能指定0来同时作为底面半径和顶面半径）；如果将顶面半径和底面半径指定为不同的值，那么将创建圆锥形螺旋；如果将高度值设置为0，则将创建扁平的二维螺旋。

创建螺旋线的典型步骤如下。

（1）在命令行的"键入命令"提示下输入HELIX按Enter键，或者在功能区"常用"选项卡的"绘图"面板中单击"螺旋"按钮。

（2）指定螺旋底面的中心点。

（3）指定底面半径或直径。

（4）指定顶面半径或直径，或按Enter键以指定与底面半径相同的值。

（5）在"指定螺旋高度或 [轴端点(A)/圈数(T)/圈高(H)/扭曲(W)]:"提示下指定螺旋高度。需要时可以选择以下提示选项之一设置螺旋的相关参数。

☑　轴端点(A)：指定螺旋轴的端点位置。轴端点将定义螺旋的长度和方向。

☑　圈数(T)：指定螺旋的圈数（旋转数），螺旋的圈数不能超过500，在初始默认时，螺旋的圈数默认值为3，而在以后执行绘图任务时，圈数的默认值始终为先前输入的圈数值。

☑　圈高(H)：指定螺旋内一个完整圈的高度。当指定圈高值时，螺旋中的圈数将相应地自动更新。如果已经设定了螺旋的圈数，那么不能输入圈高的值。

☑　扭曲(W)：用于指定螺旋扭曲的方向为顺时针还是逆时针。

请看绘制一个圆锥形螺旋线的操作范例。

```
命令: HELIX↙
圈数=3.0000    扭曲=CCW
指定底面的中心点: 0,0,0↙
```

```
指定底面半径或 [直径(D)] <1.0000>: D✓
指定直径 <2.0000>: 30✓
指定顶面半径或 [直径(D)] <15.0000>: 10✓
指定螺旋高度或 [轴端点(A)/圈数(T)/圈高(H)/扭曲(W)] <1.0000>: T✓
输入圈数 <3.0000>: 8✓
指定螺旋高度或 [轴端点(A)/圈数(T)/圈高(H)/扭曲(W)] <1.0000>: 70✓
```

绘制的螺旋线如图 9-9 所示。

图 9-9　绘制的螺旋线

9.3　绘制三维网格

在 AutoCAD 中，网格对象是由面和镶嵌面组成的，图解示意如图 9-10 所示。网格对象不具有三维实体的质量和体积特性，但网格对象比对应的实体和曲面对象更容易进行模塑和形状重塑。

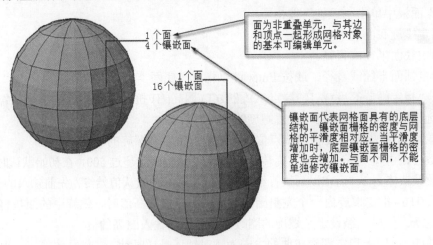

1 个面
4 个镶嵌面

面为非重叠单元，与其边和顶点一起形成网格对象的基本可编辑单元。

1 个面
16 个镶嵌面

镶嵌面代表网格面具有的底层结构，镶嵌面栅格的密度与网格的平滑度相对应，当平滑度增加时，底层镶嵌面栅格的密度也会增加。与面不同，不能单独修改镶嵌面。

图 9-10　三维网格对象

从 AutoCAD 2010 版本开始，用户可以平滑化、锐化、分割和优化默认的网格对象类型。创建网格的方法主要有以下几种。

（1）创建标准网格图元（MESH）。创建标准形状的网格对象，包括长方体、圆锥体、圆柱体、棱锥体、球体、楔体和圆环体。

（2）从其他对象创建网格（RULESURF、TABSURF、REVSURF 或 EDGESURF）。创建直纹网格对象、平移网格对象、旋转网格对象或边界定义的网格对象，这些对象的边界内插在其他对象或点中。

（3）从其他对象类型进行转换将现有实体或曲面模型（包括复合模型）转换为网格对象（MESHSMOOTH）。

（4）创建自定义网格（传统项）。使用 3DMESH 命令可创建多边形网格，通常通过 AutoLISP 程序编写脚本，以创建开口网格。使用 PFACE 命令可创建具有多个顶点的网格，这些顶点是由指定的坐标定义的。尽管可以继续创建传统多边形网格和多面网格，但是建议用户将其转换为增强的网格对象类型，以保留增强的编辑功能。

9.3.1 创建标准网格图元（MESH）

MESH 命令用于创建三维网格图元对象，包括网格长方体、网格圆锥体、网格圆柱体、网格棱锥体、网格球体、网格楔体和网格圆环体。创建好这些三维网格图元对象后，可以通过对面进行平滑处理、锐化、优化和拆分来重塑网格对象的形状，还可以通过拖曳边、面和顶点来塑造整体形状。

在命令行的"键入命令"提示下输入 MESH 并按 Enter 键，出现如图 9-11 所示的命令提示。从提示信息可以看出，在默认情况下，创建的新网格图元平滑度为零，用户可以通过选择"设置(SE)"选项来更改新网格图元的平滑度或镶嵌值，其中平滑度的默认有效值为 0～4 的整数。设置好新网格图元的平滑度或镶嵌值后，可以选择"长方体(B)""圆锥体(C)""圆柱体(CY)""棱锥体(P)""球体(S)""楔体(W)"或"圆环体(T)"选项，并根据相应提示指定相关参数值来创建相应的三维网格图元对象。

图 9-11 MESH 命令提示

以"三维建模"工作空间为例，在功能区"网格"选项卡的"图元"面板的一个下拉列表中也提供相应的标准网格创建工具，包括"网格长方体"按钮、"网格圆锥体"按钮、"网格圆柱体"按钮、"网格棱锥体"按钮、"网格球体"按钮、"网格楔体"按钮和"网格圆环体"按钮，如图 9-12 所示，这些工具按钮与 MESH 命令的对应选项是相一致的。

下面介绍关于标准网格图元的创建范例。

（1）在功能区中打开"可视化"选项卡，接着从"视觉样式"面板的"视觉样式"下拉列表框中选择"概念"选项，如图 9-13 所示。

（2）在命令行中进行以下操作来绘制一个长 100mm、宽 61.8mm、高 120mm 的网格长方体。

```
命令：MESH↙                                    //输入 MESH 并按 Enter 键
当前平滑度设置为：0
输入选项 [长方体(B)/圆锥体(C)/圆柱体(CY)/棱锥体(P)/球体(S)/楔体(W)/圆环体(T)/设置(SE)]
<长方体>：B                                     //选择"长方体(B)"选项
```

```
指定第一个角点或 [中心(C)]: C            //选择"中心(C)"选项
指定中心: 0,0,0↙                       //输入中心坐标为"0,0,0"
指定角点或 [立方体(C)/长度(L)]: L        //选择"长度(L)"选项
指定长度: <正交 开> 100↙                //按F8键打开正交模式，并输入长度为100mm
指定宽度: 61.8↙                         //输入宽度为61.8mm
指定高度或 [两点(2P)]: 120↙             //输入高度为120mm
```

图 9-12　标准网格图元的创建工具

图 9-13　指定视觉样式

　　完成绘制的长方体网格模型如图 9-14 所示。从表面上来看，网格图元与三维实体模型并无差异，但是将鼠标置于图形上时，便可以显示网格图元表面的网格，如图 9-15 所示。

　　（3）在命令行中执行以下操作来创建一个边长为 55mm 的网格正方体，如图 9-16 所示，注意要设置其平滑度为 4。

　　　　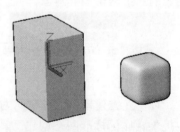

图 9-14　完成的长方体网格模型　　图 9-15　将鼠标置于网格模型　　图 9-16　创建正方体网格

```
命令: MESH↙
当前平滑度设置为: 0
输入选项 [长方体(B)/圆锥体(C)/圆柱体(CY)/棱锥体(P)/球体(S)/楔体(W)/圆环体(T)/设置(SE)]
<长方体>: SE↙
    指定平滑度或[镶嵌(T)] <0>: 4↙
    输入选项 [长方体(B)/圆锥体(C)/圆柱体(CY)/棱锥体(P)/球体(S)/楔体(W)/圆环体(T)/设置(SE)]
<长方体>: ↙
    指定第一个角点或 [中心(C)]: 150,30↙
    指定其他角点或 [立方体(C)/长度(L)]: C↙
    指定长度 <4.4619>: 55↙
```

（4）创建如图 9-17 所示的网格圆柱体对象（其平滑度默认为上一次的值），可以按照以下步骤进行。

```
命令：MESH↙
当前平滑度设置为：4
输入选项 [长方体(B)/圆锥体(C)/圆柱体(CY)/棱锥体(P)/球体(S)/楔体(W)/圆环体(T)/设置(SE)]
<长方体>：CY↙
    指定底面的中心点或 [三点(3P)/两点(2P)/切点、切点、半径(T)/椭圆(E)]：//任意指定一个合适点
    指定底面半径或 [直径(D)]：60↙
    指定高度或 [两点(2P)/轴端点(A)] <55.0000>：200↙
```

（5）创建网格圆环体，需要先将平滑度重新设置为最初的 0 值。

```
命令：MESH↙
当前平滑度设置为：4
输入选项 [长方体(B)/圆锥体(C)/圆柱体(CY)/棱锥体(P)/球体(S)/楔体(W)/圆环体(T)/设置(SE)]
<圆柱体>：SE↙
    指定平滑度或[镶嵌(T)] <4>：0↙
    输入选项 [长方体(B)/圆锥体(C)/圆柱体(CY)/棱锥体(P)/球体(S)/楔体(W)/圆环体(T)/设置(SE)]
<圆柱体>：T↙
    指定中心点或 [三点(3P)/两点(2P)/切点、切点、半径(T)]：0,-200,0↙
    指定半径或 [直径(D)] <60.0000>：80↙
    指定圆管半径或 [两点(2P)/直径(D)]：16↙
```

完成创建的网格圆环体如图 9-18 所示。

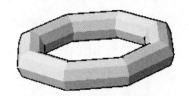

图 9-17　完成创建的网格圆柱体（平滑度为 4）　　　图 9-18　完成创建的网格圆环体

（6）使用同样的方法，分别练习创建网格圆锥体、网格棱锥体、网格球体和网格楔体的操作。

9.3.2　创建旋转网格（REVSURF）

REVSURF 命令（对应的工具为"旋转网格"按钮）用于通过绕轴旋转轮廓来创建网格。生成网格的密度由 SURFTAB1 和 SURFTAB2 系统变量控制，SURFTAB1 和 SURFTAB2 的值越大，生成网格的密度越大，表面也显得越光滑。其中，SURFTAB1 用于指定在旋转方向上绘制的网格线的数目。如果选择了直线、圆弧、圆或样条曲线拟合多段线作为路径曲线，那么SURFTAB2 将指定绘制的网格线数目以进行等分。如果选择了尚未进行样条曲线拟合的多段线

作为路径曲线，那么网格线将绘制在直线段的端点处，并且每个圆弧段都被等分为 SURFTAB2
所指定的段数。

下面以范例形式介绍创建旋转网格的一般方法和步骤。

（1）打开本书配套资源中的"创建旋转网格.dwg"文件，该文件已经存在着两组相同的图
形，如图 9-19 所示。使用"三维建模"工作空间，在功能区"常用"选项卡的"视图"面板的
"三维导航"下拉列表框中选择"东南等轴测"选项。

（2）在命令行中输入 REVSURF 并按 Enter 键，将左侧的多段线绕旋转轴（中心线）旋转
360°，如图 9-20 所示。在选择定义旋转轴的对象时，需要注意其拾取点位置，因为在旋转轴上
所拾取点的位置会影响旋转的正方向，可配合用右手定则判定旋转方向。操作过程如下。

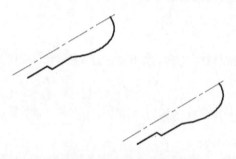
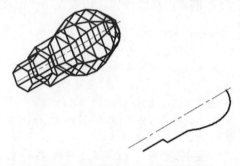

图 9-19　两组相同的图形　　　　　　图 9-20　创建一个旋转网格对象

```
命令：REVSURF↙
当前线框密度：SURFTAB1=6  SURFTAB2=6
选择要旋转的对象：                    //选择要旋转的多段线
选择定义旋转轴的对象：                //选择相应的一条中心线
指定起点角度 <0>:↙
指定夹角（+=逆时针，-=顺时针）<360>: ↙
```

（3）分别将 SURFTAB1 和 SURFTAB2 系统变量设置得大一些。

```
命令：SURFTAB1↙
输入 SURFTAB1 的新值 <6>: 24↙
命令：SURFTAB2↙
输入 SURFTAB2 的新值 <6>: 24↙
```

（4）创建第 2 个旋转网格对象。

```
命令：REVSURF↙
当前线框密度：SURFTAB1=24  SURFTAB2=24
选择要旋转的对象：                    //在另一组图形中选择要旋转的多段线
选择定义旋转轴的对象：                //在如图 9-21 所示的大致位置处单击中心线
指定起点角度 <0>: ↙
指定夹角（+=逆时针，-=顺时针）<360>: 180↙
```

完成创建的第 2 个旋转网格对象如图 9-22 所示。

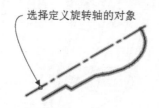

选择定义旋转轴的对象

图 9-21 选择要定义旋转轴的对象

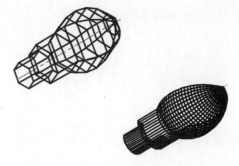

图 9-22 完成创建第 2 个旋转网格对象

9.3.3 创建平移网格（TABSURF）

使用 TABSURF 命令（对应的工具为"平移网格"按钮 ）可以从沿着直线路径扫掠轮廓曲线（直线或曲线）创建网格，如图 9-23 所示（图中 1 为轮廓曲线，2 为方向矢量对象）。其中，轮廓曲线可以是直线、圆弧、圆、椭圆、椭圆弧、二维多段线、三维多段线或样条曲线，系统从轮廓曲线上距离选定点最近的点开始绘制网格；方向矢量对象可以是直线或开放多段线。如果选择的方向矢量对象是开放的多段线，那么系统仅考虑多段线的第一点和最后一点来定义方向矢量，而忽略中间的顶点。方向矢量指出了形状的拉伸方向和长度。

指定的对象　　　　　　　　指定的方向矢量　　　　　　平移网格结果

图 9-23 创建平移网格示例

创建的平移网格是一个"2×n"的多边形网格，其中 n 由 SURFTAB1 系统变量决定。网格的 M 方向始终为 2 并且沿着方向矢量的方向；N 方向沿着轮廓曲线的方向。

创建平移网格的典型步骤如下。

（1）在命令行的"键入命令"提示下输入 TABSURF 命令并按 Enter 键，或者在功能区"网格"选项卡的"图元"面板中单击"平移网格"按钮 。

（2）选择用作轮廓曲线的对象。

（3）选择用作方向矢量的对象。

（4）如果必要，删除原对象。

下面介绍创建平移网格的范例。

（1）打开本书配套资源中的"创建平移网格.dwg"文件，已有图形如图 9-24 所示。

（2）在命令行中执行下列操作。

```
命令：TABSURF✓
当前线框密度：SURFTAB1=6
选择用作轮廓曲线的对象：　　　　　　//选择跑道形图形作为轮廓曲线
选择用作方向矢量的对象：　　　　　　//选择三维多段线用作方向矢量对象
```

完成创建的平移网格如图 9-25 所示。

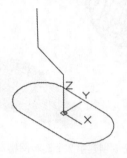

图 9-24　已有图形

图 9-25　创建平移网格

9.3.4　创建直纹网格（RULESURF）

使用 RULESURF 命令（对应的工具为"直纹网格"按钮）可以在两条曲线之间创建直纹网格。在命令行的"键入命令"提示下输入 RULESURF 按 Enter 键，或者在功能区"网格"选项卡的"图元"面板中单击"直纹网格"按钮，接着选择第一条定义曲线，再选择第二条定义曲线，即可完成创建直纹网格。

用于定义直纹网格的两条定义曲线可以是直线、圆弧、样条曲线、圆或多段线。如果有一条定义曲线（边）是闭合的，那么另一条定义曲线（边）也必须是闭合的。可以将点用作开放曲线或闭合曲线的一条边，但只能有一条边可以"浓缩"成一个点。对于开放曲线，在选择定义曲线时需要注意该定义曲线的选择单击位置，因为 AutoCAD 系统将基于曲线选择的位置来构造直纹网格，即网格起始顶点是最靠近用于选择曲线的单击点的每条曲线端点，如图 9-26 所示。对于闭合曲线，则可以不考虑对象的选择位置。

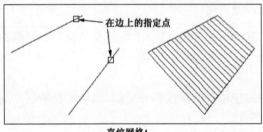

直纹网格1

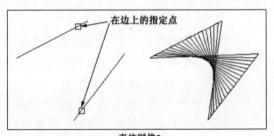

直纹网格2

图 9-26　基于开放曲线上指定点的位置构造直纹网格

在圆和闭合多段线之间创建直纹网格可能会造成乱纹。在这种情况下，使用一个闭合半圆多段线替换圆效果可能会更好。

创建直纹网格的典型范例如下。

（1）打开本书配套资源中的"创建直纹网格.dwg"文件，原始曲线如图 9-27 所示。

（2）在命令行中执行下列操作。

```
命令：RULESURF✓
当前线框密度：SURFTAB1=6
```

| 选择第一条定义曲线： | //在靠近其左端点位置处单击上方的圆弧 |
| 选择第二条定义曲线： | //在靠近其左端点位置处单击下方的半椭圆弧 |

完成创建的直纹网格如图 9-28 所示。

（3）在功能区中切换至"可视化"选项卡，从"视觉样式"面板的"视觉样式"下拉列表框中选择"概念"选项，则直纹网格显示如图 9-29 所示。

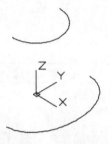

图 9-27　原始曲线　　　　图 9-28　完成创建的直纹网格　　　图 9-29　"概念"显示效果

9.3.5　创建边界网格（EDGESURF）

使用 EDGESURF 命令（对应的工具为"边界网格"按钮 ）可以在 4 条相邻的边或曲线之间创建网格，该网格被形象地称为边界网格，如图 9-30 所示。定义边界网格的边可以是直线、圆弧、样条曲线或开放的多段线，这些边必须在端点处相交以形成一个闭合路径。

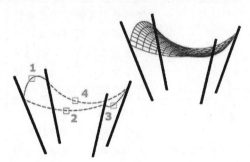

图 9-30　边界网格创建示例

创建边界网格的步骤很简单，即在命令行中输入 EDGESURF 并按 Enter 键，或者在功能区"网格"选项卡的"图元"面板中单击"边界网格"按钮 ，接着可以用任意次序选择 4 条边，其中第一条边（SURFTAB1）决定了生成网格的 M 方向，该方向是从距选择点最近的端点延伸到另一端，与第一条边相接的两条边形成了网格的 N（SURFTAB2）方向的边。

9.4　处理网格对象

在"三维建模"工作空间的功能区"网格"选项卡中，提供了用于处理网格对象的常用工具按钮，如图 9-31 所示，它们的功能介绍如表 9-1 所示。

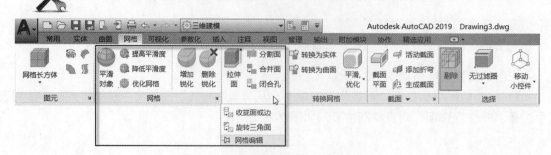

图 9-31　处理网格对象的常用工具按钮

表 9-1　处理网格对象的常用按钮功能

命　　令	按　　钮	名　　称	功 能 用 途	图　　解
MESHSMOOTH		平滑对象	将三维对象（例如多边形网格、曲面和实体）转换为网格对象，以便可以利用三维网格的细节建模功能	
MESHSMOOTHMORE		提高平滑度	将网格对象的平滑度提高一级，平滑处理会增加网格中镶嵌面的数目，从而使对象更加圆滑	
MESHSMOOTHLESS		降低平滑度	将网格对象的平滑度减低一个级别，仅可以减低平滑度为 1 或大于 1 的对象的平滑度，不能减低已优化的对象的平滑度	
MESHREFINE		优化网格	成倍增加选定网格对象或面中的面数，从而提供对精细建模细节的附加控制	
MESHCREASE		增加锐化	锐化选定网格对象的边，锐化可使与选定子对象相邻的网格面和边变形	
MESHUNCREASE		删除锐化	删除选定网格面、边或定点的锐化，即恢复已锐化的边的平滑度	

命　令	按　钮	名　　称	功能用途	图　　解
MESHEXTRUDE		拉伸面	拉伸或延伸网格面，操作中可以指定几个选项以确定拉伸的形状，还可以确定拉伸多个网格面将导致合并的拉伸还是独立的拉伸	
MESHSPLIT		分割面	将一个网格面拆分成两个面；分割面可以将更多定义添加到区域中，而无须优化该区域；可更加精确地控制分割位置	
MESHMERGE		合并面	将相邻面合并为单个面（可以合并两个或多个相邻面以形成单个面）	
MESHCAP		闭合孔	创建用于连接开放边的网格面	
MESHCOLLAPSE		收拢面或边	合并选定网格面或边的顶点，以使周围的网格面的顶点在选定边或面的中心收敛，而周围的面的形状会更改来适应一个或多个顶点的丢失	
MESHSPIN		旋转三角面	旋转合并两个三角形网格面的相邻边，以修改面的形状	

9.5　创建基本三维实体

实体对象用来表示整个对象的体积。在线框、网格、曲面、实体三维建模中，实体的信息最完整，复杂实体比线框、网格和曲面更容易构造和编辑。实体可以显示为线框形式，也可以应用其他视觉样式，如"三维隐藏""真实""概念"等。三维实体具有质量特性，如体积、惯性矩、重心等。

用户需要了解 AutoCAD 中以下的两个系统变量 FACETRES 和 ISOLINES。

☑ FACETRES 系统变量：调整着色和渲染对象以及删除了隐藏线的对象的平滑度。其数据类型为实数，保存位置为图形，有效值范围为 0.01～10.0（包括 0.01 和 10），其默认值为 0.5。当 FACETRES 的值较低时，曲线式几何图形上将显示镶嵌面；当将 FACETRES 的值设置得越高，显示的几何图形就越平滑。3DDWFPREC 在控制发布的三维 DWF 文件精度方面可以替代 FACETRES。

☑ ISOLINES 系统变量：指定显示在三维实体的曲面上的等高线数量，其数据类型为整数，保存位置为图形，有效整数值为 0～2047 的整数值，初始默认值为 4。图 9-32 给出了当 ISOLINES 取不同值时，球实体模型重生成的显示效果（视觉样式为"二维线框"时）。

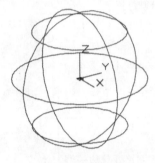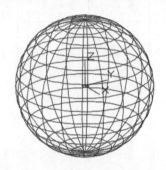

ISOLINES=4   ISOLINES=20

图 9-32　当 ISOLINES 取不同值时

可以创建的基本三维造型实体包括长方体、多段体、楔体、圆锥体、圆柱体、球体、棱锥体和圆环体。下面以典型实例的方式介绍创建这些基本三维实体的方法。

9.5.1　创建实心长方体（BOX）

BOX 命令（对应的工具为"长方体"按钮 ▣）用于创建实心长方体或实心立方体。在创建目标实体的过程中，可以使用 BOX 命令的"立方体"选项创建实心的等边长方体（即实心立方体），可以使用"中心"选项创建使用指定中心点的长方体，在使用"长度"选项或"立方体"选项时可以在 XY 平面内设定长方体的旋转。

创建实心长方体的一个典型范例如下。

```
命令: BOX✓                                    //输入 BOX 并按 Enter 键
指定第一个角点或 [中心(C)]: 0,0,0✓          //指定第一个角点
指定其他角点或 [立方体(C)/长度(L)]: L✓      //选择"长度(L)"选项
指定长度: <正交 开> 100✓   //打开正交模式，使用鼠标指定长度方向往 X 轴正方向，输入长度值
指定宽度: 61.8✓            //使用鼠标指定宽度方向往 Y 轴正方向，输入宽度值
指定高度或 [两点(2P)]: 35✓ //在指定高度方向输入高度值
```

绘制的长方体如图 9-33 所示。如果此时在功能区"常用"选项卡的"视图"面板的"视觉样式"下拉列表框中选择"概念"选项，则长方体的显示效果如图 9-34 所示。

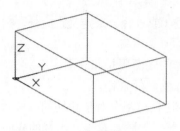

图 9-33 绘制的长方体

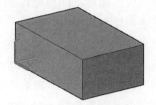

图 9-34 长方体的显示效果

9.5.2 创建实心多段体（POLYSOLID）

POLYSOLID 命令（对应的工具为"多段线"按钮）用于创建具有固定高度和宽度的直线段和曲线段的三维墙状实体。请看以下的多段体绘制实例。

```
命令：POLYSOLID
高度=80.0000，宽度=5.0000，对正=居中
指定起点或 [对象(O)/高度(H)/宽度(W)/对正(J)] <对象>：H↙
指定高度 <80.0000>：50↙
高度=50.0000，宽度=5.0000，对正=居中
指定起点或 [对象(O)/高度(H)/宽度(W)/对正(J)] <对象>：W↙
指定宽度 <5.0000>：4.2↙
高度=50.0000，宽度=4.2000，对正=居中
指定起点或 [对象(O)/高度(H)/宽度(W)/对正(J)] <对象>：J↙
输入对正方式 [左对正(L)/居中(C)/右对正(R)] <居中>：L↙
高度=50.0000，宽度=4.2000，对正=左对齐
指定起点或 [对象(O)/高度(H)/宽度(W)/对正(J)] <对象>：0,0,0↙
指定下一个点或 [圆弧(A)/放弃(U)]：0,50↙
指定下一个点或 [圆弧(A)/放弃(U)]：@30,30↙
指定下一个点或 [圆弧(A)/闭合(C)/放弃(U)]：A↙
指定圆弧的端点或 [闭合(C)/方向(D)/直线(L)/第二个点(S)/放弃(U)]：@100<-30↙
指定下一个点或 [圆弧(A)/闭合(C)/放弃(U)]：指定圆弧的端点或 [闭合(C)/方向(D)/直线(L)/
第二个点(S)/放弃(U)]：↙
```

绘制的多段体实体如图 9-35 所示。

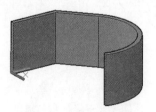

图 9-35 绘制多段体

9.5.3 创建实心圆柱体（CYLINDER）

CYLINDER 命令（对应的工具为"圆柱体"按钮）用于创建三维实心圆柱体。圆柱体需

要定义底面和高度，通常底面可通过指定中心点和半径（或直径）来定义，此外，实心圆柱体底面的定义方式还可以有以下几种。

- ☑ "三点"方式：通过指定 3 个点来定义圆柱体的底面周长和底面。
- ☑ "两点"方式：通过指定两个点来定义圆柱体的底面直径。
- ☑ "切点、切点、半径"方式：定义具有指定半径且与两个对象相切的圆柱体底面。有时会有多个底面符合指定的条件，AutoCAD 系统将绘制具有指定半径的底面且其切点与选定点的距离最近。
- ☑ 椭圆：指定圆柱体的椭圆底面。

请看以下创建圆柱体的操作范例。

```
命令：CYLINDER↙
指定底面的中心点或 [三点(3P)/两点(2P)/切点、切点、半径(T)/椭圆(E)]：0,0,0↙
指定底面半径或 [直径(D)] <50.0000>：30↙
指定高度或 [两点(2P)/轴端点(A)] <35.0000>：80↙
```

绘制的实心圆柱体如图 9-36 所示。

图 9-36　绘制的实心圆柱体

9.5.4　创建实心球体（SPHERE）

SPHERE 命令（对应的工具为"球体"按钮⬭）用于创建三维实心球体，可以通过指定圆心和半径上的点创建球体。创建实心球体的典型范例如下。

```
命令：SPHERE↙
指定中心点或 [三点(3P)/两点(2P)/切点、切点、半径(T)]：0,0,0↙
指定半径或 [直径(D)] <30.0000>：50↙
```

完成绘制的实心球体如图 9-37 所示。

图 9-37　绘制实心球体

9.5.5 创建实心楔体（WEDGE）

WEDGE 命令（对应的工具为"楔体"按钮）用于创建面为矩形或正方形的实心楔体。通常楔体的底面绘制为与当前 UCS 的 XY 平面平行，斜面正对第一个角点，楔体的高度与 Z 轴平行。楔体的创建选项与长方体的创建选项较为相似。

下面介绍创建实心楔体的一个操作范例。

```
命令：WEDGE↙
指定第一个角点或 [中心(C)]：0,0,0↙
指定其他角点或 [立方体(C)/长度(L)]：@95,50↙
指定高度或 [两点(2P)] <80.0000>：32↙
```

绘制的实心楔体如图 9-38 所示。

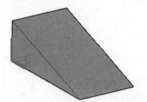

图 9-38 绘制实心楔体

9.5.6 创建实心棱锥体（PYRAMID）

PYRAMID 命令（对应的工具为"棱锥体"按钮）用于创建最多具有 32 个侧面的实心棱锥体，包括倾斜至一个点的棱锥体和从底面倾斜至平面的棱台，如图 9-39 所示。

```
命令：PYRAMID↙
 7 个侧面  外切
指定底面的中心点或 [边(E)/侧面(S)]：S↙
输入侧面数 <7>：8↙
指定底面的中心点或 [边(E)/侧面(S)]：0,0,0↙
指定底面半径或 [内接(I)] <40.0698>：50↙
指定高度或 [两点(2P)/轴端点(A)/顶面半径(T)] <29.8357>：100↙
```

绘制的棱锥体如图 9-40 所示。

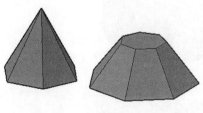

图 9-39 一般棱锥体与棱台

图 9-40 完成创建的棱锥体

9.5.7　创建实心圆锥体（CONE）

CONE 命令（对应的工具为"圆锥体"按钮⚊）用于创建底面为圆形或椭圆的尖头圆锥体（一般圆锥体）或圆台（圆台是特殊的圆锥体），如图 9-41 所示。在默认情况下，圆锥体的底面位于当前 UCS 的 XY 平面上，圆锥体的高度与 Z 轴平行。

绘制实心圆台的一个典型范例如下。

```
命令：CONE✓
指定底面的中心点或 [三点(3P)/两点(2P)/切点、切点、半径(T)/椭圆(E)]：0,0,0✓
指定底面半径或 [直径(D)] <111.1485>：50✓
指定高度或 [两点(2P)/轴端点(A)/顶面半径(T)] <148.5154>：T✓
指定顶面半径 <50.0000>：25✓
指定高度或 [两点(2P)/轴端点(A)] <148.5154>：80✓
```

绘制的实心圆台如图 9-42 所示。

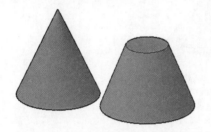

图 9-41　一般圆锥体与圆台

图 9-42　范例完成的实心圆台

9.5.8　创建实心圆环体（TORUS）

TORUS 命令（对应的工具为"圆环体"按钮◎）用于创建类似于轮胎内胎的圆形实体，即可以通过指定圆环体的圆心、半径或直径以及围绕圆环体的圆管的半径或直径创建圆环体。圆环体具有两个半径值：一个半径值定义从圆环体圆心到圆管圆心之间的距离；另一个半径值定义圆管。在默认情况下，圆环体将绘制为与当前 UCS 的 XY 平面平行且被该平面平分。圆环体可以自交，自交的圆环体没有中心孔。圆环体的典型图例如图 9-43 所示。

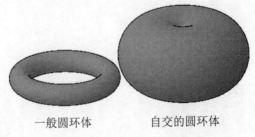

一般圆环体　　　　自交的圆环体

图 9-43　圆环体的典型图例

创建圆环体的典型范例如下。

```
命令: TORUS↙
指定中心点或 [三点(3P)/两点(2P)/切点、切点、半径(T)]: 0,0,0↙
指定半径或 [直径(D)] <90.0000>: 100↙
指定圆管半径或 [两点(2P)/直径(D)] <30.0000>: 28↙
```

范例完成创建的圆环体如图 9-44 所示。

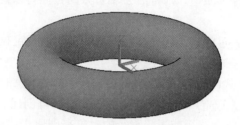

图 9-44 范例完成创建的圆环体

9.6 通过现有直线和曲线创建实体和曲面

在 AutoCAD 中，还可以通过现有的直线和曲线来创建实体和曲面，这些现有的直线和曲线对象定义了实体或曲面的轮廓和路径。

通过现有直线和曲线创建实体和曲面的方法主要有以下 5 种。

☑ 拉伸：使用 EXTRUDE 命令（对应的图标按钮为▉），通过拉伸选定的对象创建实体和曲面。

☑ 旋转：使用 REVOLVE 命令（对应的图标按钮为▉），通过绕轴旋转开放或闭合对象来创建实体或曲面。

☑ 扫掠：使用 SWEEP 命令（对应的图标按钮为▉），通过沿开放或闭合的二维或三维路径扫掠开放或闭合的平面曲线（轮廓）来创建新实体或曲面。

☑ 放样：使用 LOFT 命令（对应的图标按钮为▉），通过对包含两条或两条以上横截面曲线的一组曲线进行放样来创建三维实体或曲面。

☑ 按住并拖动：使用 PRESSPULL 命令（对应的图标按钮为▉），通过按住并拖动有边界区域来创建拉伸和偏移。

9.6.1 拉伸（EXTRUDE）

使用 EXTRUDE 命令（对应的工具为"拉伸"按钮▉）可以通过拉伸二维或三维曲线来创建三维实体或曲面，拉伸既可以在 Z 方向上延伸，也可以被设置为"倾斜角（锥角）"或跟随路径。注意无法拉伸具有相交或自交线段的多段线，也无法拉伸包含在块内的对象。

如果拉伸闭合曲线，则创建实体或曲面；如果拉伸开放曲线，则可以创建曲面。

如果要使用直线或圆弧从轮廓创建实体，可以使用 PEDIT 命令的"合并"选项将它们转换为一个多段线对象，也可以在使用 EXTRUDE 命令前将对象转换为单个面域。

在命令行中输入 EXTRUDE 并按 Enter 键，或者在功能区"实体"选项卡的"实体"面板中单击"拉伸"按钮，接着选择要拉伸的对象并按 Enter 键确认后，AutoCAD 提示以下信息。

指定拉伸的高度或 [方向(D)/路径(P)/倾斜角(T)/表达式(E)]:

此时，可以输入拉伸的高度值。如果输入正值来指定拉伸的高度，则将沿对象所在坐标系的 Z 轴正方向拉伸对象；如果输入负值，则将沿 Z 轴负方向拉伸对象。用户也可以根据需要指定方向、路径或倾斜角。

- ☑ 方向(D)：选择"方向(D)"选项时，将用两个指定点指定拉伸的长度和方向，方向不能与要拉伸的曲线所在的平面平行。
- ☑ 路径(P)：选择"路径(P)"选项时，将指定基于选定对象的拉伸路径，路径将移动到轮廓的质心，然后沿着选定路径拉伸选定对象的轮廓以创建实体或曲面。也就是可以通过指定要作为拉伸的轮廓路径或形状路径的对象来创建实体或曲面，拉伸对象始于轮廓所在的平面，止于在路径端点处与路径垂直的平面。为了要获得最佳结果，建议使用对象捕捉确保路径位于被选定对象的边界上或边界内。拉伸与扫掠不同，沿着路径拉伸轮廓时，轮廓会按照路径的形状进行拉伸，即使路径与轮廓不相交。
- ☑ 倾斜角(T)：选择"倾斜角(T)"选项，指定拉伸的倾斜角。正的倾斜角度表示从基准对象逐渐变细地拉伸，而负的倾斜角度则表示从基准对象逐渐变粗地拉伸。倾斜拉伸常用在侧面形成一定角度的零件中，例如铸造车间用来制造金属产品的铸模。设计人员要避免使用过大的倾斜角度，因为如果角度过大，轮廓可能在达到所指定高度以前就倾斜为一个点。
- ☑ 表达式(E)：选择"表达式(E)"选项，则输入表达式来驱动完成拉伸实体。

下面先介绍创建拉伸实体的一个操作范例。

（1）在快速访问工具栏中单击"新建"按钮，弹出"选择样板"对话框，选择 acadiso3D 图形样板，单击"打开"按钮。

（2）使用的工作空间是"三维建模"工作空间，在功能区"常用"选项卡的"绘图"面板中单击"多边形"按钮，根据命令行提示进行以下操作来绘制一个正六边形。

```
命令: _polygon
输入侧面数 <4>: 6↙
指定正多边形的中心点或 [边(E)]: 0,0,0↙
输入选项 [内接于圆(I)/外切于圆(C)] <I>: C↙
指定圆的半径: 50↙
```

绘制的正六边形如图 9-45 所示。

（3）执行 EXTRUDE 命令创建拉伸实体。

```
命令: EXTRUDE↙
当前线框密度: ISOLINES=4，闭合轮廓创建模式=实体
选择要拉伸的对象或 [模式(MO)]: 找到 1 个              //选择正六边形
选择要拉伸的对象或 [模式(MO)]: ↙
指定拉伸的高度或 [方向(D)/路径(P)/倾斜角(T)/表达式(E)] <100.0000>: 35↙
```

创建的拉伸实体如图 9-46 所示（为了观察三维实体视觉效果，可以在功能区"常用"选项卡的"视图"面板的"视觉样式"下拉列表框中选择"概念"选项）。

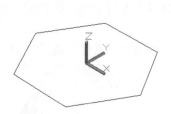

图 9-45 绘制正六边形

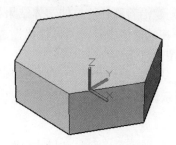

图 9-46 创建拉伸实体

📢 **知识点拨**：如果在本例中希望创建的拉伸实体各侧面具有 10° 的倾斜角，效果如图 9-47 所示，那么可以按照以下步骤进行。

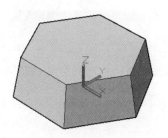

图 9-47 有倾斜角的拉伸实体

```
命令：EXTRUDE✓
当前线框密度：ISOLINES=4，闭合轮廓创建模式=实体
选择要拉伸的对象或 [模式(MO)]：找到 1 个                    //选择正六边形
选择要拉伸的对象或 [模式(MO)]：✓
指定拉伸的高度或 [方向(D)/路径(P)/倾斜角(T)/表达式(E)] <35.0000>：T✓
指定拉伸的倾斜角度或 [表达式(E)] <0>：10✓
指定拉伸的高度或 [方向(D)/路径(P)/倾斜角(T)/表达式(E)] <35.0000>：35✓
```

下面再介绍沿路径拉伸对象的一个操作范例。

（1）打开本书配套资源中的"创建拉伸实体 2.dwg"图形文件，该文件中存在着如图 9-48 所示的图形（以"东南等轴测"三维导航样式显示）。

（2）在功能区"实体"选项卡的"实体"面板中单击"拉伸"按钮██，根据命令行提示进行如下操作。

```
命令：_extrude
当前线框密度：ISOLINES=4，闭合轮廓创建模式=实体
选择要拉伸的对象或 [模式(MO)]：_MO 闭合轮廓创建模式 [实体(SO)/曲面(SU)] <实体>：_SO
选择要拉伸的对象或 [模式(MO)]：找到 1 个            //选择小圆
选择要拉伸的对象或 [模式(MO)]：✓                    //按 Enter 键
指定拉伸的高度或 [方向(D)/路径(P)/倾斜角(T)/表达式(E)] <35.0000>：P✓   //选择"路径(P)"
```

选项

选择拉伸路径或 [倾斜角(T)]:	//选择开放曲线作为拉伸路径

完成创建沿着路径的拉伸实体结果如图 9-49 所示。

（3）在功能区中打开"可视化"选项卡，从"视觉样式"面板中单击"消隐"按钮🔳，消隐结果如图 9-50 所示。

（4）从"视觉样式"面板的"视觉样式"下拉列表框中选择"灰度"选项，则显示效果如图 9-51 所示。

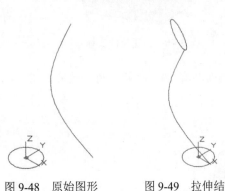

图 9-48　原始图形　　　图 9-49　拉伸结果　　　图 9-50　消隐结果　　图 9-51　应用"灰度"视觉样式

9.6.2　旋转（REVOLVE）

使用 REVOLVE 命令（对应的工具为"旋转"按钮🔳）可以通过绕轴旋转曲线来创建三维对象。旋转路径和轮廓曲线可以是开放的或闭合的，可以是平面或非平面，可以是实体边或曲面边，可以是单个对象或单个面域。开放轮廓可以创建曲面，闭合轮廓可以创建实体或曲面。对于闭合轮廓，用户可以使用 REVOLVE 命令的"模式"选项控制旋转是创建实体还是曲面。

不能旋转包含在块中的对象或将要自交的对象。对于多段线，REVOLVE 命令将会忽略该多段线的宽度，并从多段线路径的中心处开始旋转。要判断旋转的正方向，可以使用右手定则。

绕轴旋转对象以创建实体的步骤如下。

（1）在命令行中输入 REVOLVE 并按 Enter 键，或者在功能区"实体"选项卡的"实体"面板中单击"旋转"按钮🔳。

（2）选择要旋转的闭合对象，按 Enter 键结束对象选择。如果在"选择要旋转的对象或 [模式(MO)]:"提示下选择"模式(MO)"选项，则可以从"闭合轮廓创建模式 [实体(SO)/曲面(SU)] <实体>:"提示中指定闭合轮廓创建模式，这里确保闭合轮廓创建模式为实体。

（3）要设置旋转轴，可以执行以下各项操作之一。

☑　指定起点和端点。分别指定两点以设定轴方向。轴点必须位于旋转对象的一侧，轴的正方向为从起点延伸到端点的方向。

☑　通过选择 X、Y 和 Z 选项之一来定义轴。

☑　选择"对象(O)"选项，接着选择直线、多段线线段的线性边、曲面或实体的线性边定义旋转轴。

（4）输入旋转角度，或者按 Enter 键以接受初始默认的旋转角度为 360°。

扫码看视频

创建旋转实体

　　下面介绍创建旋转实体的一个操作范例。

　　（1）新建一个图形文件，使用"直线"命令在图形区域绘制如图 9-52 所示的二维图形。用户也可以打开本书配套资源中的"绘制旋转实体.dwg"文件，该文件已经完成所需的二维图形。

　　（2）由这些形成环的直线对象生成面域。

> 命令：REGION↙　　　　　　　　　　　　//在命令行中输入 REGION 命令并按 Enter 键
> 选择对象：指定对角点：找到 10 个　　　//选择如图 9-53 所示的位于矩形选择框内的全部图形
> 选择对象：↙　　　　　　　　　　　　//按 Enter 键
> 已提取 1 个环。
> 已创建 1 个面域。

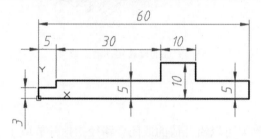

图 9-52　绘制二维图形

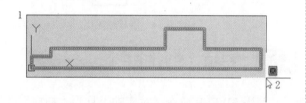

图 9-53　框选全部的图形对象来生成一个面域

　　📢 **知识点拨：** 用户也可以使用 PEDIT 命令将这些首尾相连的直线对象转换为一条封闭的多段线，具体的操作步骤如下。

> 命令：PEDIT↙　　　　　　　　　　　　//在命令行中输入 PEDIT 命令并按 Enter 键
> 选择多段线或 [多条(M)]：M↙
> 选择对象：指定对角点：找到 10 个　　　//以窗口选择方式选择全部的直线图形对象
> 选择对象：↙
> 是否将直线、圆弧和样条曲线转换为多段线？ [是(Y)/否(N)]？<Y> Y↙
> 输入选项 [闭合(C)/打开(O)/合并(J)/宽度(W)/拟合(F)/样条曲线(S)/非曲线化(D)/线型生
> 成(L)/反转(R)/放弃(U)]：J↙
> 合并类型=延伸
> 输入模糊距离或 [合并类型(J)] <0.0000>：↙
> 多段线已增加 9 条线段
> 输入选项 [闭合(C)/打开(O)/合并(J)/宽度(W)/拟合(F)/样条曲线(S)/非曲线化(D)/线型生
> 成(L)/反转(R)/放弃(U)]：↙

　　（3）在功能区"实体"选项卡的"实体"面板中单击"旋转"按钮🔄，接着根据命令行提示执行如下操作。

> 命令：_revolve
> 当前线框密度：ISOLINES=4，闭合轮廓创建模式=实体
> 选择要旋转的对象或 [模式(MO)]：_MO 闭合轮廓创建模式 [实体(SO)/曲面(SU)] <实体>：_SO
> 选择要旋转的对象或 [模式(MO)]：找到 1 个　　　//选择生成的面域对象或多段线对象
> 选择要旋转的对象或 [模式(MO)]：↙
> 指定轴起点或根据以下选项之一定义轴 [对象(O)/X/Y/Z] <对象>：X↙
> 指定旋转角度或 [起点角度(ST)/反转(R)/表达式(EX)] <360>：↙

生成的旋转实体如图 9-54 所示（默认以"二维线框"视觉样式显示）。

（4）在功能区"可视化"选项卡的"命名视图"面板中选择"东南等轴测"选项。

（5）在功能区"可视化"选项卡的"视觉样式"面板中单击"消隐"按钮🖢，则实体消隐效果如图 9-55 所示。

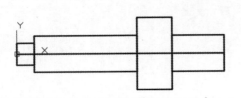
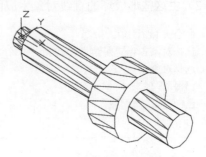

图 9-54　旋转结果　　　　　　　　图 9-55　完成的旋转实体消隐效果

9.6.3　扫掠（SWEEP）

使用 SWEEP 命令（对应的工具为"扫掠"按钮🗔）可以沿开放的或闭合路径扫掠开放或闭合的平面曲线或非平面曲线（轮廓）来创建实体或曲面。如果曲线是开放的，那么将创建曲面；如果曲线是闭合的，那么将创建实体或曲面（具体取决于指定的模式）。可以执行一次 SWEEP 命令沿路径扫掠多个轮廓对象。

在创建扫掠实体的过程中，如果需要可以指定以下选项之一。

☑　对齐(A)：用于指定是否对齐轮廓以使其作为扫掠路径切向的法向。如果轮廓与扫掠路径不在同一平面上，则指定轮廓与扫掠路径对齐的方式。

☑　基点(B)：在轮廓上指定基点，以便沿路径进行扫掠。

☑　比例(S)：指定比例因子以进行扫掠操作，即指定从开始扫掠到结束扫掠将更改对象大小的值。输入数学表达式可以约束对象缩放。调整比例因子的扫掠操作示例如图 9-56 所示。

（a）轮廓与路径曲线　　　　　　　　（b）扫掠结果（比例因子为2）

图 9-56　调整比例因子的扫掠操作示例

☑　扭曲(T)：通过输入扭曲角度，扭曲角度指定沿扫掠路径全部长度的旋转量，输入数学表达式可以约束对象的扭曲角度。在如图 9-57 所示的两个示例中，一个扭曲角度为 180°，另一个扭曲角度为 360°，注意它们之间的形状变化情况。

在扫掠轮廓后，使用"特性"选项板可以指定轮廓的这些特性：轮廓旋转、沿路径缩放、沿路径扭曲、倾斜（自然旋转）等。

下面介绍创建扫掠实体的一个典型范例，该范例使用"扫掠"命令创建弹簧模型。

（a）扭曲角度为 180°时　　　　　（b）扭曲角度为 360°时

图 9-57　调整比例因子的扫掠操作示例

（1）打开本书配套资源中的"创建扫掠实体-弹簧.dwg"文件，在该文件中存在着如图 9-58 所示的圆和螺旋线。从功能区"常用"选项卡的"视图"面板的"视觉样式"下拉列表框中选择"灰度"选项。

（2）在命令行中执行以下操作。

```
命令: SWEEP↙
当前线框密度: ISOLINES=4，闭合轮廓创建模式=实体
选择要扫掠的对象或 [模式(MO)]: 找到 1 个                    //选择小圆作为要扫掠的对象
选择要扫掠的对象或 [模式(MO)]: ↙
选择扫掠路径或 [对齐(A)/基点(B)/比例(S)/扭曲(T)]: A↙
扫掠前对齐垂直于路径的扫掠对象 [是(Y)/否(N)] <是>: Y↙
选择扫掠路径或 [对齐(A)/基点(B)/比例(S)/扭曲(T)]:         //选择螺旋线作为扫掠路径
```

完成创建的扫掠实体如图 9-59 所示。

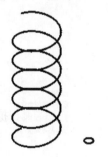　　　　　　

图 9-58　小圆和螺旋线　　　　　图 9-59　完成创建的扫掠实体（弹簧）

9.6.4　放样（LOFT）

LOFT 命令（对应的工具为"放样"按钮）用于在若干横截面之间的空间中创建三维实体或曲面，横截面定义了结果实体或曲面的形状，横截面至少为两个。放样横截面可以是开放的，也可以是闭合的，还可以是边子对象。开放的横截面创建曲面，闭合的横截面创建实体或曲面（具体取决于指定的模式）。

在执行 LOFT 命令的过程中，按放样次序选择横截面后，AutoCAD 会出现"输入选项 [导向(G)/路径(P)/仅横截面(C)/设置(S)] <仅横截面>:"提示信息，在该提示信息中各选项的功能含义如下。

☑　导向(G)：该选项主要用于指定控制放样实体或曲面形状的导向曲线。所述的导向曲线是直线或曲线。可以使用导向曲线来控制点如何匹配相应的横截面以防止出现不希望看

到的效果（例如结果实体或曲面中的皱褶）。可以为放样曲面或实体选择任意数量的导向曲线。以导向曲线连接横截面的放样实例，如图9-60所示。

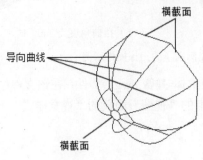
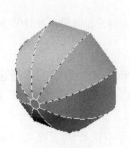

（a）以导向曲线连接的横截面　　　　　（b）放样实体

图9-60　放样示例

要注意的是，每条导向曲线要满足这些条件：① 与每个横截面相交；② 始于第一个横截面；③ 止于最后一个横截面。

- ☑ 路径(P)：该选项用于指定放样实体或曲面的单一路径。路径曲线必须与横截面的所有平面相交。以路径曲线连接的横截面的放样实例如图9-61示。
- ☑ 仅横截面(C)：在不使用导向或路径的情况下创建放样对象。
- ☑ 设置(S)：选择该选项时，系统弹出如图9-62所示的"放样设置"对话框，从中可以设置横截面上的曲面控制选项。

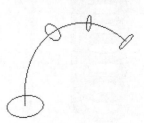

（a）带有路径曲线的横截面

（b）放样实体

图9-61　放样示例

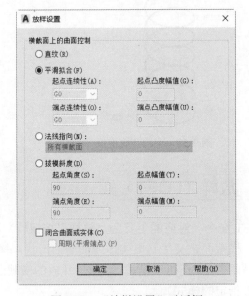

图9-62　"放样设置"对话框

创建放样实体的典型范例如下。

（1）打开本书配套资源中的"放样.dwg"文件，该文件中存在着如图9-63所示的3个横截面。

（2）在功能区"实体"选项卡的"实体"面板中单击"放样"按钮，接着根据命令行提示下进行如下操作。

```
命令: _loft
当前线框密度: ISOLINES=4,闭合轮廓创建模式=实体
按放样次序选择横截面或 [点(PO)/合并多条边(J)/模式(MO)]: _MO 闭合轮廓创建模式 [实体(SO)/
曲面(SU)] <实体>: _SO
    按放样次序选择横截面或 [点(PO)/合并多条边(J)/模式(MO)]: 找到 1 个
                                            //选择1,如图9-64所示
    按放样次序选择横截面或 [点(PO)/合并多条边(J)/模式(MO)]: 找到 1 个,总计 2 个
                                            //选择2,如图9-64所示
    按放样次序选择横截面或 [点(PO)/合并多条边(J)/模式(MO)]: 找到 1 个,总计 3 个
                                            //选择3,如图9-64所示
    按放样次序选择横截面或 [点(PO)/合并多条边(J)/模式(MO)]: ✓
    选中了 3 个横截面
    输入选项 [导向(G)/路径(P)/仅横截面(C)/设置(S)] <仅横截面>: S✓
                                            //弹出"放样设置"对话框
```

图 9-63　存在的横截面

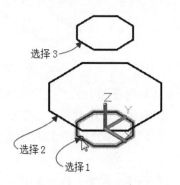

图 9-64　选择横截面

（3）在"放样设置"对话框中设置如图 9-65 所示的选项，单击"确定"按钮，完成创建的放样实体如图 9-66 所示（以"灰度"视觉样式显示）。

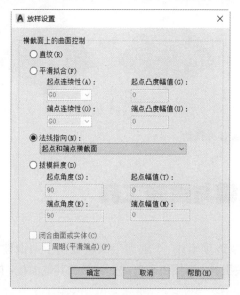

图 9-65　"放样设置"对话框

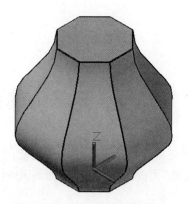

图 9-66　完成创建的放样实体

9.6.5　按住并拖动（PRESSPULL）

使用 PRESSPULL 命令或单击"按住并拖动"按钮 ▣，可以通过拉伸和偏移动态修改实体对象，典型示例如图 9-67 所示，在此典型示例中，可以拉伸两个多段线间的区域以创建三维实体墙。在选择二维对象以及由闭合边界或三维实体面形成的区域后，在移动光标时可获取视觉反馈。按住并拖动行为响应所选择的对象类型以创建拉伸和偏移。该命令会自动重复，直到按 Esc 键、Enter 键或空格键。

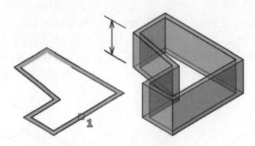

图 9-67　按住并拖动的操作示例

这里结合本书配套资源中的"按住并拖动.dwg"练习文件来辅助介绍"按住并拖动"工具命令的使用方法。切换到"三维建模"工作空间，从功能区"实体"选项卡的"实体"面板中单击"按住并拖动"按钮 ▣，此时命令行提示选择对象或边界区域。此时如果直接选择面可拉伸面，则不影响相邻面，如图 9-68（a）所示，并可以通过移动光标或输入距离指定拉伸高度。如果在"选择对象或边界区域"提示下按住 Ctrl 键的同时单击选择面，那么该面将发生偏移，而且更改也会影响相邻面，可通过移动光标或输入距离指定偏移，如图 9-68（b）所示。另外要注意可以在操作过程中设置指定要进行多个选择。

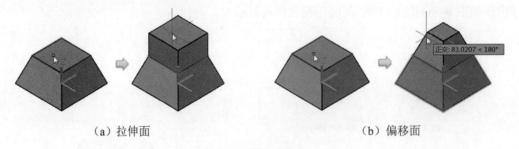

（a）拉伸面　　　　　　　　　　　　　　　　（b）偏移面

图 9-68　按住并拖动

9.7　曲面建模与编辑工具

在"三维建模"工作空间的功能区"曲面"选项卡中，"创建"面板提供了曲面建模工具，以及"编辑"面板提供了用于曲面编辑操作的相关工具，当然还有与曲面建模的其他面板，如图 9-69 所示。

图 9-69　功能区"曲面"选项卡(使用"三维建模"工作空间)

表 9-2 列出了曲面建模和编辑的一些常用工具命令。

表 9-2　曲面建模和编辑的常用工具及其简易图解

序号	命令	按钮	功能含义	操作简易图解或备注
1	拉伸 EXTRUDE		通过拉伸二维或三维曲线来创建三维曲面	
2	旋转 REVOLVE		通过绕轴扫掠二维或三维曲线(包括对象边)来创建三维曲面	
3	扫掠 SWEEP		通过沿路径扫掠二维或三维曲线来创建三维曲面,扫掠对象会自动与路径对象对齐	
4	放样 LOFT		在数个横截面之间的空间中创建三维曲面	
5	平面曲面 PLANESURF		创建平面曲面:可通过选择关闭的对象或指定矩形表面的对角点创建平面曲面	
6	网格曲面 SURFNETWORK		在 U 方向和 V 方向(包括曲面和实体边子对象)的几条曲线之间的空间中创建曲面	
7	过渡 SURFBLEND		在两个现有曲面之间创建连续的过渡曲面	
8	修补 SURFPATCH		通过在形成闭环的曲面边上拟合一个封口来创建新曲面	

续表

序号	命令	按钮	功能含义	操作简易图解或备注
9	偏移 SURFOFFSET		创建与原始曲面相距指定距离的平行曲面	
10	圆角 SURFFILLET		在两个其他曲面之间创建圆角曲面	
11	曲面修剪 SURFTRIM		修剪与其他曲面或其他类型的几何图形相交的曲面部分	
12	取消曲面修剪 SURFUNTRIM		替换由 SURFTRIM 命令删除的曲面区域	
13	曲面延伸 SURFEXTEND		按指定的距离拉长曲面；可以将延伸曲面合并为原始曲面的一部分，也可以将其附加为与原始曲面相邻的第二个曲面	
14	曲面造型 SURFSCULPT		修剪并合并限制无间隙区域的边界以创建实体的曲面；被曲面封闭的区域必须无间隙且曲面必须具有 G0 连续性，否则该命令无法完成	
15	曲面关联性 SURFACEASSOCIATIVITY		控制曲面是否保留与从中创建了曲面的对象的关系，数据类型为整数，保存位置为图形，初始值为 1，单击该按钮可将其值在 0 和 1 之间循环切换	将其值设置为 1 时，曲面创建后具有与其他曲面的关联性；将其值设置为 0 时，曲面创建后不具有与其他曲面的关联性
16	NURBS 创建 SURFACEMODELINGMODE		控制是将曲面创建为程序曲面还是 NURBS 曲面，数据类型为参数，初始值为 0，单击该按钮可将其值在 0 和 1 之间循环切换	将其值设置为 0 时，创建曲面时创建程序曲面；将其值设置为 1 时，创建曲面时创建 NURBS 曲面

9.8　思考与练习

（1）如何理解三维坐标系？

（2）如何在三维空间中绘制样条曲线？

（3）三维多段线与二维多段线有什么异同之处？

（4）三维网格单元主要有哪些？

（5）基本的三维实体有哪些？

（6）什么是放样？请举例进行说明。

（7）使用 PRESSPULL 命令（"按住并拖动"按钮）需要注意哪些操作技巧？

（8）上机操作：新建一个 DWG 格式的文档，自行绘制一条螺旋线，以及一个小圆，然后将小圆沿着螺旋线扫掠生成弹簧实体模型。

第 10 章　三维实体操作与编辑

本 章 导 读

　　仅掌握绘制简单的三维网格、曲面或实体是远远不够的，还需要掌握三维实体操作与编辑的相关功能，这样才能实现绘制复杂的三维实体模型。

　　本章重点讲解三维实体操作与编辑的相关功能命令。

10.1　三维实体的布尔运算

　　复杂的三维实体，通常不能一次生成，可以将复杂的三维实体看作是由若干相对简单的基本实体组合而成的。对若干相对简单的实体进行布尔运算等编辑操作，使其组合成复杂的实体模型。AutoCAD 的布尔运算主要包括并集、交集和差集运算。

10.1.1　并集运算（UNION）

　　通过并集运算，可以选择两个或多个相同类型的对象进行合并，即可以将两个或两个以上实体（或面域）合并成为一个复合对象。得到的复合实体包括所有选定实体所封闭的空间；得到的复合面域包括子集中所有面域所封闭的面积。

　　通过并集运算组合实体的典型步骤简述如下。

　　（1）在命令行的"键入命令"提示下输入 UNION 按 Enter 键，或者单击"并集"按钮 ■。

　　（2）选择要组合的对象。

　　（3）按 Enter 键。

　　并集运算的操作实例如下。

　　（1）打开本书配套资源中的"并集运算.dwg"文件。该文件中存在着两个实体模型，如图 10-1 所示。

　　（2）单击"并集"按钮 ■，接着根据命令行提示执行以下操作。

```
命令：_union
选择对象：找到 1 个                      //选择扁平的长方体
选择对象：找到 1 个，总计 2 个            //选择另一个实体对象
选择对象：✓                            //按 Enter 键
```

并集运算后的组合体如图 10-2 所示，注意并集运算前后相关轮廓线的显示变化情况。此时，如果单击实体模型的话，发现之前两个单独的实体变成一个单独的实体

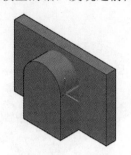

图 10-1　原始的两个独立实体

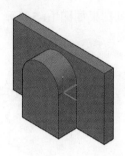

图 10-2　并集运算后的组合体

10.1.2　差集运算（SUBTRACT）

通过差集运算，可以从一组实体中删除与另一组实体的公共区域。例如，可以通过差集运算从对象中减去圆柱体，从而构建出机械零件中的孔结构。差集运算的典型示例如图 10-3 所示，该示例展示了从实体 1 中减去实体 2 与之相交的实体部分。

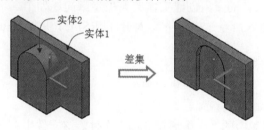

图 10-3　差集运算

通过差集运算来从一组实体中减去另一组实体的典型步骤如下。

（1）在命令行的"键入命令"提示下输入 SUBTRACT 并按 Enter 键，或者单击"差集"按钮 。

（2）选择要从中减去对象的一组实体对象，按 Enter 键。

（3）选择要减去的一组对象，按 Enter 键。

差集运算的操作范例如下。

（1）打开本书配套资源中的"差集运算.dwg"文件，存在着独立的实体模型如图 10-4 所示。

（2）单击"差集"按钮 ，接着根据命令行提示执行以下操作。

```
命令: _subtract
选择要从中减去的实体、曲面和面域...
选择对象: 找到 1 个                    //选择实体 1
选择对象: ✓                           //按 Enter 键
选择要减去的实体、曲面和面域...
选择对象: 找到 1 个                    //选择实体 2
选择对象: 找到 1 个，总计 2 个         //选择实体 3
选择对象: 找到 1 个，总计 3 个         //选择实体 4
```

选择对象：找到 1 个，总计 4 个	//选择实体 5
选择对象：✓	//按 Enter 键

差集运算的结果如图 10-5 所示。

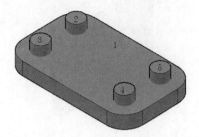

图 10-4　原始实体模型

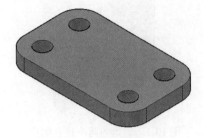

图 10-5　差集运算的结果

10.1.3　交集运算（INTERSECT）

通过交集运算可以从两个或两个以上重叠实体的公共部分创建复合实体，而将非重叠部分删除。另外，使用交集运算也可以从两个或多个面域的交集中创建复合面域，而删除交集外的区域。

利用两个或两个以上实体的交集创建实体的典型步骤简述如下。

（1）在命令行的"键入命令"提示下输入 INTERSECT 并按 Enter 键，或者单击"交集"按钮 。

（2）选择要相交的对象。

（3）按 Enter 键。

交集运算的典型范例如下。

（1）打开本书配套资源中的"交集运算.dwg"文件。该文件中存在着两个独立的实体模型，如图 10-6 所示（以"东南等轴测"三维导航和"灰度"视觉样式显示）。

（2）单击"交集"按钮 ，接着根据命令行提示进行如下操作。

命令：_intersect	
选择对象：找到 1 个	//选择实体 1
选择对象：找到 1 个，总计 2 个	//选择实体 2
选择对象：✓	//按 Enter 键

交集运算的结果如图 10-7 所示。

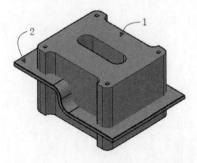

图 10-6　要"求交"的两个实体模型

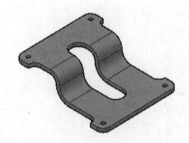

图 10-7　交集运算的结果

10.2 实 体 编 辑

切换至"三维建模"工作空间，在功能区"实体"选项卡的"实体编辑"面板以及在"常用"选项卡的"实体编辑"面板中均提供了一些实体编辑工具命令，下面将这些实体编辑工具命令收集到表 10-1 中，以备用户查阅。

表 10-1 实体编辑的一些工具命令

命 令	按 钮	功 能 含 义
压印（IMPRINT）		压印三维实体或曲面上的二维几何图形，从而在平面上创建其他边
圆角边（FILLETEDGE）		为实体对象的边建立圆角
倒角边（CHAMFEREDGE）		为三维实体边和曲面边建立倒角
着色边（SOLIDEDIT）		更改三维实体上选定边的颜色
复制边（SOLIDEDIT）		将三维实体上的选定边复制为三维圆弧、圆、椭圆、直线或样条曲线
提取边（XEDGES）		从三维实体、曲面、网格、面域或子对象的边创建线框几何图形
拉伸面（SOLIDEDIT）		按指定的距离或沿某条路径拉伸三维实体的选定平面
移动面（SOLIDEDIT）		将三维实体上的面在指定方向上移动指定的距离
偏移面（SOLIDEDIT）		按指定的距离偏移三维实体的选定面，从而更改其形状
删除面（SOLIDEDIT）		删除三维实体上的面，包括圆角和倒角
旋转面（SOLIDEDIT）		绕指定的轴旋转三维实体上的选定面
倾斜面（SOLIDEDIT）		按指定的角度倾斜三维实体上的面
着色面（SOLIDEDIT）		更改三维实体上选定面的颜色，可用于亮显复杂三维实体模型内的细节
复制面（SOLIDEDIT）		复制三维实体上的面，从而生成面域或实体
清除（SOLIDEDIT）		删除三维实体上所有冗余的边和顶点
分割（SOLIDEDIT）		将具有多个不连续部分的三维实体对象分割为独立的三维实体
抽壳（SOLIDEDIT）		将三维实体转换为中空壳体，其壁具有指定的厚度
检查（SOLIDEDIT）		检查三维实体中的几何数据
剖切（SLICE）		通过剖切或分割现有对象，创建新的三维实体和曲面
加厚（THICKEN）		以指定的厚度将曲面转换为三维实体
干涉（INTERFERE）		通过两组选定三维实体之间的干涉创建临时三维实体
转换为实体（CONVTOSOLID）		将具有一定厚度的三维网格、多段线和圆转换为三维实体
转换为曲面（CONVTOSURFACE）		将对象转换为三维曲面

从该表中可以看出使用 SOLIDEDIT 命令可以访问很多实体编辑工具按钮的功能，也就是说，很多实体编辑工具按钮对应 SOLIDEDIT 命令的相应选项。

```
命令：SOLIDEDIT✓
实体编辑自动检查：SOLIDCHECK=1
输入实体编辑选项 [面(F)/边(E)/体(B)/放弃(U)/退出(X)] <退出>：
```

此时，选择"面(F)"选项时，显示"输入面编辑选项 [拉伸(E)/移动(M)/旋转(R)/偏移(O)/倾斜(T)/删除(D)/复制(C)/颜色(L)/材质(A)/放弃(U)/退出(X)] <退出>："提示信息；选择"边(E)"选项时，显示"输入边编辑选项 [复制(C)/着色(L)/放弃(U)/退出(X)] <退出>："提示信息；选择"体(B)"选项时，显示"输入体编辑选项 [压印(I)/分割实体(P)/抽壳(S)/清除(L)/检查(C)/放弃(U)/退出(X)] <退出>："提示信息。

本节将介绍其中一些常用的实体编辑工具命令的应用。

10.2.1 倒角边（CHAMFEREDGE）

在三维机械零件中，经常需要设计倒角结构。

创建倒角边的操作较为简单，请看下面的操作范例。

（1）打开本书配套资源中的"倒角边.dwg"文件，文件中已有的实体如图 10-8 所示。

（2）确保切换到"三维建模"工作空间，在功能区"实体"选项卡的"实体编辑"面板中单击"倒角边"按钮，接着根据命令行提示进行如下操作。

```
命令：_CHAMFEREDGE 距离 1=1.5000, 距离 2=1.5000
选择一条边或 [环(L)/距离(D)]: D✓
指定距离 1 或 [表达式(E)] <1.5000>: 6✓
指定距离 2 或 [表达式(E)] <1.5000>: 6✓
选择一条边或 [环(L)/距离(D)]:              //选择如图 10-9 所示的一条边
选择同一个面上的其他边或 [环(L)/距离(D)]: ✓
按 Enter 键接受倒角或 [距离(D)]: ✓
```

完成倒角边操作的实体模型如图 10-10 所示。读者可以继续在该实例模型中练习创建多个倒角边。

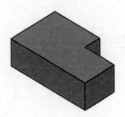

图 10-8　原始实体模型

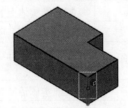

图 10-9　选择边

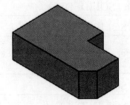

图 10-10　完成倒角边

10.2.2 圆角边（FILLETEDGE）

对三维实体的棱边进行倒圆角操作，其方法也较为简单，根据命令行提示进行相关的操作即可。下面结合操作实例来介绍如何在三维实体中添加圆角。

在功能区"实体"选项卡的"实体编辑"面板中单击"圆角边"按钮，接着根据命令行提示进行如下操作。

```
命令：_FILLETEDGE
半径=1.0000
选择边或 [链(C)/环(L)/半径(R)]：R↙
输入圆角半径或 [表达式(E)] <1.0000>：10↙
选择边或 [链(C)/环(L)/半径(R)]：              //选择如图 10-11 所示的要倒圆角的边
选择边或 [链(C)/环(L)/半径(R)]：↙
已选定 1 个边用于圆角。
按 Enter 键接受圆角或 [半径(R)]：↙
```

完成该圆角边的模型效果如图 10-12 所示。

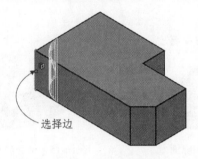

图 10-11　单击边线

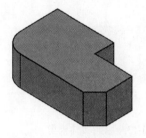

图 10-12　完成圆角边的模型

知识点拨： 在创建圆角边的过程中会出现"选择边或 [链(C)/环(L)/半径(R)]："提示信息，它们的功能含义如下。

☑ 选择边：指定同一实体上要进行圆角的一个或多个边。按 Enter 键后，可以拖曳圆角夹点来指定半径，也可以使用"半径"选项。

☑ 链(C)：指定多条边的边相切。

☑ 环(L)：在实体的面上指定边的环。对于任何边，有两种可能的循环，选择循环边后，系统将提示用户接受当前选择，或选择下一个循环。

☑ 半径(R)：指定半径值。

10.2.3　抽壳（SOLIDEDIT）

抽壳是指将三维实体转换为中空壳体，其壁具有设定的厚度。可以为所有面指定一个固定的薄壁厚度，并可以指定哪些面排除在壳外。在指定抽壳偏移距离时，若指定正值则从圆周外开始抽壳，若指定负值则从圆周内开始抽壳。

下面通过一个抽壳操作实例介绍如何对实体进行抽壳处理。

（1）打开本书配套资源中的"抽壳.dwg"文件。该文件中存在的实体模型如图 10-13 所示。

（2）在功能区"实体"选项卡的"实体编辑"面板中单击"抽壳"按钮，接着根据命令行提示进行以下操作。

```
命令：_solidedit
实体编辑自动检查：SOLIDCHECK=1
输入实体编辑选项 [面(F)/边(E)/体(B)/放弃(U)/退出(X)] <退出>：_body
输入体编辑选项 [压印(I)/分割实体(P)/抽壳(S)/清除(L)/检查(C)/放弃(U)/退出(X)] <退出>：
_shell
```

```
选择三维实体：                                           //单击已有的三维实体
删除面或 [放弃(U)/添加(A)/全部(ALL)]：找到一个面，已删除 1 个。  //指定如图 10-14 所示的面
删除面或 [放弃(U)/添加(A)/全部(ALL)]：✓
输入抽壳偏移距离：3✓
已开始实体校验。
已完成实体校验。
输入体编辑选项 [压印(I)/分割实体(P)/抽壳(S)/清除(L)/检查(C)/放弃(U)/退出(X)] <退出>：✓
实体编辑自动检查：SOLIDCHECK=1
输入实体编辑选项 [面(F)/边(E)/体(B)/放弃(U)/退出(X)] <退出>：✓
```

抽壳结果如图 10-15 所示。

图 10-13　原始实体模型

图 10-14　指定删除面

图 10-15　抽壳结果

10.2.4　偏移面（SOLIDEDIT）

使用"偏移面"按钮🗐，可通过按指定的距离偏移三维实体的选定面，从而更改三维实体模型的形状。偏移面的操作步骤较为简单，即单击"偏移面"按钮🗐后，选择要偏移的面，然后指定偏移值即可。若偏移值为正值，则会增大实体的大小或体积；若偏移值为负值，则会减少实体的大小或体积。

请看以下进行偏移面的典型操作范例。

（1）打开本书配套资源中的"偏移面.dwg"文件，原始实体模型如图 10-16 所示。

（2）在功能区"实体"选项卡的"实体编辑"面板中单击"偏移面"按钮🗐，接着根据命令行提示进行以下操作。

```
命令：_solidedit
实体编辑自动检查：SOLIDCHECK=1
输入实体编辑选项 [面(F)/边(E)/体(B)/放弃(U)/退出(X)] <退出>：_face
输入面编辑选项 [拉伸(E)/移动(M)/旋转(R)/偏移(O)/倾斜(T)/删除(D)/复制(C)/颜色(L)/材
质(A)/放弃(U)/退出(X)] <退出>：_offset
选择面或 [放弃(U)/删除(R)]：找到一个面。        //选择如图 10-17 所示的一个面
选择面或 [放弃(U)/删除(R)/全部(ALL)]：✓
指定偏移距离：12✓
已开始实体校验。
已完成实体校验。
输入面编辑选项 [拉伸(E)/移动(M)/旋转(R)/偏移(O)/倾斜(T)/删除(D)/复制(C)/颜色(L)/材
质(A)/放弃(U)/退出(X)] <退出>：✓
实体编辑自动检查：SOLIDCHECK=1
输入实体编辑选项 [面(F)/边(E)/体(B)/放弃(U)/退出(X)] <退出>：✓
```

偏移面的结果如图 10-18 所示。

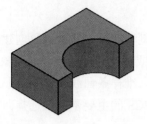

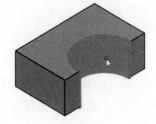

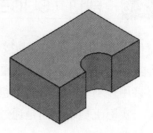

图 10-16　原始实体模型　　　　图 10-17　选择要偏移的面　　　　图 10-18　偏移面的结果

10.2.5　拉伸面（SOLIDEDIT）

　　拉伸面是指将现有三维实体模型上的面进行拉伸，可以指定拉伸距离和拉伸的倾斜角度。另外，在某些设计情况下还可以选择直线或曲线来设置拉伸路径，所有选定面的轮廓将沿着此路径进行拉伸，注意拉伸路径不能与面处于同一平面，也不能具有高曲率的部分。

　　请看以下一个操作范例。

```
命令：SOLIDEDIT✓
实体编辑自动检查：SOLIDCHECK=1
输入实体编辑选项 [面(F)/边(E)/体(B)/放弃(U)/退出(X)] <退出>：F✓
输入面编辑选项 [拉伸(E)/移动(M)/旋转(R)/偏移(O)/倾斜(T)/删除(D)/复制(C)/颜色(L)/材
质(A)/放弃(U)/退出(X)] <退出>：E✓
    选择面或 [放弃(U)/删除(R)]：找到一个面。          //选择如图 10-19 所示的面 1
    选择面或 [放弃(U)/删除(R)/全部(ALL)]：找到一个面。   //选择如图 10-19 所示的面 2
    选择面或 [放弃(U)/删除(R)/全部(ALL)]：✓
    指定拉伸高度或 [路径(P)]：30✓
    指定拉伸的倾斜角度 <0>：✓
    已开始实体校验。
    已完成实体校验。
    输入面编辑选项 [拉伸(E)/移动(M)/旋转(R)/偏移(O)/倾斜(T)/删除(D)/复制(C)/颜色(L)/材
质(A)/放弃(U)/退出(X)] <退出>：✓
    实体编辑自动检查：SOLIDCHECK=1
    输入实体编辑选项 [面(F)/边(E)/体(B)/放弃(U)/退出(X)] <退出>：✓
```

拉伸面的结果如图 10-20 所示。

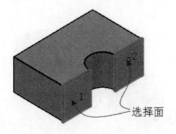

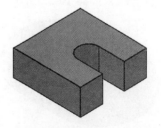

图 10-19　选择要拉伸的面　　　　　　　图 10-20　拉伸面的结果

10.2.6 剖切（SLICE）

使用 SLICE 命令（其按钮图标为"剖切"按钮）可以通过剖切或分割现有对象创建新的三维实体和曲面。用户可以通过多种方式定义剖切面，包括指定点或者选择曲面或平面对象。可以直接用作剪切平面的对象包括曲面、圆、椭圆、圆弧或椭圆弧、二维样条曲线和二维多段线线段等。实际上剪切平面是通过 2 个或 3 个点定义的，方法是指定 UCS 的主要平面或选择曲面对象（而非网格）。

在剖切实体时，可以根据设计需要确定保留剖切实体的一半或全部，即可以保留剖切三维实体的一个或两个侧面。注意：剖切实体不保留创建它们的原始形式的历史记录，而保留原实体的图层和颜色特性。

剖切实体的一般步骤可以概括如下。

（1）在命令行的"键入命令"提示下输入 SLICE 并按 Enter 键，或者在功能区"实体"选项卡的"实体编辑"面板中单击"剖切"按钮。

（2）选择要剖切的对象，按 Enter 键。

（3）定义剖切面。可以有多种方式。

（4）在"在所需的侧面上指定点或 [保留两个侧面(B)] <保留两个侧面>:"提示下指定要保留的部分，或输入 B 以将两半都保留（即选择"保留两个侧面(B)"选项）。

下面介绍一个剖切实体的操作范例。

（1）打开本书配套资源中的"剖切.dwg"文件。在该文件中，存在着一个如图 10-21 所示的三维机械零件模型（泵盖）。启用正交模式、对象捕捉和对象捕捉追踪等模式。

（2）在功能区"实体"选项卡的"实体编辑"面板中单击"剖切"按钮，接着根据命令行提示执行如下操作。

```
命令: _slice
选择要剖切的对象：找到 1 个              //选择要剖切的实体
选择要剖切的对象：✓                     //按 Enter 键
指定切面的起点或 [平面对象(O)/曲面(S)/z 轴(Z)/视图(V)/xy(XY)/yz(YZ)/zx(ZX)/三点(3)]
<三点>：YZ✓                            //选择 yz(YZ)选项
指定 YZ 平面上的点 <0,0,0>：✓           //按 Enter 键接受默认点（0,0,0）
在所需的侧面上指定点或 [保留两个侧面(B)] <保留两个侧面>：-10,0✓
```

得到的剖切结果如图 10-22 所示。

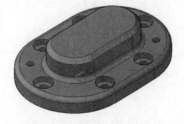

图 10-21　三维机械零件模型（泵盖）

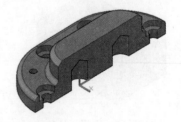

图 10-22　剖切结果

10.2.7　加厚（THICKEN）

使用 THICKEN 命令（对应的工具为"加厚"按钮 ☞）可以以指定的厚度将曲面转换为三维实体，如图 10-23 所示。

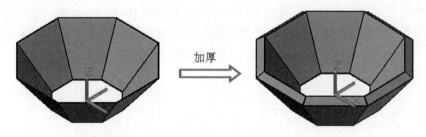

图 10-23　加厚曲面

要将一个或多个曲面以加厚的方式转换为实体，可以按照以下步骤进行。

（1）在命令行的"键入命令"提示下输入 THICKEN 并按 Enter 键，或者在功能区"实体"选项卡的"实体编辑"面板中单击"加厚"按钮 ☞。

（2）选择要加厚的曲面，按 Enter 键。

（3）指定加厚厚度，按 Enter 键。

10.2.8　提取边（XEDGES）

使用 XEDGES 命令（其工具图标为"提取边"按钮 ☞）可以通过从三维实体、面域或曲面中提取边来创建线框几何图形。

通过提取边来创建线框几何图形的方法如下。

（1）在命令行的"键入命令"提示下输入 XEDGES 并按 Enter 键，或者在功能区"实体"选项卡的"实体编辑"面板中单击"提取边"按钮 ☞。

（2）选择实体、曲面、面域、边（在三维实体或曲面上）和面（在三维实体或曲面上）这些对象的任意组合。

（3）按 Enter 键。

10.2.9　转换为实体（CONVTOSOLID）

使用 CONVTOSOLID 命令（对应的工具为"转换为实体"按钮 ☞）可以将满足要求的具有一定厚度的三维网格、多段线和圆转换为三维实体。转换网格时，可以指定转换的对象是平滑的还是镶嵌面的，以及是否合并面。

将具有一定厚度的对象转换为实体的步骤如下。

（1）在命令行的"键入命令"提示下输入 CONVTOSOLID 按 Enter 键，或者在功能区"常用"选项卡的"实体编辑"面板中单击"转换为实体"按钮 ☞。

（2）选择合适的一个或多个具有厚度的对象类型，然后按 Enter 键。

请看以下转换实体的操作范例。

（1）新建一个图形文件，在三维空间中绘制一个半径为 57.5mm 的圆，圆心位置在坐标系原点（0,0,0）。

（2）打开"特性"选项板，为选定的圆设置厚度为 20mm，如图 10-24 所示。将鼠标指针置于图形窗口中，按 Esc 键退出特性设置。

（3）在命令行的"键入命令"提示下输入 CONVTOSOLID 按 Enter 键，或者在功能区"常用"选项卡的"实体编辑"面板中单击"转换为实体"按钮，接着选择具有厚度的该圆，按 Enter 键，则被选定的对象转换为如图 10-25 所示的实体。

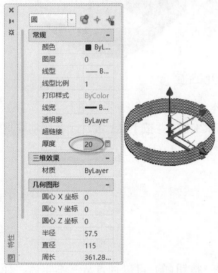

图 10-24　为圆设置厚度值　　　　　图 10-25　转换为实体

10.2.10　转换为曲面（CONVTOSURFACE）

使用 CONVTOSURFACE 命令（对应的工具为"转换为曲面"按钮）可以将有效对象（如三维实体，面域，开放的、具有厚度的零宽度多段线，具有厚度的直线，具有厚度的圆弧，网格对象，三维平面等）转换为曲面。将对象转换为曲面时，可以指定结果对象是平滑的还是具有镶嵌面的。转换网格时，结果曲面的平滑度和面数是由系统变量 SMOOTHMESHCONVERT 控制的。

将对象转换为程序曲面的步骤如下。

（1）在命令行的"键入命令"提示下输入 CONVTOSURFACE 并按 Enter 键，或者在功能区"常用"选项卡的"实体编辑"面板中单击"转换为曲面"按钮。

（2）选择要转换的对象，然后按 Enter 键。

10.2.11　干涉（INTERFERE）

使用 INTERFERE 命令（其工具图标为"干涉"按钮）可以通过对比两组对象或一对一地检查所有实体来检查实体模型中的干涉（三维实体相交或重叠的区域），干涉通过表示相交部分的临时三维实体亮显，可以选择保留重叠部分。

在进行干涉检查时，如果定义了单个选择集（一组对象），INTERFERE 将在此选择集中的所有对象之间进行检查；如果定义了两个选择集（两组对象），INTERFERE 将对比检查第一个选择集中的实体与第二个选择集中的实体。

在命令行的"键入命令"提示下输入 INTERFERE 并按 Enter 键，或者在功能区"实体"选项卡的"实体编辑"面板中单击"干涉"按钮 ，命令行出现"选择第一组对象或 [嵌套选择(N)/设置(S)]:"提示信息。

- ☑ 选择第一组对象：指定要检查的一组对象。如果不选择第二组对象，则会在第一组选择集中的所有对象之间进行检查；如果在选择完第一组对象后按 Enter 键，再选择第二组对象，则为两组对象启动干涉检查；如果同一个对象选择两次，那么该对象将作为第一个选择集的一部分进行处理。
- ☑ 嵌套选择(N)：允许访问嵌套在块和外部参照中的单个实体对象。
- ☑ 设置(S)：在"选择第一组对象或 [嵌套选择(N)/设置(S)]:"提示下选择"设置(S)"选项时，弹出如图 10-26 所示的"干涉设置"对话框，利用该对话框指定干涉对象的视觉样式和颜色，以及指定检查干涉时的视口显示。

完成全部对象选择后，系统最后会弹出如图 10-27 所示的"干涉检查"对话框。"干涉对象"选项组用于显示执行 INTERFERE 命令时，在每组之间找到的干涉数目，其中"第一组"显示第一组中选定的对象数目，"第二组"显示第二组中选定的对象数目，"找到的干涉点对"显示在选定对象中找到的干涉数目。"亮显"选项组使用"上一个"和"下一个"按钮在对象中循环时亮显相应的干涉对象，"缩放对"复选框用于缩放干涉对象。选中"关闭时删除已创建的干涉对象"复选框时，则在关闭对话框时删除干涉对象。"实时缩放"按钮 用于关闭对话框并启动 ZOOM命令，"实时平移"按钮 用于关闭对话框并启动 PAN 命令，"三维动态观察"按钮 用于关闭对话框并启动 3DORBIT 命令。

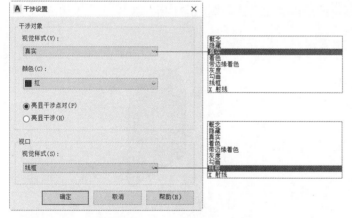

图 10-26　"干涉设置"对话框

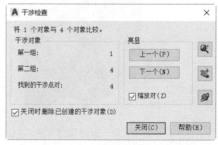

图 10-27　"干涉检查"对话框

执行干涉检查操作的典型范例如下。

（1）打开本书配套资源中的"干涉.dwg"文件。在该文件中，存在着两个具有体积相互重叠实体对象，如图 10-28 所示。

（2）在功能区"实体"选项卡的"实体编辑"面板中单击"干涉"按钮 ，接着根据命令行提示执行如下操作。

```
命令: _interfere
选择第一组对象或 [嵌套选择(N)/设置(S)]: 找到 1 个                    //选择实体 1
选择第一组对象或 [嵌套选择(N)/设置(S)]: ✓                          //按 Enter 键
选择第二组对象或 [嵌套选择(N)/检查第一组(K)] <检查>: 找到 1 个      //选择实体 2
选择第二组对象或 [嵌套选择(N)/检查第一组(K)] <检查>: ✓            //按 Enter 键
```

（3）此时，系统弹出"干涉检查"对话框，以及在实体相交处创建和亮显由干涉体积形成的临时实体，本例取消选中"关闭时删除已创建的干涉对象"复选框，如图 10-29 所示。然后单击"关闭"按钮，完成干涉检查操作。

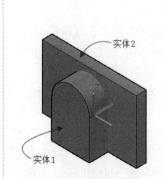

图 10-28　要进行干涉分析的

　　　　两个实体对象

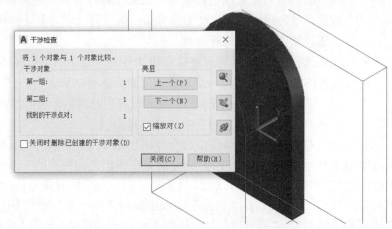

图 10-29　干涉检查

（4）分别单击实体 1 和实体 2 以选中它们，如图 10-30 所示，接着在键盘上按 Delete 键将它们删除掉。此时可以观察到只剩下创建的干涉对象了，如图 10-31 所示。

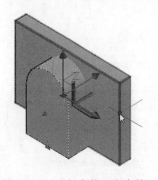

图 10-30　选择实体 1 和实体 2

图 10-31　留下已创建的干涉对象

10.3　三　维　操　作

AutoCAD 三维操作主要包括三维镜像、三维阵列、三维移动、三维旋转、三维对齐和对齐等。

10.3.1　三维镜像（MIRROR3D）

使用 MIRROR3D 命令（对应的工具为"三维镜像"按钮 ▥ ）可以通过指定镜像平面来镜像对象，即创建选定三维对象关于镜像平面的镜像副本。镜像平面可以是平面对象所在的平面，可以是通过指定点且与当前 UCS 的 XY、YZ 或 XZ 平面平行的平面，也可以是由 3 个指定点定义的平面。

要在三维空间中镜像对象，则可以按照以下步骤进行。

（1）在命令行的"键入命令"提示下输入 MIRROR3D 并按 Enter 键，或者在功能区"常用"选项卡的"修改"面板中单击"三维镜像"按钮 ▥ 。

（2）选择要镜像的对象，按 Enter 键。

（3）定义镜像平面。

（4）设置是否删除源对象。在"是否删除源对象？[是(Y)/否(N)] <否>"提示下按 Enter 键保留原始对象，或者选择"是(Y)"选项删除源对象。

下面介绍关于三维镜像的一个操作范例。

（1）打开本书配套资源中的"三维镜像.dwg"文件，文件中的原始模型如图 10-32 所示。

（2）在功能区"常用"选项卡的"修改"面板中单击"三维镜像"按钮 ▥ ，根据命令行提示执行如下操作。

```
命令：_mirror3d
选择对象：找到 1 个                    //选择原始实体模型
选择对象：✓
指定镜像平面 (三点) 的第一个点或 [对象(O)/最近的(L)/Z 轴(Z)/视图(V)/XY 平面(XY)/YZ
平面(YZ)/ZX 平面(ZX)/三点(3)] <三点>：YZ✓
指定 YZ 平面上的点 <0,0,0>：✓
是否删除源对象？[是(Y)/否(N)] <否>：✓
```

三维镜像结果如图 10-33 所示。接着可以使用 UNION（并集）命令将两个实体对象合并成一个独立的实体对象。在本例中，用户也可以尝试通过指定 3 个点来定义镜像平面。

图 10-32　原始实体模型

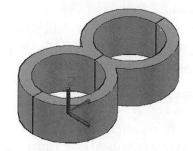

图 10-33　三维镜像的结果

10.3.2　三维旋转（3DROTATE）

可以在三维视图中显示三维旋转小控件（或者称特殊的旋转夹点工具）以协助围绕基点旋转

三维对象。要进行三维旋转操作，可以在命令行的"键入命令"提示下输入 3DROTATE 并按 Enter 键，或者在功能区"常用"选项卡的"修改"面板中单击"三维旋转"按钮⊕。

如果当前视觉样式为"二维线框"，则在 3DROTATE 命令执行期间，会将视觉样式暂时更改为"三维线框"。

执行 3DROTATE 命令，选定要旋转的对象和子对象后，在默认情况下，三维旋转小控件（由中心框和轴把手组成）显示在选定对象的中心，如图 10-34 所示。用户可以重新指定三维旋转小控件的旋转基点。指定旋转基点后，在三维小控件上指定旋转轴，其典型方法是将鼠标指针置于要选择的轴把手（轨迹线）上使其变为黄色，然后单击以选择此轨迹线定义旋转轴。此时，当用户指定角度起点后，拖曳光标可以将选定对象和子对象围绕基点沿指定轴旋转，如图 10-35 所示。用户也可以输入值来精确指定旋转角度。

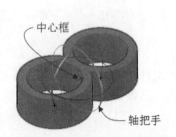

图 10-34　显示三维旋转小控件

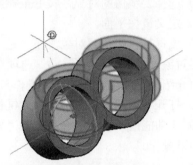

图 10-35　三维旋转操作

10.3.3　三维移动（3DMOVE）

可以在三维视图中显示三维移动小控件（特殊的移动夹点工具），从而帮助在指定方向上按指定距离移动三维对象。要进行三维移动操作，可以在命令行的"键入命令"提示下输入 3DMOVE 并按 Enter 键，或者在功能区"常用"选项卡的"修改"面板中单击"三维移动"按钮⊘。

如果正在视觉样式为"二维线框"的视口中绘图，则在命令执行期间，3DMOVE 命令会将视觉样式暂时更改为"三维线框"。

在执行三维移动过程中，三维移动小控件（包括基准夹点和轴把手，轴把手又称轴柄）将显示在指定的基点，如图 10-36 所示。使用三维移动小控件，可以自由移动选定的对象和子对象，或将移动约束到轴或平面。

1. 沿轴移动

单击三维移动小控件上的轴以将移动约束到该轴上。此时，当用户拖曳光标时，选定的对象和子对象将仅沿此指定轴移动，如图 10-37 所示。

2. 沿平面移动

在三维移动小控件中单击轴之间的区域以将移动约束到该平面上，如图 10-38 所示，此时，当用户拖曳光标时，选定对象和子对象将仅沿指定的平面移动。

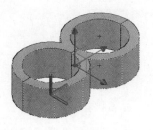

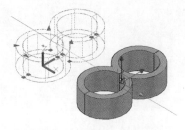

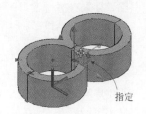

指定

图 10-36　显示三维移动小控件　　图 10-37　将移动约束到轴上　　图 10-38　将移动约束到指定平面

10.3.4　三维阵列（3DARRAY）

使用 3DARRAY 命令，可以在三维空间中创建对象的矩形阵列或环形阵列。在命令行的"键入命令"提示下输入 3DARRAY 并按 Enter 键，接着选择要阵列的对象，按 Enter 键，此时命令行将出现以下提示信息。

> 输入阵列类型 [矩形(R)/环形(P)] <矩形>:

在该提示下指定阵列类型为"矩形(R)"或"环形(P)"，并设置相应的阵列参数和选项。在功能区"常用"选项卡的"修改"面板中也提供有与 3DARRAY 命令的阵列类型选项对应的工具按钮，即"矩形阵列"按钮░和"环形阵列"按钮░。

1. 矩形阵列

可以在行、列和层组合的矩形阵列中复制对象。一个具有多行、多列和多层的矩形阵列，需要定义行数、列数、层数、行间距、列间距和层间距。

如果要创建具有多行、多列和多层的矩形阵列，可以按照如下的典型步骤来进行。

（1）在命令行的"键入命令"提示下输入 3DARRAY 并按 Enter 键。

（2）选择要创建阵列的对象，并指定阵列类型为"矩形"。

（3）输入行数。

（4）输入列数。

（5）输入层数。

（6）指定行间距。

（7）指定列间距。

（8）指定层间距。

如果输入的行数、列数或层数中的某一个为 1 时，则不用指定相应的间距。

创建三维矩形阵列的操作范例如下。

（1）打开本书配套资源中的"三维矩形阵列.dwg"文件，文件中存在着如图 10-39 所示的实体模型。

（2）在命令行中进行以下操作。

> 命令：3DARRAY↙
> 选择对象：找到 1 个　　　　　　　　　　　//选择已有实体对象
> 选择对象：
> 输入阵列类型 [矩形(R)/环形(P)] <矩形>:R↙

```
输入行数 (---) <1>: 5↙
输入列数 (|||) <1>: 2↙
输入层数 (...) <1>: 2↙
指定行间距 (---): 55↙
指定列间距 (|||): 50↙
指定层间距 (...): 50↙
```

三维矩形阵列的结果如图 10-40 所示。

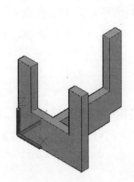

图 10-39　已有实体对象

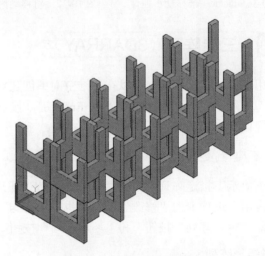

图 10-40　三维矩形阵列的结果

2. 环形阵列

在三维环形阵列中，项目绕旋转轴均匀地分布，如图 10-41 所示。在创建环形阵列的过程中，需要定义阵列的项目数目、要填充的角度、阵列的中心轴等。

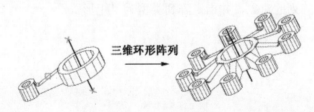

图 10-41　三维环形阵列

如果要创建对象的三维环形阵列，可以按照如下的典型步骤来进行。

（1）在命令行的"键入命令"提示下输入 3DARRAY 并按 Enter 键。

（2）选择要创建阵列的对象，按 Enter 键。

（3）选择"环形(P)"选项。

（4）输入要创建阵列的项目数。

（5）指定要填充的阵列对象的角度。

（6）按 Enter 键沿阵列方向旋转对象，或者输入 N 保留它们的方向。

（7）指定对象旋转轴的起点和端点。

应用三维环形阵列的一个操作范例如下。

（1）打开本书配套资源中的"三维环形阵列.dwg"文件，文件中存在着如图 10-42 所示的实体模型。

（2）在命令行中进行以下操作。

```
命令：3DARRAY↙
选择对象：找到 1 个            //选择如图 10-43 所示的长方体
选择对象：↙
输入阵列类型 [矩形(R)/环形(P)] <矩形>：P↙
输入阵列中的项目数目：8↙
指定要填充的角度 (+=逆时针，-=顺时针) <360>：↙
旋转阵列对象？[是(Y)/否(N)] <Y>：↙
指定阵列的中心点：0,0,0↙
指定旋转轴上的第二点：0,0,50↙
```

执行该三维环形阵列操作后的模型效果如图 10-44 所示。

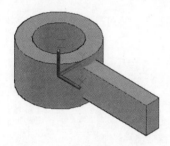

图 10-42　文件中的原始实体对象

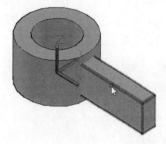

图 10-43　选择要阵列的实体对象

（3）单击"并集"按钮，选择环形的拉伸实体，再分别选择其他 8 个长方体，按 Enter 键。合并成一个实体对象的效果如图 10-45 所示。

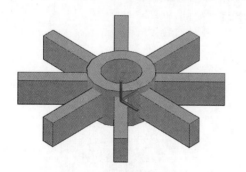

图 10-44　三维环形阵列的结果

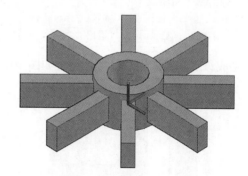

图 10-45　合并实体模型

10.3.5　三维对齐（3DALIGN）

3DALIGN 命令（对应的工具为"三维对齐"按钮）用于在二维和三维空间中将对象与其他对象对齐。在三维中，使用 3DALIGN 命令可以指定最多 3 个点来定义源平面，然后指定最多 3 个点来定义目标平面。应该注意三维对齐的以下 3 个应用特点。

☑ 对象上的第一个源点（称为基点）将始终被移动到第一个目标点。

☑ 为源或目标指定第二点将导致旋转选定对象。

☑ 源或目标的第三个点将导致选定对象进一步旋转。

可以按照以下步骤在三维空间中对齐两个对象。

（1）在命令行的"键入命令"提示下输入 **3DALIGN** 并按 Enter 键，或者在功能区"常用"选项卡的"修改"面板中单击"三维对齐"按钮 。

（2）选择要对齐的对象。

（3）指定 1 个、2 个或 3 个源点，接着指定相应的第 1、第 2 或第 3 个目标点。其中第 1 个点称为基点。选定的对象将从源点移动到目标点，如果指定了第 2 点和第 3 点，则这两点将旋转并倾斜选定的对象。

三维对齐操作的典型范例如下。

（1）打开本书配套资源中的"三维对齐.dwg"文件，文件中已经存在着如图 10-46 所示的两个实体对象。

（2）在功能区"常用"选项卡的"修改"面板中单击"三维对齐"按钮 ，接着根据命令行提示进行以下操作。

```
命令：_3dalign
选择对象：找到 1 个              //选择长方体
选择对象：↙
 指定源平面和方向 ...
指定基点或 [复制(C)]：           //选择长方体的端点 1
指定第二个点或 [继续(C)] <C>：    //选择长方体的端点 2
指定第三个点或 [继续(C)] <C>：    //选择长方体的端点 3
 指定目标平面和方向 ...
指定第一个目标点：               //选择另一实体的端点 4
指定第二个目标点或 [退出(X)] <X>： //选择另一实体的端点 5
指定第三个目标点或 [退出(X)] <X>： //选择另一实体的端点 6
```

完成该三维对齐操作的组合结果如图 10-47 所示。

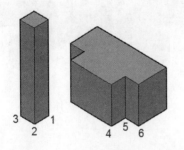

图 10-46　已存在的两个实体模型

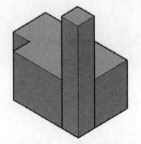

图 10-47　三维对齐的结果

10.3.6　对齐（ALIGN）

使用 ALIGN 命令（对应的工具为"对齐"按钮 ），也可以在二维和三维空间中将对象与其他对象对齐。通常使用 ALIGN 命令在二维中对齐两个对象，如图 10-48 所示。

使用 ALIGN 命令，需要指定一对、两对或 3 对点（每一对点都包括一个源点和一个定义点），从而对齐选定对象。当只选择一对源点和目标点时，选定对象将在二维或三维空间从源点移动到目标点；当只选择两对点时，可以移动、旋转和缩放选定对象，以便与其他对象对齐，其中第一对点定义对齐的基点，第二对点定义旋转的角度，完成输入第二对点后，系统会给出缩放对象的提示；当选择 3 对点时，选定对象可在三维空间移动和旋转，使之与其他对象对齐。

可以使用 ALIGN 命令来对齐 10.3.5 节中的实体模型，具体步骤说明如下。

（1）打开本书配套资源中的"对齐.dwg"文件，使用"三维建模"工作空间。

（2）在功能区"常用"选项卡的"修改"面板中单击"对齐"按钮 ，接着根据命令行提示执行以下操作。

```
命令：_align
选择对象：找到 1 个                    //选择长方体
选择对象：↙
指定第一个源点：                      //选择点 1，如图 10-49 所示
指定第一个目标点：                    //选择点 4，如图 10-49 所示
指定第二个源点：                      //选择点 2，如图 10-49 所示
指定第二个目标点：                    //选择点 5，如图 10-49 所示
指定第三个源点或 <继续>：             //选择点 3，如图 10-49 所示
指定第三个目标点：                    //选择点 6，如图 10-49 所示
```

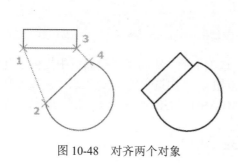

图 10-48　对齐两个对象

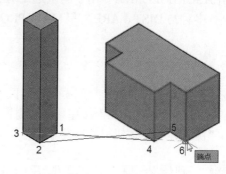

图 10-49　对齐操作

10.4　思考与练习

（1）什么是三维实体的布尔运算？

（2）简述实体抽壳的一般操作步骤。

（3）如何进行实体干涉检查？

（4）简述三维镜像的一般操作步骤。

（5）"对齐"命令与"三维对齐"命令在应用上有什么异同之处？

（6）上机操作：请自行设计一个实体模型，要求用到本章所需的至少 3 个关于三维实体操作与编辑命令。

第 11 章　测量工具与编组工具

本 章 导 读

　　获取所需的图形后，如果想要快速读取某些对象的尺寸参数等信息，那么可能需要使用相关的测量工具。为了更好地管理图形对象，除了可以使用图层工具之外，还可以根据实际情况巧妙地应用编组工具。

　　本章介绍测量工具与编组工具的相关实用知识。

11.1　测量（MEASUREGEOM）

　　MEASUREGEOM 命令用于测量选定对象或点序列的距离、半径、角度、面积和体积。该命令可执行多种与 DIST、AREA 和 MASSPROP 命令相同的计算。

```
命令：MEASUREGEOM↙
输入选项 [距离(D)/半径(R)/角度(A)/面积(AR)/体积(V)] <距离>:　//选择相应的选项
```

　　在"草图与注释"工作空间中，功能区"默认"选项卡的"实用工具"面板中提供了几个主要的测量工具："测量距离"按钮🔚、"测量半径"按钮◯、"测量角度"按钮◿、"测量面积"按钮◣和"测量体积"按钮▣。这几个测量工具对应 MEASUREGEOM 命令的几个选项。

11.1.1　测量距离（DIST/MEASUREGEOM）

　　"测量距离"按钮🔚（DIST）用于测量指定点之间的距离，以及相对于 UCS 的角度等。在功能区"默认"选项卡的"实用工具"面板中单击"测量距离"按钮🔚，或者在命令行的"键入命令"提示下输入 DIST 命令并按 Enter 键，接着选择第一个点，再在"指定第二个点或 [多个点(M)]:"提示下指定第二个点，系统将会列出这些测量信息：两点间的距离；第二点相对第一点的 X 轴、Y 轴、Z 轴增量；两点连线在 ZY 平面内投影的斜角；两点连线与 XY 平面的夹角。

　　如果选择第一个点后，在"指定第二个点或 [多个点(M)]:"提示下选择"多个点(M)"提示下可以选择多个点以显示连续点之间的总距离，还可以在"指定下一个点或 [圆弧(A)/长度(L)/放弃(U)/总计(T)] <总计>:"后续提示下选择"圆弧(A)""长度(L)"或"放弃(U)"选项，以显示类似于用于创建多段线的选项的其他选项。

　　下面介绍一个测量距离的简单范例。

　　（1）打开本书配套资源中的"测量 1.dwg"文件，文件中的原始图形如图 11-1 所示。使用

"草图与注释"工作空间。

（2）在功能区"默认"选项卡的"实用工具"面板中单击"测量距离"按钮 ，接着命令行提示进行以下操作来获取距离信息。

```
命令：_MEASUREGEOM
输入选项 [距离(D)/半径(R)/角度(A)/面积(AR)/体积(V)] <距离>：_distance
指定第一点：                                    //选择如图 11-2 所示的端点 A
指定第二个点或 [多个点(M)]：                     //选择如图 11-2 所示的端点 B
距离=12.0000，XY 平面中的倾角=0，   与 XY 平面的夹角=0
X 增量=12.0000，   Y 增量=0.0000，   Z 增量=0.0000
输入选项 [距离(D)/半径(R)/角度(A)/面积(AR)/体积(V)/退出(X)] <距离>：X↙
                                              //选择"退出(X)"选项
```

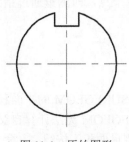

图 11-1　原始图形

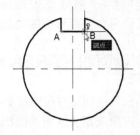

图 11-2　分别选择端点 A 和端点 B

11.1.2　测量半径（MEASUREGEOM）

"测量半径"按钮 用于测量指定圆弧、圆或多段线圆弧的半径和直径，测量半径的操作很简单，即在功能区"默认"选项卡的"实用工具"面板中单击"测量半径"按钮 后，选择要测量的圆弧或圆，即可显示所选圆弧或圆的半径值和直径值。例如：

```
命令：_MEASUREGEOM
输入选项 [距离(D)/半径(R)/角度(A)/面积(AR)/体积(V)] <距离>：_radius
选择圆弧或圆：                                  //选择如图 11-3 所示的圆弧
半径=25.0000
直径=50.0000
输入选项 [距离(D)/半径(R)/角度(A)/面积(AR)/体积(V)/退出(X)] <半径>：X↙
                                              //选择"退出(X)"选项
```

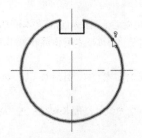

图 11-3　选择要测量半径的圆弧

11.1.3 测量角度（MEASUREGEOM）

"测量角度"按钮用于测量与选定的圆弧、圆、多段线线段和线对象关联的角度。在功能区"默认"选项卡的"实用工具"面板中单击"测量角度"按钮时，命令行出现以下提示。

选择圆弧、圆、直线或 <指定顶点>：

如果选择的是圆弧，则使用圆弧的圆心作为顶点，测量在圆弧的两个端点之间形成的角度；如果选择的是圆，还需要指定角的第二个端点，以使用圆的圆心作为顶点，测量在最初选定圆的位置与第二个点之间形成的角度（如锐角）；如果选择的是直线，那么还需要选择第二条直线，以测量两条选定直线之间的夹角（如锐角），注意所选直线无须相交；如果在"选择圆弧、圆、直线或 <指定顶点>："提示下按 Enter 键，则接着分别指定 3 个点，即测量通过指定一个点作为顶点并选择其他两个点而形成的锐角。

11.1.4 测量面积（AREA/MEASUREGEOM）

"测量面积"按钮对应的命令为 AREA，也对应 MEASUREGEOM 的"面积(AR)"选项，它们用于测量对象或定义区域的面积和周长，注意 MEASUREGEOM 无法计算自交对象的面积。

在功能区"默认"选项卡的"实用工具"面板中单击"测量面积"按钮，命令行出现以下提示信息。

指定第一个角点或 [对象(O)/增加面积(A)/减少面积(S)/退出(X)] <对象(O)>：

- ☑ 指定第一个角点：指定第一个角点后，继续指定其他所需的角点，从而计算由指定点所定义的面积和周长。
- ☑ 对象(O)：用于选择对象来计算面积。
- ☑ 增加面积(A)：用于打开"加"模式，并在定义区域时即时保持总面积。
- ☑ 减少面积(S)：用于打开"减"模式，从总面积中减去指定的面积。
- ☑ 退出(X)：选择此选项，退出 MEASUREGEOM 命令的"面积(AR)"选项。

下面介绍测量面积的典型操作范例。

（1）打开本书配套资源中的"测量面积.dwg"图形文件，该文件中的原始图形如图 11-4 所示。

（2）在功能区"默认"选项卡的"实用工具"面板中单击"测量面积"按钮，根据命令行提示进行以下操作。

```
命令：_MEASUREGEOM
输入选项 [距离(D)/半径(R)/角度(A)/面积(AR)/体积(V)] <距离>：_area
指定第一个角点或 [对象(O)/增加面积(A)/减少面积(S)/退出(X)] <对象(O)>：A↙  //选择"增
加面积(A)"选项
指定第一个角点或 [对象(O)/减少面积(S)/退出(X)]：O↙     //选择"对象(O)"选项
（"加"模式）选择对象：                           //选择如图 11-5 所示的面域 1
区域=3260.3599，修剪的区域=0.0000，周长=258.5576
总面积=3260.3599
（"加"模式）选择对象：                           //选择如图 11-5 所示的面域 2
```

```
区域=3554.7112，修剪的区域=0.0000，周长=261.6502
总面积=6815.0712
（"加"模式）选择对象：↙                          //按 Enter 键
区域=3554.7112，修剪的区域=0.0000 ，周长=261.6502
总面积=6815.0712
指定第一个角点或 [对象(O)/减少面积(S)/退出(X)]：S↙     //选择"减少面积(S)"选项
指定第一个角点或 [对象(O)/增加面积(A)/退出(X)]：O↙     //选择"对象(O)"选项
（"减"模式）选择对象：                             //选择如图 11-6 所示的一个圆面域
区域=201.0619，修剪的区域=0.0000，周长=50.2655
总面积=6614.0092
（"减"模式）选择对象：                             //选择如图 11-7 所示的圆面域 2
区域=201.0619，修剪的区域=0.0000，周长=50.2655
总面积=6412.9473
（"减"模式）选择对象：                             //选择如图 11-7 所示的圆面域 3
区域=201.0619，修剪的区域=0.0000，周长=50.2655
总面积=6211.8854
（"减"模式）选择对象：                             //选择如图 11-7 所示的圆面域 4
区域=201.0619，修剪的区域=0.0000，周长=50.2655
总面积=6010.8234
（"减"模式）选择对象：↙                          //按 Enter 键
区域=201.0619，修剪的区域=0.0000，周长=50.2655
总面积=6010.8234
指定第一个角点或 [对象(O)/增加面积(A)/退出(X)]：X↙     //选择"退出(X)"选项
总面积=6010.8234
输入选项 [距离(D)/半径(R)/角度(A)/面积(AR)/体积(V)/退出(X)] <面积>：X↙  //选择"退
出(X)"选项
```

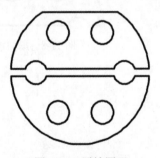

图 11-4 原始图形

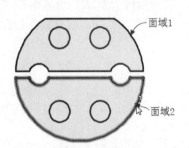

图 11-5 选择要增加面积的两个面域对象

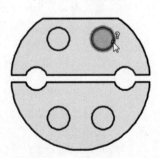

图 11-6 选择圆面域 1

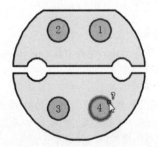

图 11-7 选择其他 3 个圆面域

11.1.5 测量体积（MEASUREGEOM）

"测量体积"按钮🖱️用于测量对象或定义区域的体积。测量体积的操作和测量面积的操作有些类似。

在功能区"默认"选项卡的"实用工具"面板中单击"测量体积"按钮🖱️，命令行出现以下提示信息。

> 指定第一个角点或 [对象(O)/增加体积(A)/减去体积(S)/退出(X)] <对象(O)>:

☑ 指定第一个角点：通过指定点来定义对象，指定第一个角点后必须再指定至少两个角点，这样才能定义多边形，所有角点必须位于与当前 UCS 的 XY 平面平行的平面上。在指定下一点的过程中，如果在提示下输入"圆弧(A)""长度(L)"或"放弃(U)"，则将显示类似于用于创建多段线的选项的其他选项。

☑ 对象(O)：可以选择三维实体或二维对象，如果选择的是二维对象，那么必须要指定该对象的高度。如果选择的单个二维对象未闭合，那么 AutoCAD 系统视同该二维对象的第一个点和最后一个点由一条直线连接以形成闭合区域，接着再指定该对象的高度。

☑ 增加体积(A)：用于打开"加"对象，并在定义区域时保存最新总体积。

☑ 减去体积(S)：用于打开"减"模式，并从总体积中减去指定体积。

☑ 退出(X)：退出测量体积的模式。

下面介绍测量体积的一个典型操作范例。

（1）打开本书配套资源中的"测量体积.dwg"图形文件，该文件中的原始图形由 3 个面域组成，如图 11-8 所示。

（2）在功能区"默认"选项卡的"实用工具"面板中单击"测量体积"按钮🖱️，根据命令行提示进行以下操作来测量体积。

面域3　面域2　面域1

图 11-8　原始图形

```
命令：_MEASUREGEOM
输入选项 [距离(D)/半径(R)/角度(A)/面积(AR)/体积(V)] <距离>：_volume
指定第一个角点或 [对象(O)/增加体积(A)/减去体积(S)/退出(X)] <对象(O)>： A✓   //选择
"增加体积(A)"选项
指定第一个角点或 [对象(O)/减去体积(S)/退出(X)]： O✓      //选择"对象(O)"选项
（"加"模式）选择对象：                              //选择面域1
指定高度：50✓                                      //输入面域1的高度为50mm
体积=163017.9957
总体积=163017.9957
（"加"模式）选择对象：✓                             //按 Enter 键
体积=163017.9957
总体积=163017.9957
指定第一个角点或 [对象(O)/减去体积(S)/退出(X)]： S✓   //选择"减去体积(S)"选项
指定第一个角点或 [对象(O)/增加体积(A)/退出(X)]： O✓   //选择"对象(O)"选项
（"减"模式）选择对象：                              //选择面域2
指定高度：50✓                                      //输入面域2的高度为50mm
```

```
体积=10053.0965
总体积=152964.8992
（"减"模式）选择对象：                              //选择面域 3
指定高度：50↙                                      //输入面域 3 的高度为 50mm
体积=10053.0965
总体积=142911.8027
（"减"模式）选择对象：↙                            //按 Enter 键
体积=10053.0965
总体积=142911.8027
指定第一个角点或 [对象(O)/增加体积(A)/退出(X)]：X↙   //选择"退出(X)"选项
总体积=142911.8027
输入选项 [距离(D)/半径(R)/角度(A)/面积(AR)/体积(V)/退出(X)] <体积>：X↙   //选择"退
出(X)"选项
```

再介绍测量体积的一个典型操作范例。

（1）打开本书配套资源中的"测量体积 2.dwg"图形文件，该图形文件存在着一个泵盖零件的三维模型，如图 11-9 所示。

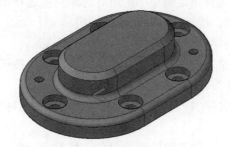

图 11-9 泵盖零件的三维模型

（2）在命令行中进行以下操作来测量该泵盖零件的三维模型。

```
命令：MEASUREGEOM↙
输入选项 [距离(D)/半径(R)/角度(A)/面积(AR)/体积(V)] <距离>：V↙
指定第一个角点或 [对象(O)/增加体积(A)/减去体积(S)/退出(X)] <对象(O)>：O↙
选择对象：                                         //选择泵盖的三维模型
体积=95575.7050
输入选项 [距离(D)/半径(R)/角度(A)/面积(AR)/体积(V)/退出(X)] <体积>：X↙
```

11.2 查询点坐标（ID）

使用 ID 命令（对应的工具为"点坐标"按钮），可以查询指定位置的 UCS 坐标值（列出指定点的 X、Y 和 Z 值），并将指定点的坐标存储为最后一点。之后可以通过在要求输入点的下一个提示中输入@来引用该最后一点。

查询点坐标的操作方法很简单，即在命令行的"键入命令"提示下输入 ID 并按 Enter 键，或者在功能区"默认"选项卡的"实用工具"溢出面板中单击"点坐标"按钮⬚（以"草图与注释"工作空间为例），接着捕捉选择要测量的点即可。

11.3　编　组　工　具

以使用"草图与注释"工作空间为例，在功能区"默认"选项卡的"组"面板中提供 6 个编组工具，包括"组"按钮⬚、"解除编组"按钮⬚、"组编辑"按钮⬚、"启用/禁用组选择"按钮⬚、"编组管理器"按钮⬚和"组边界框"按钮⬚，下面分别予以介绍。

11.3.1　组（GROUP）

GROUP 命令（对应的工具为"组"按钮⬚）用于创建和管理已保存的对象集（称为编组）。编组提供以组为单位操作图形对象的简单方法。在确保选中"启用/禁用组选择"按钮⬚的默认情况下（即启用组选择），要选择指定编组中的所有对象只需选择该编组中任意一个对象即可，可以像修改单个对象那样移动、旋转、复制和修改编组。

要创建命名编组，可以按照以下步骤进行。

（1）在功能区"默认"选项卡的"组"面板中单击"组"按钮⬚，或者在命令行的"键入命令"提示下输入 GROUP 并按 Enter 键。

（2）在"选择对象或 [名称(N)/说明(D)]:"提示下选择"名称(N)"选项，接着输入编组的名称。

（3）完成输入编组名称后，选择要编组的对象，按 Enter 键。

如果要创建未命名编组，那么可以先选择要编组的对象，接着在功能区"默认"选项卡的"实用工具"面板中单击"组"按钮⬚，则选定的对象被编入一个由系统指定了默认名称（例如*A1）的未命名编组。

11.3.2　解除编组（UNGROUP）

UNGROUP 命令（对应的工具为"解除编组"按钮⬚）用于解除组中对象的关联，即可以从当前指定组中解除所有对象。

在功能区"默认"选项卡的"组"面板中单击"解除编组"按钮⬚，或者在命令行的"键入命令"提示下输入 UNGROUP 并按 Enter 键，命令行出现以下提示信息。

选择组或 [名称(N)]:

☑ 选择组:通过选择对象以选择包含该对象所在的编组,所选编组将被拆分为其组件对象。输入 ALL 可以分解图形中的所有编组。

☑ 名称(N):选择该选项,通过输入名称而不是选择来拆分的指定编组。如果选择"名称(N)"选项后在"输入编组名或 [?]:"提示下输入"?"并按 Enter 键,接着在"输入要列出的编组名 <*>:"提示下按 Enter 键,则在图形中显示编组列表。

执行 UNGROUP 命令后通过选择对象指定编组或通过指定名称来指定要解除的编组，即可完成解除编组操作。

11.3.3 组编辑（GROUPEDIT）

GROUPEDIT 命令（对应的工具为"组编辑"按钮⬚）用于将对象添加到选定的组，以及从选定组中删除对象，或者重命名选定的组，组编辑的具体操作步骤如下。

（1）在功能区"默认"选项卡的"组"面板中单击"组编辑"按钮⬚，或者在命令行的"键入命令"提示下输入 GROUPEDIT 并按 Enter 键。

（2）选择要编辑的组，或通过输入名称的方式指定要编辑的组。

（3）命令行出现"输入选项 [添加对象(A)/删除对象(R)/重命名(REN)]:"提示信息，执行以下操作之一。

☑ 添加对象(A)：选择要添加到当前编组中的对象。

☑ 删除对象(R)：选择要从当前编组删除的编组对象。

☑ 重命名(REN)：对当前编组命名或重命名。

11.3.4 启用/禁用组选择（PICKSTYLE）

"启用/禁用组选择"按钮⬚用于启用或禁用组选择。选中此按钮时，则启用组选择；取消选中此按钮时，则禁用组选择。

PICKSTYLE 系统变量除了可以控制组选择的使用，还可以控制关联图案填充选择的使用。PICKSTYLE 系统变量的类型为整数，保存位置为注册表，其初始值为 1。PICKSTYLE 系统变量的允许值及其功能用途如表 11-1 所示。

表 11-1　PICKSTYLE 系统变量的允许值及其功能用途

允　许　值	功　能　用　途
0	不使用编组选择和关联图案填充选择
1	使用编组选择
2	使用关联图案填充选择
3	使用编组选择和关联图案填充选择

设置 PICKSTYLE 系统变量的步骤很简单，即在命令行的"键入命令"提示下输入 PICKSTYLE 并按 Enter 键，接着输入 PICKSTYLE 的新值并按 Enter 键即可。

11.3.5 编组管理器（CLASSICGROUP）

CLASSICGROUP 命令（对应的工具为"编组管理器"按钮⬚）用于打开传统的"对象编组"对话框，以显示、标识、命名和修改对象编组。

在命令行的"键入命令"提示下输入 CLASSICGROUP 并按 Enter 键，或者在功能区"默认"选项卡的"组"溢出面板中单击"编组管理器"按钮⬚，弹出如图 11-10 所示的"对象编组"对话框。下面介绍该对话框各组成要素的功能含义。

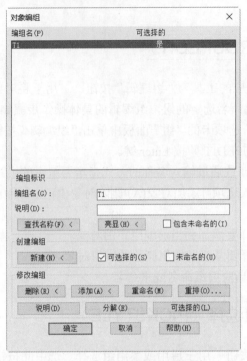

图 11-10   "对象编组"对话框

（1）"编组名"和"可选择的"："编组名"显示现有编组的名称，"可选择的"用于指定编组是否可选择。如果某个编组为可选择编组，那么选择该编组中的一个对象将会选择整个编组。注意不能选择锁定或冻结图层上的对象。如果将 PICKSTYLE 系统变量设置为 0，那么没有可选择编组。

（2）"编组标识"选项组：在该选项组中显示在"编组名"列表中选定的编组的名称及其说明（如果有的话）。其中编辑名最多可以包含 31 个字符，可用字符包括字母、数字和特殊符号（美元符号"$"、连字号"-"和下画线"_"），但不包括空格。编组名将转换为大学字符。单击"查找名称"按钮，将显示"编组成员列表"对话框，以显示对象所属的编组。"亮显"按钮用于显示在绘图区域中选定编组的成员。"包含未命名的"复选框用于指定是否列出未命名编组。当不选中"包含未命名的"复选框时，则仅显示已命名的编组。

（3）"创建编组"选项组：用于指定新编组的特性。"新建"按钮用于通过选择对象，使用"编组名"和"说明"下的名称和说明创建新编组。"可选择的"复选框用于指出新编组是否可选择。选中"未命名的"复选框时，则指示新编组未命名。将为未命名的编组指定默认名称"*An"，其中 n 随着创建新编组的数目增加而递增。

（4）"修改编组"选项组：用于修改现有编组。该选项组各按钮的功能用途如下。

☑   "删除"按钮：从选定编组中删除对象。即使删除了编组中的所有对象，编组定义依然存在，此时可以使用"分解"按钮从图形中删除编组定义。

☑   "添加"按钮：将对象添加至选定编组中。初始默认时，编组名是按字母顺序显示的。

☑   "重命名"按钮：将选定编组重命名为在"编组标识"选项组的"编组名"输入的名称。

- ☑ "重排"按钮：显示"编组排序"对话框，从中可以更改选定编组中对象的编号次序。
- ☑ "说明"按钮：将选定编组的说明更新为"说明"中输入的信息，最多可以使用 64 个字符。
- ☑ "分解"按钮：删除选定编组的定义。编组中的对象仍然保留在图形中。
- ☑ "可选择的"按钮：指定编组是否可选择。

11.3.6 组边界框（GROUPDISPLAYMODE）

"组边界框"按钮[⊠]用于启用或禁用组边界框。而 GROUPDISPLAYMODE 系统变量包含该按钮的功能，主要用于控制在编组选择打开时编组上的夹点的显示。

GROUPDISPLAYMODE 系统变量的类型为整数，保存位置为注册表，允许值为 0、1 或 2。取值为 0 时，显示选定组中所有对象上的夹点；取值为 1 时，显示位于编组对象的中心处的单个夹点；取值为 2 时，显示有单个夹点位于中心的组边界框。初始值为 2。

11.4   思考与练习

（1）测量工具主要包括哪些？
（2）如何进行点坐标查询？
（3）如何对指定对象进行命名编组？
（4）如何解除编组？如何对组进行编辑？
（5）上机操作：打开本书配套资源中的 11-ex5.dwg 文件，该文件中存在如图 11-11 所示的图形，在该图形文件中进行相关的测量操作，包括练习测量距离、测量半径、测量面积等。

图 11-11   查询练习

第12章 综合范例（上）

本章导读

本章介绍几个综合绘制范例，目的是强化读者上机实操的学习效果，巩固先前的基础知识学习。

扫码看视频

平面图绘制
范例1

12.1 平面图绘制范例1

本节将详细地介绍一个平面图综合绘制实例。在该综合绘制实例中，涉及的知识主要包括创建新图形文件、设置所需要的图层、定制文字样式与标注样式、使用各种绘图和修改工具进行二维图形绘制与编辑、给图形标注尺寸等。在进行绘制图形之前，通常要进行绘图之前的准备工作，包括设置图层、定制文字样式与标注样式等，当然为了不用每次在进行绘图项目之前都重复这些基本的准备工作，可以事先准备好所需的图形样板文件，这样在新建图形文件时便可以直接调用该图形样板，方便且能遵守统一的制图标准。

本平面图综合绘制实例最后要完成的平面图如图12-1所示，本范例以AutoCAD 2019软件为操作蓝本，具体的绘制步骤如下。

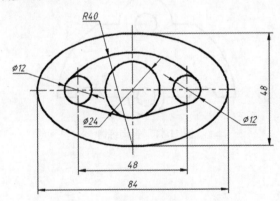

图12-1 平面图绘制范例1完成效果

（1）新建一个图形文件。启动AutoCAD 2019软件后，在快速访问工具栏中单击"新建"按钮□，通过弹出的对话框选择acadiso.dwt图形样板，单击"打开"按钮。

（2）定制若干图层。切换至"草图与注释"工作空间，从功能区"默认"选项卡的"图层"面板中单击"图层特性"按钮，弹出"图层特性管理器"选项板，此时可以看出所选图形样板

中只存在名称为 0 的一个图层，如图 12-2 所示，显然不能满足本例设计的需求，还需要由用户
定制所需的图层。

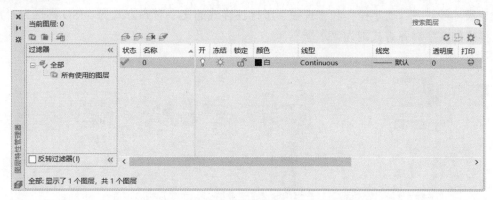

图 12-2　打开"图层特性管理器"选项板

利用"图层特性管理器"选项板，分别创建名为"01 层-粗实线""02 层-细实线""03 层粗
虚线""04 层-细虚线""05 层-细点画线""06 层-粗点画线""07 层-细双点画线""08 层-尺寸注
释""16 层-中心线"图层，各图层的颜色、线型和线宽特性如图 12-3 所示。在"图层特性管理
器"选项板中可以预设一个当前图层，例如选择"16 层-中心线"，然后单击"置为当前"按钮，
便可将该选定的图层设置为当前图层。定制好这些图层后，关闭"图层特性管理器"选项板。

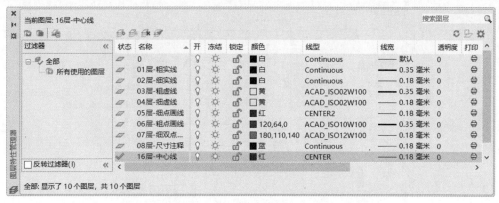

图 12-3　利用"图层特性管理器"选项板定制图层

（3）设置文字样式。在命令行的"键入命令"提示下输入 STYLE 并按 Enter 键，打开"文
字样式"对话框。利用此对话框设置符合机械制图国家标准的文字样式，如图 12-4 所示，新建
名为 WZ-X3.5 的新文字样式，其 SHX 字体为 gbeitc.shx，选中"使用大字体"复选框，从"大
字体"下拉列表框中选择 gbcbig.shx，高度为 3.5mm，宽度因子默认为 1，倾斜角度默认为 0°。
设置好相关文字样式后，关闭"文字样式"对话框。

（4）设置标注样式。在命令行的"键入命令"提示下输入 DIMSTYLE 并按 Enter 键，打开
"标注样式管理器"对话框。利用此对话框新建一个名为 ZJBZ-X3.5 的标注样式，该标注样式
符合机械制图国家标准，例如其文字样式选用先前建立的 WZ-X3.5，设定相关偏移值，指定文
字对齐方式为"与尺寸线对齐"，定制尺寸线与尺寸界线参数等。在该标注样式下还包含建立的
"半径""角度""直径"子标注样式，如图 12-5 所示。标注样式的具体定制过程省略，读者可

以参考在前面第 6 章中介绍的具体方法和步骤来执行。注意，"半径""角度""直径"子标注样式与 ZJBZ-X3.5 主标注样式的不同之处在于文字对齐方面，ZJBZ-X3.5 主标注样式的文字对齐方式为"与尺寸线对齐"，"半径"和"直径"子标注样式的文字对齐方式为"ISO 标准"，"角度"子标注样式的文字对齐方式则为"水平"。

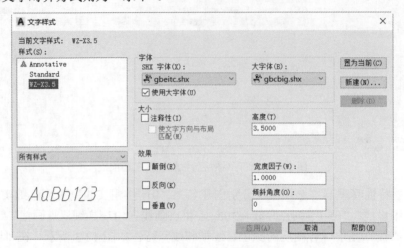

图 12-4　创建新文字样式

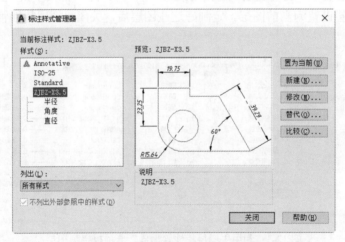

图 12-5　"标注样式管理器"对话框

（5）设置对象捕捉模式。在绘制该平面图时，需要使用设定的其中一些对象捕捉模式。要设置基本的对象捕捉模式，则在状态栏中单击"对象捕捉"按钮□右侧的下三角按钮▼，接着在弹出的下拉列表中选择"对象捕捉设置"命令，弹出"草图设置"对话框且自动打开"对象捕捉"选项卡，从中设置对象捕捉模式的基本选项，如图 12-6 所示，然后单击"确定"按钮。

此时，在状态栏中可以设置打开"正交""对象捕捉""对象捕捉追踪""线宽显示"等模式。

（6）绘制部分中心线。在功能区"默认"选项卡的"图层"面板的"图层"下拉列表框中选择"05 层-细点画线"，以将"05 层-细点画线"图层设置为当前图层，如图 12-7 所示。接着在功能区"默认"选项卡的"绘图"面板中单击"直线"按钮／，在绘图区域中绘制如图 12-8 所示的两条正交的中心线，其中水平中心线的长度大约为 90mm，竖直中心线的长度大约是 55mm。

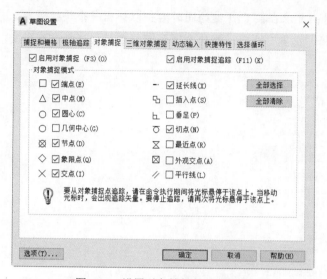

图 12-6　设置对象捕捉的基本模式

图 12-7　为绘制中心线而设置当前图层

图 12-8　绘制两条中心线

（7）进行偏移操作。

```
命令：OFFSET✓                                          //输入 OFFSET 并按 Enter 键
当前设置：删除源=否　图层=源　OFFSETGAPTYPE=0
指定偏移距离或 [通过(T)/删除(E)/图层(L)] <通过>：24✓    //指定偏移距离为 24mm
选择要偏移的对象，或 [退出(E)/放弃(U)] <退出>：          //选择竖直的中心线
指定要偏移的那一侧上的点，或 [退出(E)/多个(M)/放弃(U)] <退出>：M✓ //选择"多个(M)"
选项
指定要偏移的那一侧上的点，或 [退出(E)/放弃(U)] <下一个对象>：//在竖直中心线的左侧单击
指定要偏移的那一侧上的点，或 [退出(E)/放弃(U)] <下一个对象>：//在所选竖直中心线右侧单击
指定要偏移的那一侧上的点，或 [退出(E)/放弃(U)] <下一个对象>：✓ //按 Enter 键
选择要偏移的对象，或 [退出(E)/放弃(U)] <退出>：✓          //按 Enter 键
```

完成绘制的两条偏移线如图 12-9 所示。

（8）更改当前图层。在功能区"默认"选项卡的"图层"面板中，将"01 层-粗实线"图层设置为当前图层。

（9）绘制相关的圆。单击"圆：圆心、半径"按钮⊙，绘制如图 12-10 所示的 3 个圆，图中特意给出了相关圆的直径。

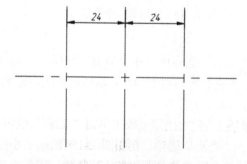

图 12-9　绘制两条偏移线

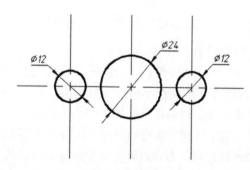

图 12-10　绘制 3 个圆

📢 **知识点拨：** 为新圆指定圆心位置时，可以在按 Ctrl 键的同时右击以弹出一个快捷菜单，如图 12-11 所示，接着从该快捷菜单中选择"交点"选项，然后在图形窗口中捕捉选择相应的交点作为新圆的圆心。

图 12-11   按 Ctrl 键的同时右击

（10）通过指定半径绘制与两个小圆相切的圆。

```
命令：CIRCLE↙
指定圆的圆心或 [三点(3P)/两点(2P)/切点、切点、半径(T)]：T↙
指定对象与圆的第一个切点：           //如图 12-12 所示
指定对象与圆的第二个切点：           //如图 12-13 所示
指定圆的半径 <6.0000>：40↙
```

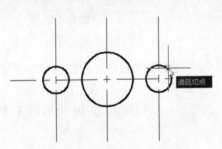

图 12-12   指定第一个递延切点

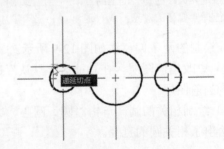

图 12-13   指定第二个递延切点

绘制的圆如图 12-14 所示。

（11）修剪图形。在功能区"默认"选项卡的"修改"面板中单击"修剪"按钮，选择如图 12-15 所示的两个小圆作为剪切边，按 Enter 键，接着单击如图 12-16 所示的圆弧段，按 Enter 键结束命令，修剪结果如图 12-17 所示。

（12）绘制一条相切直线。在功能区"默认"选项卡的"绘图"面板中单击"直线"按钮，按 Ctrl 键的同时右击以弹出一个快捷菜单，从中选择"切点"选项，在如图 12-18 所示的小圆的合适位置处单击，再按 Ctrl 键并同时右击，从弹出的快捷菜单中选择"切点"选项，在要相切的第二个对象上指定递延切点，如图 12-19 所示，按 Enter 键结束"直线"命令。

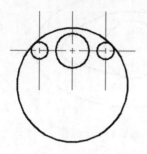
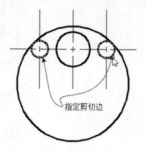
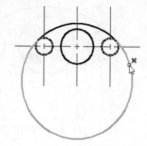

图 12-14　完成的一个圆　　　　图 12-15　指定剪切边　　　　图 12-16　选择要修剪的对象

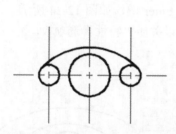
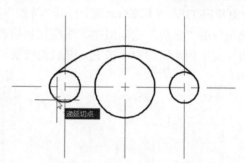

图 12-17　修剪结果　　　　　　　　图 12-18　指定第一个要相切的对象

（13）使用和步骤（12）一样的方法，绘制另一条相切直线，如图 12-20 所示。

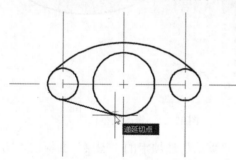
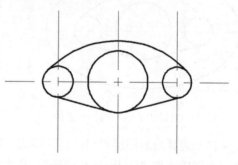

图 12-19　指定第二个要相切的对象　　　　图 12-20　绘制另一条相切直线

（14）绘制椭圆。在功能区"默认"选项卡的"绘图"面板中单击"椭圆：圆心"按钮⊙，根据命令行提示进行以下操作。

```
命令：_ellipse
指定椭圆的轴端点或 [圆弧(A)/中心点(C)]：_c
指定椭圆的中心点：_int 于　　　　　//选择如图 12-21 所示的交点
指定轴的端点：@42,0↙
指定另一条半轴长度或 [旋转(R)]：24↙
```

绘制的椭圆如图 12-22 所示。

（15）打断中心线。在功能区"默认"选项卡的"修改"面板中单击"打断"按钮凵，将两个小孔处竖直中心线两端不需要的部分打断掉，效果如图 12-23 所示。

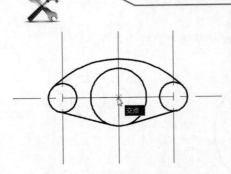

图 12-21　指定椭圆的中心点

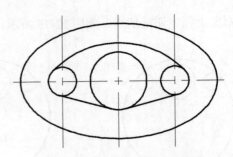

图 12-22　完成绘制一个椭圆

（16）设置中心线的线型比例。在快速访问工具栏中单击"特性"按钮，或者在命令行中输入 PROPERTIES 并按 Enter 键，打开"特性"选项板，在图形窗口中选择所有的中心线，在"特性"选项板的"常规"选项组中将线型比例更改为 0.5 并按 Enter 键，如图 12-24 所示。然后将鼠标指针置于图形窗口中，按 Esc 键取消当前选择。此时可以关闭"特性"选项板。

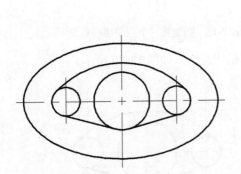

图 12-23　打断中心线后的图形效果

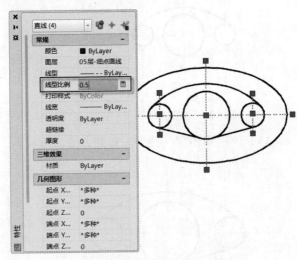

图 12-24　修改线型比例

（17）设置当前图层和当前标注样式。在功能区"默认"选项卡的"图层"面板的"图层"下拉列表框中选择"08 层-尺寸注释"，从而将"08 层-尺寸注释"图层设置为当前图层；在功能区"默认"选项卡的"注释"面板中，从"标注样式"下拉列表框中选择 ZJBZ-X3.5 标注样式作为当前标注样式，如图 12-25 所示。

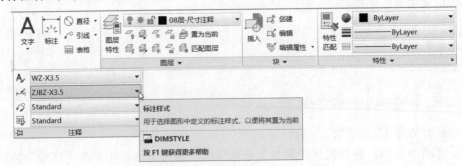

图 12-25　指定当前图层和当前标注样式

（18）标注尺寸。分别执行功能区"默认"选项卡的"注释"面板中的相关标注工具命令来对图形进行标注，得到尺寸标注的结果如图 12-26 所示。

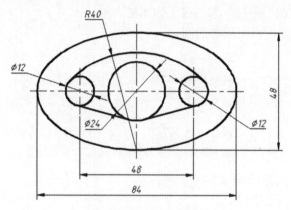

图 12-26　尺寸标注效果

（19）在快速访问工具栏中单击"保存"按钮🖫，以自行设定的文件名和路径保存该图形文件。

12.2　平面图绘制范例 2

本节再着重介绍一个平面图综合绘制范例。在该综合绘制范例中，主要知识点包括创建新图形文件，使用各种绘图工具和修改工具绘制、编辑二维图形，进行尺寸标注等。该平面图综合绘制范例要完成的平面图效果如图 12-27 所示，该综合范例具体的绘制步骤如下。

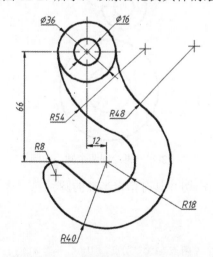

图 12-27　平面图绘制范例 2 完成效果

（1）新建一个图形文件。在快速访问工具栏中单击"新建"按钮▢，接着通过弹出的对话框从本书配套资源中的素材文件夹 CH12 中选择"ZJBC-图形样板.dwt"图形样板，单击"打开"按钮。本例使用"草图与注释"工作空间进行绘图操作。可以先按 Ctrl+S 快捷键将该图形文件保存为"平面图绘制范例 2.dwg"。

（2）设置当前工作图层。在功能区"默认"选项卡的"图层"面板中，从"图层"下拉列表框中选择"01 层-粗实线"图层作为当前工作图层。

（3）执行以下操作绘制两个同心的圆。

```
命令：CIRCLE✓
指定圆的圆心或 [三点(3P)/两点(2P)/切点、切点、半径(T)]: 0,0✓
指定圆的半径或 [直径(D)]: 8✓
命令：CIRCLE✓
指定圆的圆心或 [三点(3P)/两点(2P)/切点、切点、半径(T)]: 0,0✓
指定圆的半径或 [直径(D)] <8.0000>: 18✓
```

完成绘制的两个同心的圆如图 12-28 所示。

（4）继续绘制两个同心的圆。

```
命令：CIRCLE✓
指定圆的圆心或 [三点(3P)/两点(2P)/切点、切点、半径(T)]: @12,-66✓
指定圆的半径或 [直径(D)] <18.0000>: 18✓
命令：CIRCLE✓
指定圆的圆心或 [三点(3P)/两点(2P)/切点、切点、半径(T)]: @✓
指定圆的半径或 [直径(D)] <18.0000>: 40✓
```

完成绘制的这两个同心的圆如图 12-29 所示。

（5）使用 LINE 命令绘制如图 12-30 所示的一条直线段。

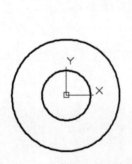 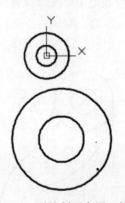 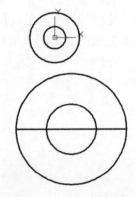

图 12-28 绘制同心的两个圆　图 12-29 再绘制两个同心的圆　图 12-30 绘制一条直线段

（6）绘制一个与两个对象相切并具有指定半径的圆。

```
命令：C✓
CIRCLE
指定圆的圆心或 [三点(3P)/两点(2P)/切点、切点、半径(T)]: T✓
指定对象与圆的第一个切点：    //如图 12-31 所示
指定对象与圆的第二个切点：    //如图 12-32 所示
指定圆的半径 <40.0000>: 8✓
```

完成绘制的一个圆如图 12-33 所示。

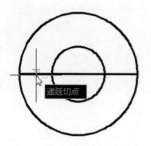

图 12-31 指定对象与圆的
第一个切点

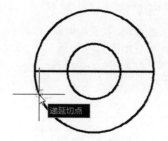

图 12-32 指定对象与圆的
第二个切点

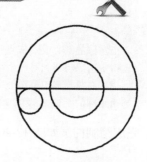

图 12-33 完成绘制一个圆

（7）删除一条直线段。在功能区"默认"选项卡的"修改"面板中单击"删除"按钮 ，
接着选择要删除的一条直线段，如图 12-34 所示，按 Enter 键确认，删除该直线段后的图形效果
如图 12-35 所示。

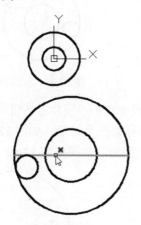

图 12-34 选择要删除的一条直线段

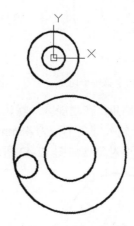

图 12-35 删除结果

（8）绘制一条与两个对象相切的直线段。在功能区"默认"选项卡的"绘图"面板中单击"直
线"按钮 ，按 Ctrl 键的同时右击以弹出一个快捷菜单，从中选择"切点"选项，在如图 12-36
所示的小圆的合适位置处单击，再按 Ctrl 键并同时右击，接着从弹出的快捷菜单中选择"切点"
选项，在要相切的第二个对象上指定递延切点，如图 12-37 所示，按 Enter 键结束"直线"命令。

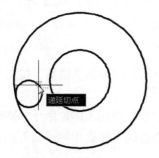

图 12-36 指定递延切点 1

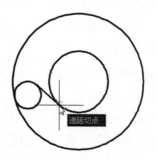

图 12-37 指定递延切点 2

（9）绘制一个与两个对象相切并具有指定半径的圆。在功能区"默认"选项卡的"绘图"
面板中单击"圆：相切、相切、半径"按钮 ，根据命令行提示进行以下操作。

```
命令：_circle
指定圆的圆心或 [三点(3P)/两点(2P)/切点、切点、半径(T)]：_ttr
指定对象与圆的第一个切点：     //如图 12-38 所示
指定对象与圆的第二个切点：     //如图 12-39 所示
指定圆的半径 <8.0000>：54↙
```

完成绘制的圆如图 12-40 所示。

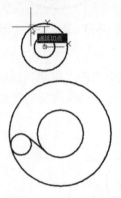

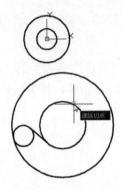

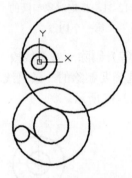

图 12-38 指定第一个切点　　　　图 12-39 指定第二个切点　　　　图 12-40 完成绘制的圆

（10）倒圆角。在功能区"默认"选项卡的"修改"面板中单击"圆角"按钮，选择"半径(R)"选项，输入圆角半径为 48mm，确保模式为修剪，选择第一个对象（如图 12-41 所示），接着选择第二个对象（如图 12-42 所示），从而完成创建一个圆角，效果如图 12-43 所示。

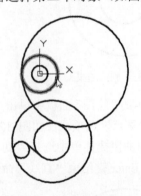

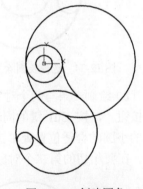

图 12-41 选择要倒圆角的　　　　图 12-42 选择要倒圆角的　　　　图 12-43 创建圆角
　　　　　第一个对象　　　　　　　　　第二个对象

（11）修剪图形。在功能区"默认"选项卡的"修改"面板中单击"修剪"按钮，将图形修剪成如图 12-44 所示。

（12）绘制中心线。将当前图层更改为"05 层-细点画线"，使用 LINE 命令分别绘制两条中心线，如图 12-45 所示。也可以使用"注释"选项卡的"中心线"面板中的"圆心标记"按钮来完成。

（13）为多个圆弧创建圆心标记。在功能区中切换至"注释"选项卡，从"中心线"面板中单击"圆心标记"按钮，接着选择要创建圆心标记的圆弧。一共创建 4 个圆心标记，可以分别双击每个圆心标记并从出现的快捷特性栏中将"显示延伸"的值更改为"否"，此时图形显示如

图 12-46 所示。

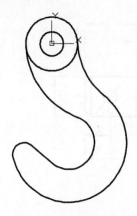

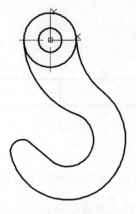

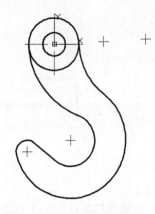

图 12-44 修剪图形　　　　　图 12-45 绘制两条中心线　　　　图 12-46 创建 4 个圆心标记

（14）设置当前图层和当前标注样式。在功能区"默认"选项卡的"图层"面板的"图层"下拉列表框中选择"08 层-尺寸注释"，从而将"08 层-尺寸注释"图层设置为当前图层；在功能区"默认"选项卡的"注释"面板中，从"标注样式"下拉列表框中选择 ZJBZ-X5 标注样式作为当前标注样式。

（15）标注尺寸。分别执行功能区"默认"选项卡的"注释"面板中的相关标注工具命令来对图形进行标注，得到尺寸标注的结果如图 12-47 所示。

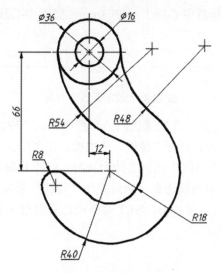

图 12-47 完成尺寸标注

（16）保存文件。

12.3 绘制丝杠零件的一个视图

本节介绍绘制丝杠零件的一个视图范例的过程，完成效果如图 12-48 所示。

本范例涉及直线、圆、倒角、对称、创建尺寸标注、修改尺寸标注等知识点。

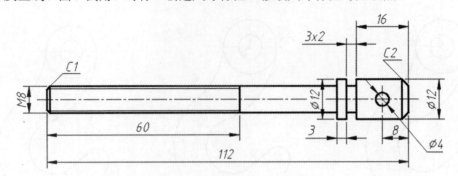

图 12-48　绘制丝杠零件的一个视图

绘制丝杠零件的一个视图范例具体的步骤如下。

（1）新建一个图形文件。在快速访问工具栏中单击"新建"按钮 ⬜，接着通过弹出的对话框从本书配套资源中的素材文件夹 CH12 中选择"ZJBC-图形样板.dwt"图形样板，单击"打开"按钮。本例使用"草图与注释"工作空间进行绘图操作。可以先按 Ctrl+S 快捷键将该图形文件保存为"丝杠零件视图.dwg"。

（2）设置当前工作图层。在功能区"默认"选项卡的"图层"面板中，从"图层"下拉列表框中选择"05 层-细点画线"图层作为当前工作图层。

（3）绘制中心线。使用 LINE（直线）命令绘制如图 12-49 所示的两条中心线，其中水平中心线长度可以取 118mm，竖直中心线大约取 8mm，竖直中心线距离水平中心线的右端点大约 11mm。

图 12-49　绘制两条中心线

（4）修改中心线的线型比例。在快速访问工具栏中单击"特性"按钮 ▤，或者在命令行中输入 PROPERTIES 并按 Enter 键，打开"特性"选项板，在图形窗口中选择两条中心线，在"特性"选项板的"常规"选项组中将线型比例更改为 0.25。修改并确定新线型比例后，将鼠标指针置于图形窗口中，按 Esc 键取消当前选择，然后关闭"特性"选项板。

（5）创建一条偏移辅助线。使用 OFFSET 命令在已有竖直中心线的右侧创建其偏移线，偏移距离为 8mm，如图 12-50 所示。

图 12-50　创建一条偏移辅助线

（6）更改当前工作图层。在功能区"默认"选项卡的"图层"面板中，从"图层"下拉列表框中选择"01 层-粗实线"图层作为当前工作图层。

（7）绘制相关的直线段。使用 LINE 命令，按照如图 12-51 所示的尺寸绘制一系列以粗实线表示的直线段。

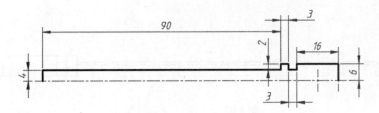

图 12-51　绘制一系列直线段

（8）创建一条偏移线。

```
命令：OFFSET↙
当前设置：删除源=否　图层=源　OFFSETGAPTYPE=0
指定偏移距离或 [通过(T)/删除(E)/图层(L)] <8.0000>：60↙
选择要偏移的对象，或 [退出(E)/放弃(U)] <退出>：　//选择最左边的长度为4mm的竖直轮廓线
指定要偏移的那一侧上的点，或 [退出(E)/多个(M)/放弃(U)] <退出>：
选择要偏移的对象，或 [退出(E)/放弃(U)] <退出>：↙
```

此时，图形如图 12-52 所示，此时可以删除最右侧的竖直辅助中心线。

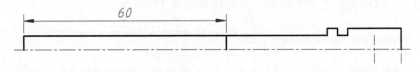

图 12-52　创建一条偏移线

（9）创建倒角。在功能区"默认"选项卡的"修改"面板中单击"倒角"按钮，分别创建如图 12-53 所示的两个倒角，一个倒角的规格为 C2，另一个倒角的规格为 C1。

图 12-53　创建两个倒角

（10）绘制直线段。使用 LINE（直线）命令补齐两条由倒角形成的轮廓线，如图 12-54 所示。

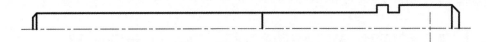

图 12-54　补齐倒角轮廓线

（11）延伸操作。在功能区"默认"选项卡的"修改"面板中单击"延伸"按钮，指定水平中心线作为边界边，按 Enter 键，接着分别在要延伸端附近选择要延伸的对象，以获得如图 12-55 所示的延伸效果。

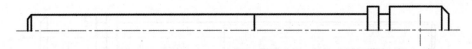

图 12-55　延伸操作的图形效果

（12）偏移操作，如图 12-56 所示。

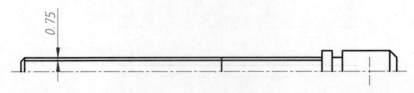

图 12-56 创建一条偏移线

（13）延伸操作和修剪操作。在功能区"默认"选项卡的"修改"面板中单击"延伸"按钮，进行相应操作，将步骤（12）偏移得到的线段延伸到如图 12-57 所示的倒角的斜边处。在功能区"默认"选项卡的"修改"面板中单击"修剪"按钮，将图形修剪成如图 12-58 所示。

图 12-57　延伸操作　　　　　　　　　　　　　　图 12-58　修剪操作

（14）修改指定线段所在的图层。选择如图 12-59 所示的一条线段，接着从功能区"默认"选项卡的"图层"面板的"图层"下拉列表框中选择"02 层-细实线"图层，将鼠标指针置于图形窗口中时按 Esc 键取消对象选择状态，此时图形如图 12-60 所示。

图 12-59　选择要操作的线段　　　　　　　　　图 12-60　修改好指定线段所在的图层

（15）镜像图形。在功能区"默认"选项卡的"修改"面板中单击"镜像"按钮，接着根据命令行提示进行以下操作。

```
命令：_mirror
选择对象：指定对角点：找到 15 个
                    //从左到右指定两个角点以框选要镜像的图形，如图 12-61 所示
选择对象：↙
指定镜像线的第一点：        //在水平中心线上选择左端点
指定镜像线的第二点：        //在水平中心线上选择右端点
要删除源对象吗？[是(Y)/否(N)] <否>：↙
```

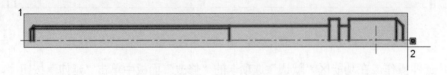

图 12-61　选择要镜像的图形

镜像图形的结果如图 12-62 所示。

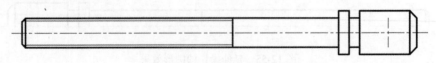

图 12-62　镜像图形的结果

（16）绘制一个圆。

```
命令：CIRCLE✓
指定圆的圆心或 [三点(3P)/两点(2P)/切点、切点、半径(T)]：_int 于  //捕捉圆心位置
指定圆的半径或 [直径(D)]：D✓
指定圆的直径：4✓
```

完成绘制该圆后的图形效果如图 12-63 所示。

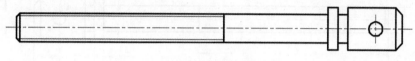

图 12-63 绘制圆

（17）设置当前图层和当前标注样式。在功能区"默认"选项卡的"图层"面板的"图层"下拉列表框中选择"08 层-尺寸注释"，从而将"08 层-尺寸注释"图层设置为当前图层；在功能区"默认"选项卡的"注释"面板中，从"标注样式"下拉列表框中选择 ZJBZ-X3 标注样式作为当前标注样式。

（18）标注尺寸。分别执行功能区"默认"选项卡的"注释"面板中的相关标注工具命令来对图形进行标注，初步得到尺寸标注的结果如图 12-64 所示。

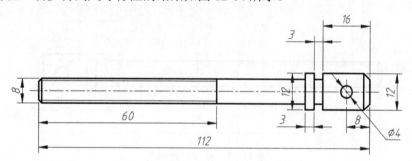

图 12-64 初步的尺寸标注

（19）编辑尺寸标注的文本注释。在命令行的"键入命令"提示下输入 TEXTEDIT 并按 Enter键，分别选择相应的尺寸标注以编辑其注释文本，如图 12-65 所示。其中，对于一般退刀槽，其尺寸可按"槽宽×直径"或"槽宽×槽深"的形式标注，当图形较小，也可以用指引线的形式标注，指引线将从轮廓线引出。

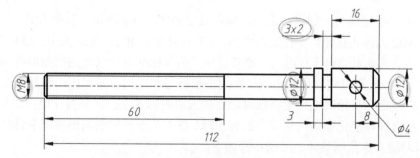

图 12-65 编辑尺寸标注的注释文本

（20）打断中心线。在功能区"默认"选项卡的"修改"面板中单击"打断"按钮，接

着选择水平中心线作为要打断的对象（注意选择单击的位置，该位置确定第一个打断点），接着指定第二个打断点，从而将该水平中心线打断以使该水平中心线与相应尺寸标注文本不重叠，参考效果如图 12-66 所示。

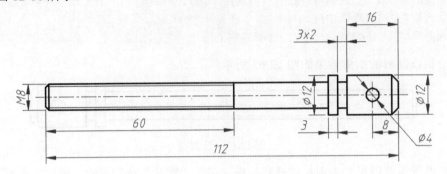

图 12-66　打断中心线

（21）标注倒角。使用 LINE（直线）命令为相应倒角绘制指引线（需要启用对象捕捉和对象捕捉追踪等功能），并使用 MTEXT（多行文字）命令在指引线基线上方创建倒角尺寸的注释文本，结果如图 12-67 所示。

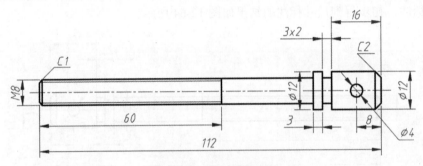

图 12-67　标注两处倒角

（22）保存文件。按 Ctrl+S 快捷键快速保存文件。

12.4　绘制电磁阀门控制电路

扫码看视频

绘制电磁阀门
控制电路范例

本节介绍绘制电磁阀门控制电路范例，参考效果如图 12-68 所示，其中 SB1 为启动按钮，SB2 为停止按钮，K 控制继电器，KT 为时间继电器，KM 为中间继电器，FR 为热继电器触点，Y 为电磁阀。由于在电气电路设计中，相关标准对电气简图用图形符号和电气设备用图形符号做了规定，可以将常用的电气简图用图形符号和电气设备用图形符号制作成图块或带属性的图块，以便在今后绘制电气电路图时通过插入块的形式来快速获得这些图形符号，制图效率大大提高，而且在标准化和规范化等方面有保障。在本范例使用的图形样板中已经建立好一些常用的图形符号块，本范例具体的绘制步骤如下。

（1）新建一个图形文件。在快速访问工具栏中单击"新建"按钮，接着通过弹出的对话框从本书配套资源中的素材文件夹 CH12 中选择"电气电路设计图形样板.dwt"图形样板，单击

"打开"按钮。可以先按 Ctrl+S 快捷键将该图形文件保存为"电磁阀门控制电路.dwg"。

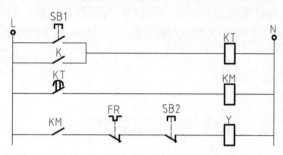

图 12-68   电磁阀门控制电路

（2）指定工作空间和当前工作图层。在快速访问工具栏的"工作空间"下拉列表框中选择"草图与注释"工作空间选项，接着从功能区"默认"选项卡的"图层"面板的"图层"下拉列表框中选择"细实线"，从而将所选的"细实线"图层作为当前工作图层。

（3）插入继电器线圈图形符号。在功能区"默认"选项卡的"块"面板中单击"插入"按钮并选择"更多选项"命令，弹出"插入"对话框。从"名称"下拉列表框中选择"继电器线圈-驱动器件"，在"插入点"选项组中确保选中"在屏幕上指定"复选框，在"旋转"选项组中输入旋转角度为 90°，并选中"分解"复选框，如图 12-69 所示，接着单击"确定"按钮，并在图形窗口中指定一点作为块的插入点，插入的继电器线圈图形符号如图 12-70 所示。

图 12-69   "插入"对话框

图 12-70   插入的图形符号

（4）创建矩形阵列。在功能区"默认"选项卡的"修改"面板中单击"矩形阵列"按钮，选择刚插入的整个图形，按 Enter 键，功能区出现"阵列创建"上下文选项卡，从中进行如图 12-71 所示的阵列创建参数设置，然后单击"关闭阵列"按钮。

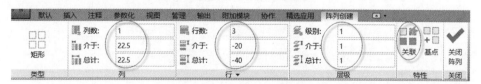

图 12-71   设置矩形阵列参数

（5）插入"自动复位的手动按钮开关"图形符号。在功能区"默认"选项卡的"块"面板中单击"插入"按钮并选择"更多选项"命令，弹出"插入"对话框。从"名称"下拉列表框中选择"自动复位的手动按钮开关"，在"插入点"选项组中确保选中"在屏幕上指定"复选框，在"旋转"选项组中输入旋转角度为-90°，并选中"分解"复选框，如图 12-72 所示。接着单击"确定"按钮，并在图形窗口中指定一点作为块的插入点，插入的该开关图形符号如图 12-73 所示。

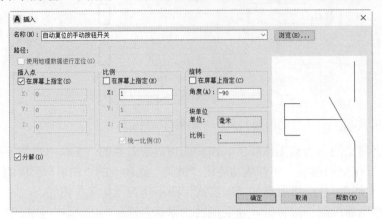

图 12-72　"插入"对话框

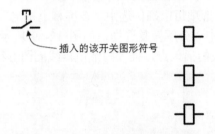

图 12-73　插入指定的开关图形符号

（6）插入"热继电器-动断触点"图形符号。在功能区"默认"选项卡的"块"面板中单击"插入"按钮 并选择"更多选项"命令，弹出"插入"对话框。从"名称"下拉列表框中选择"热继电器-动断触点"，在"插入点"选项组中确保选中"在屏幕上指定"复选框，在"旋转"选项组中输入旋转角度为-90°，并选中"分解"复选框，如图 12-74 所示。接着单击"确定"按钮，并在图形窗口中巧用"对象捕捉"功能和"对象捕捉追踪"功能辅助指定一点作为该块的插入点，从而插入该图形符号，如图 12-75 所示。

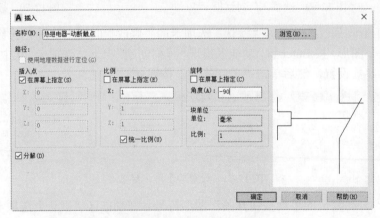

图 12-74　"插入"对话框

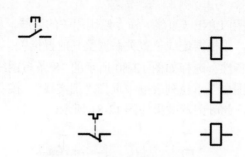

图 12-75 插入指定的图形符号

（7）插入"按钮开关 A"图形符号。在功能区"默认"选项卡的"块"面板中单击"插入"按钮 ，并选择"更多选项"命令，弹出"插入"对话框。从"名称"下拉列表框中选择"按钮开关 A"，在"插入点"选项组中确保选中"在屏幕上指定"复选框，在"旋转"选项组中输入旋转角度为-90°，并选中"分解"复选框，如图 12-76 所示。接着单击"确定"按钮，并在图形窗口中巧用"对象捕捉"功能和"对象捕捉追踪"功能辅助指定一点作为该块的插入点，从而插入该图形符号，如图 12-77 所示。

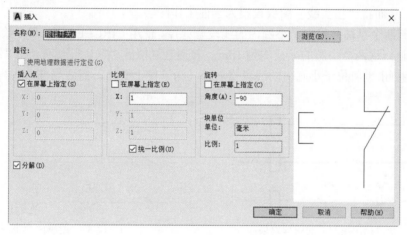

图 12-76 "插入"对话框

（8）插入开关一般符号。通过在功能区"默认"选项卡的"块"面板中单击"插入"按钮 ，并选择"更多选项"命令来在图形中插入名称为"开关一般符号-动合（常开）一般符号"的图块。一共插入 3 个该图块，注意其正确的旋转角度，并分解该块，完成本步骤插入图块后的图形效果如图 12-78 所示。

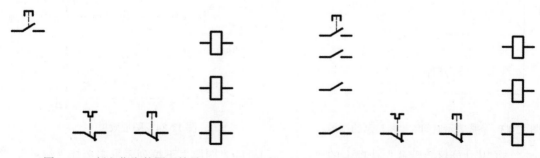

图 12-77 插入指定的图形符号　　　　　图 12-78 插入 3 个开关一般符号

（9）绘制相关连线。使用 LINE（直线）命令绘制相关的连线，如图 12-79 所示。如果之前某个图块的放置位置不合适，则根据连线位置关系调整其放置位置。

（10）更改指定图线的特性。选择如图 12-80 所示的 18 条短图线，接着从功能区"默认"选项卡的"图层"面板的"图层"下拉列表框中选择"细实线"，接着将鼠标指针置于图形窗口中，按 Esc 键退出特性设置，此时图形效果如图 12-81 所示。

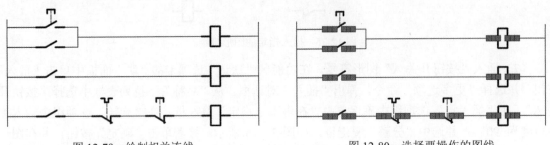

图 12-79　绘制相关连线　　　　　　　　　　　图 12-80　选择要操作的图线

（11）更改当前图层。在功能区"默认"选项卡的"图层"面板的"图层"下拉列表框中选择"粗实线"，从而将"粗实线"图层设置为当前工作图层。

（12）绘制两个小圆并将位于小圆内的线段修剪掉。使用 CIRCLE（圆）命令绘制如图 12-82 所示的两个小圆，这两个小圆的半径均为 1mm。接着在功能区"默认"选项卡的"修改"面板中单击"修剪"按钮 将位于小圆内的线段修剪掉（为了便于操作，需要局部放大视图）。

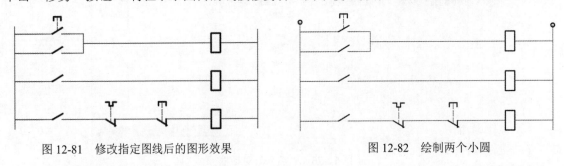

图 12-81　修改指定图线后的图形效果　　　　　　　图 12-82　绘制两个小圆

（13）使用相关工具命令绘制如图 12-83 所示的图形，图中特意给出参考尺寸和辅助线。

（14）删除相关的辅助线，效果如图 12-84 所示。

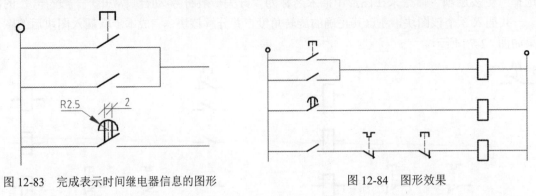

图 12-83　完成表示时间继电器信息的图形　　　　　图 12-84　图形效果

（15）从功能区"默认"选项卡的"图层"面板的"图层"下拉列表框中选择"注释"，将所选的"注释"图层作为新的当前工作图层。

（16）在功能区"默认"选项卡中单击"注释"面板溢出按钮，接着从"注释"面板的溢出列表中将"电气文字 3.5"文字样式设置为当前文字样式。

（17）在功能区"默认"选项卡的"注释"面板中单击"多行文字"按钮 A，分别创建如图 12-85 所示的文字注释。

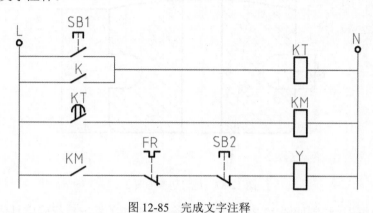

图 12-85　完成文字注释

（18）单击"保存"按钮 ，或者按 Ctrl+S 快捷键，将文件保存为"电磁阀门控制电路.dwg"，从而完成本例操作。

12.5　思考与练习

（1）在绘制与两个对象均相切的直线时，需要注意哪些操作技巧？可以举例进行说明。

（2）要在图形中创建关联中心线（给指定对象创建中心线），应该如何操作？

（3）在什么情况下，适合使用插入块的方式来进行图形绘制与编辑？

（4）上机操作 1：绘制如图 12-86 所示的图形，并标注尺寸。

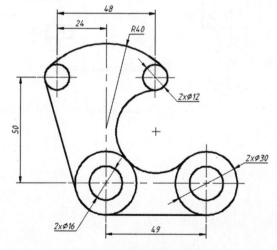

图 12-86　练习题参考图 1

（5）上机操作 2：绘制如图 12-87 所示的图形，并标注尺寸。

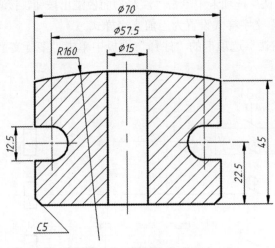

图 12-87　练习题参考图 2

（6）上机操作 3：绘制如图 12-88 所示的图形，根据相关标准自行确定具体尺寸。

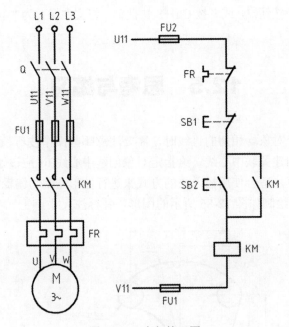

图 12-88　电气练习图

第13章 综合范例（下）

本 章 导 读

　　本章介绍绘制零件图的两个综合范例，用于辅助提升读者使用
AutoCAD 的综合设计能力，可供读者在实际工作中参考使用。

13.1　托架零件图

　　在工程制图中，零件图是最为常见的一类工程图纸。在绘制零件图时，需
要注重比例的选择、视图的选择、视图的
布置。在视图选择方面，一般要考虑它的
工作位置或加工位置或安装位置，并选择
能表达零件信息量最多的那个视图作为
主视图，所取视图（包括剖视图、局部视
图、断面图、斜视图等）的数量要恰当，
以能完全、正确、清楚地表达零件各组成
部分的结果形状和相对位置关系为原则。
视图不是越多越好。布置视图时要考虑合
理利用图纸幅面，并留出适当的位置用于
标注尺寸、表面结构要求和其他技术要求
等，各基本视图应尽量按规定的位置配置
和对齐。

　　本节介绍托架零件图的绘制过程，完
成效果如图 13-1 所示，具体的绘制过程
如下。

　　（1）新建一个图形文件。在快速访
问工具栏中单击"新建"按钮，接着通
过弹出的对话框从本书配套资源中的素
材文件夹 CH13 中选择"ZJ-A4 竖向-留装
订边.dwt"图形样板，单击"打开"按钮。
文件中已经提供一个竖向的 A4 图框，如

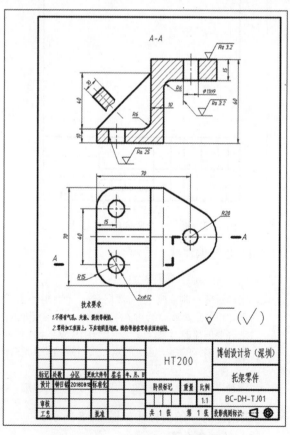

图 13-1　要绘制的托架零件图

图 13-2 所示。

（2）设置当前工作图层。使用"草图与注释"工作空间，在功能区"默认"选项卡的"图层"面板的"图层"下拉列表框中选择"粗实线"，则"粗实线"图层被设置为当前工作图层。

（3）绘制连续直线段，如图 13-3 所示，此步骤的命令行操作如下。

```
命令：LINE↙
指定第一个点：68,100↙
指定下一点或 [放弃(U)]：@50,0↙
指定下一点或 [放弃(U)]：@0,70↙
指定下一点或 [闭合(C)/放弃(U)]：@-50,0↙
指定下一点或 [闭合(C)/放弃(U)]：C↙
```

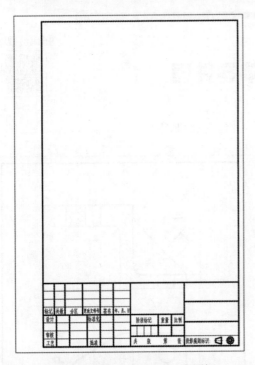

图 13-2　提供一个竖向的 A4 图框

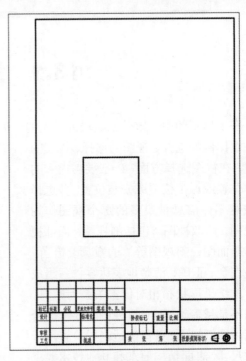

图 13-3　绘制闭合的连续线段

（4）创建偏移线。

```
命令：OFFSET↙
当前设置：删除源=否　图层=源　OFFSETGAPTYPE=0
指定偏移距离或 [通过(T)/删除(E)/图层(L)] <通过>：70↙
选择要偏移的对象，或 [退出(E)/放弃(U)] <退出>：　　//选择如图 13-4 所示的线段
指定要偏移的那一侧上的点，或 [退出(E)/多个(M)/放弃(U)] <退出>：　　//在所选线段的右侧区域
单击
选择要偏移的对象，或 [退出(E)/放弃(U)] <退出>：↙
```

完成创建的一条偏移线如图 13-5 所示。

（5）绘制两个圆。

```
命令： CIRCLE↙
指定圆的圆心或 [三点(3P)/两点(2P)/切点、切点、半径(T)]: //选择如图 13-6 所示的线段中点
指定圆的半径或 [直径(D)]: 5.5↙
命令：                                                    //按 Enter 键重复上一个命令
CIRCLE
指定圆的圆心或 [三点(3P)/两点(2P)/切点、切点、半径(T)]: //选择同一个线段中点
指定圆的半径或 [直径(D)] <5.5000>: 20↙
```

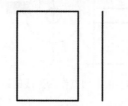
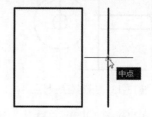

图 13-4 选择要偏移的对象　　　图 13-5 完成创建一条偏移线　　　图 13-6 选择线段中点作为圆心位置

完成绘制的两个圆如图 13-7 所示。

（6）使用 OFFSET 命令创建一条偏移线，如图 13-8 所示，图中给出了偏移距离为 10mm。

（7）创建一条辅助线。使用 LINE 命令，通过选择两个对象的中点来绘制如图 13-9 所示的一条辅助线。

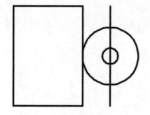
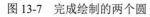
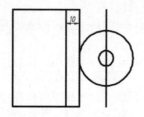
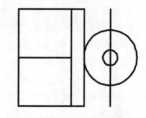

图 13-7 完成绘制的两个圆　　　图 13-8 创建一条偏移线　　　图 13-9 绘制一条辅助线

（8）使用 OFFSET 命令创建两条偏移线，如图 13-10 所示，图中给出了上下偏移距离均为 5mm。

（9）将步骤（7）创建的一条辅助线（以粗实线显示的直线段）删除，接着选择如图 13-11 所示的一条直线段，在功能区"默认"选项卡的"图层"面板的"图层"下拉列表框中选择"细虚线"，该直线段的相关特性由"细虚线"图层定义，效果如图 13-12 所示。

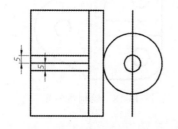
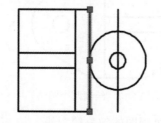
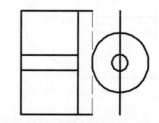

图 13-10 创建两条偏移线　　　图 13-11 选择要编辑的直线段　　　图 13-12 将所选粗实线改为细虚线

（10）绘制两条直线段。在命令行的"键入命令"提示下输入 LINE 并按 Enter 键，选择如

图 13-13 所示的端点作为新直线段的起点，接着在按住 Ctrl 键的同时右击以弹出一个快捷菜单，从该快捷菜单中选择"切点"选项，在如图 13-14 所示的圆上指定切点，从而绘制一个直线段，按 Enter 键结束命令操作。使用同样的方法，再绘制一条经过指定端点并与指定圆相切的直线段，效果如图 13-15 所示。

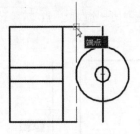 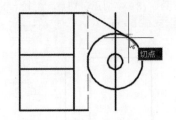 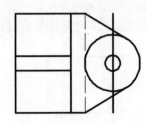

图 13-13　指定直线起点　　　图 13-14　指定切点作为直线的终点　　　图 13-15　绘制另一条直线段

（11）在功能区"默认"选项卡的"修改"面板中单击"修剪"按钮 ╱ 修剪图形，以及在功能区"默认"选项卡的"修改"面板中单击"删除"按钮 ╱ 删除一条不再需要的线段，完成该步骤后得到的图形效果如图 13-16 所示。

（12）绘制圆角。

```
命令：FILLET↙
当前设置：模式=修剪，半径=0.0000
选择第一个对象或 [放弃(U)/多段线(P)/半径(R)/修剪(T)/多个(M)]：M↙
选择第一个对象或 [放弃(U)/多段线(P)/半径(R)/修剪(T)/多个(M)]：R↙
指定圆角半径 <0.0000>：15↙
选择第一个对象或 [放弃(U)/多段线(P)/半径(R)/修剪(T)/多个(M)]：
选择第二个对象，或按住 Shift 键选择对象以应用角点或 [半径(R)]：
选择第一个对象或 [放弃(U)/多段线(P)/半径(R)/修剪(T)/多个(M)]：
选择第二个对象，或按住 Shift 键选择对象以应用角点或 [半径(R)]：
选择第一个对象或 [放弃(U)/多段线(P)/半径(R)/修剪(T)/多个(M)]：↙
```

绘制好两个圆角后的图形效果如图 13-17 所示。

（13）绘制两个圆。使用 CIRCLE（圆）命令绘制如图 13-18 所示的两个圆，这两个圆的圆心均位于相应圆角的圆心处，半径均为 6mm。

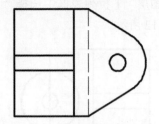 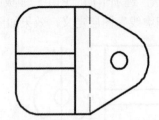 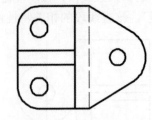

图 13-16　编辑图形后的效果　　　图 13-17　绘制两个圆角　　　图 13-18　绘制两个圆

（14）使用 LINE 命令绘制另一个视图的部分轮廓线。

```
命令：LINE↙
指定第一个点：68,202↙
```

```
指定下一点或 [放弃(U)]: @50<0↙
指定下一点或 [放弃(U)]: @45<90↙
指定下一点或 [闭合(C)/放弃(U)]: @40<0↙
指定下一点或 [闭合(C)/放弃(U)]: @15<90↙
指定下一点或 [闭合(C)/放弃(U)]: @50<180↙
指定下一点或 [闭合(C)/放弃(U)]: @50<-90↙
指定下一点或 [闭合(C)/放弃(U)]: @40<180↙
指定下一点或 [闭合(C)/放弃(U)]: C↙
```

绘制的闭合的连续线段如图 13-19 所示。其中一些点也可以根据视图对齐关系使用"对象捕捉"功能和"对象捕捉追踪"功能来选定。

（15）绘制一条倾斜的直线段。

```
命令: LINE↙
指定第一个点:                    //选择如图 13-20 所示的端点作为直线段的起点
指定下一点或 [放弃(U)]: @40,40↙
指定下一点或 [放弃(U)]: ↙
```

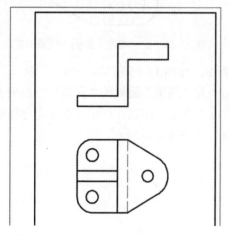

图 13-19 绘制另一个视图的部分轮廓线

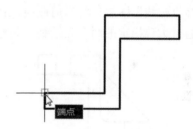

图 13-20 指定直线段的起点

完成绘制的倾斜直线段如图 13-21 所示。

（16）使用 FILLET（圆角）命令绘制如图 13-22 所示的两个圆角，它们的半径均为 6mm。

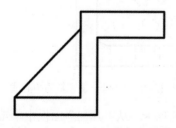

图 13-21 绘制一条倾斜的直线段

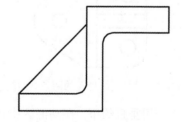

图 13-22 绘制两个圆角

（17）绘制孔的截面轮廓线。

确保启用"正交""对象捕捉""对象捕捉追踪"功能，在功能区"默认"选项卡的"绘图"

面板中单击"直线"按钮 ╱，从下方的主视图中捕捉一个孔的左象限点，利用"对象捕捉追踪"
功能沿着垂直追踪线追踪捕获单击第一点，接着利用"正交"功能等在相应边线上指定第二点，
从而绘制一条直线段，如图 13-23 所示。

使用同样的方法，绘制该孔的另一条截面轮廓线，如图 13-24 所示。

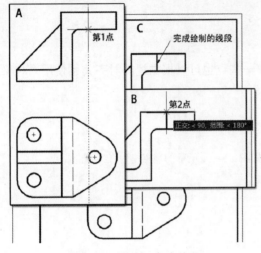

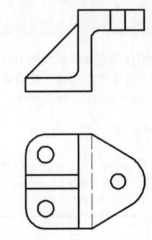

图 13-23 绘制一条直线段   图 13-24 绘制指定孔的另一条截面轮廓线

使用同样的方法，绘制另一处孔的两条截面轮廓线，如图 13-25 所示。

（18）绘制一条中心线。在功能区"默认"选项卡的"图层"面板的"图层"下拉列表框中
选择"细点画线"图层作为当前图层，按 F8 键以取消"正交"模式，使用 LINE 命令在上方的
视图中通过大致指定的两个点绘制一条倾斜的中心线，如图 13-26 所示。

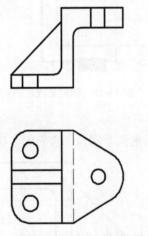

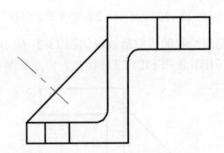

图 13-25 绘制另一处孔的两条截面轮廓线   图 13-26 绘制一条倾斜的中心线

（19）应用垂直约束。在功能区中切换至"参数化"选项卡，从"几何"面板中单击"垂直"
按钮 ╲，先选择倾斜的粗实线，再选择倾斜的中心线，从而使倾斜的中心线调整至与所选粗实线
垂直，如图 13-27 所示。可以单击"全部隐藏"按钮 以隐藏图形中的所有几何约束。

（20）创建 3 条偏移线。使用 OFFSET 命令创建如图 13-28 所示的 3 条偏移线，图 13-28 中

给出了相应的偏移距离。

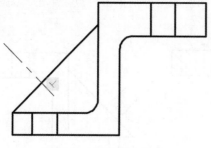

图13-27　应用垂直约束

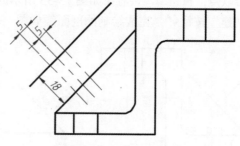

图13-28　创建3条偏移线

（21）在功能区"默认"选项卡的"图层"面板的"图层"下拉列表框中选择"细实线"，则"细实线"图层被设置为当前工作图层，接着在功能区"默认"选项卡的"绘图"面板中单击"样条曲线拟合"按钮∿，绘制如图13-29所示的样条曲线。

（22）对加强筋剖面图形进行修剪并修改相关图线的图层（或修改相关图线的线型），完成该步骤后的图形效果如图13-30所示。

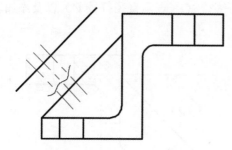

图13-29　绘制一条样条曲线

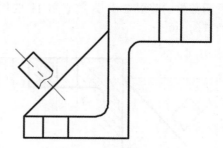

图13-30　进行修剪等操作

（23）绘制相关的中心线。在功能区"默认"选项卡的"图层"面板的"图层"下拉列表框中选择"细点画线"，则"细点画线"图层被设置为当前工作图层，使用LINE命令在两个视图中绘制相应的中心线，并可以使用LENGTHEN（拉长）命令适当调整中心线的长度。在绘制上方视图的孔中心线时，可以巧妙地应用"对象捕捉""对象捕捉追踪""正交"功能来辅助完成。可以通过"特性"选项板调整中心线的线型比例，例如将全部中心线的线型比例修改为0.5，效果如图13-31所示。

（24）绘制剖面线。为了能正确通过拾取内部点来定义要绘制剖面线的区域，需要先在功能区"默认"选项卡的"修改"面板中单击"打断于点"按钮▢，在如图13-32所示的几个关键交点处（A、B、C、D）打断相关的线段。接着在功能区"默认"选项卡的"图层"面板的"图层"下拉列表框中选择"标注及剖面线"，在功能区"默认"选项卡的"绘图"面板中单击"图案填充"按钮▨，在功能区出现"图案填充创建"上下文选项卡，在"图案"面板中单击ANSI31图标▨，在"选项"面板中确保选中"关

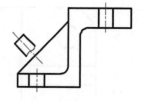
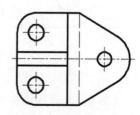

图13-31　绘制相关的中心线

联"按钮，在"特性"面板中将角度值设置为 0°，比例值默认为 1，在"边界"面板中单击"拾取点"按钮，接着在如图 13-33 所示的 5 个封闭区域内分别单击一点，单击"关闭图案填充创建"按钮，完成绘制的剖面线如图 13-34 所示。

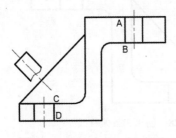
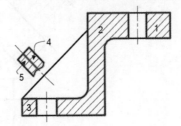
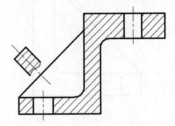

图 13-32　在关键交点处打断　　　图 13-33　拾取多个内部点　　　13-34　完成绘制剖面线

（25）在功能区"默认"选项卡中单击"注释"溢出按钮以打开其溢出列表，从中分别指定 WZ-X3.5 文字样式为当前文字样式，ZJBZ-X3.5 标注样式为当前标注样式。

（26）使用"注释"面板中的相关尺寸标注工具初步标注如图 13-35 所示的尺寸。

（27）使用 TEXTEDIT 命令编辑如图 13-36 所示的两个尺寸的注释文本。其中为 Ø12 尺寸添加表示数量的前缀 2×，为数值为 11 的尺寸添加前缀%%C（表示直径符号 Ø）以及添加表示公差的后缀 H9。

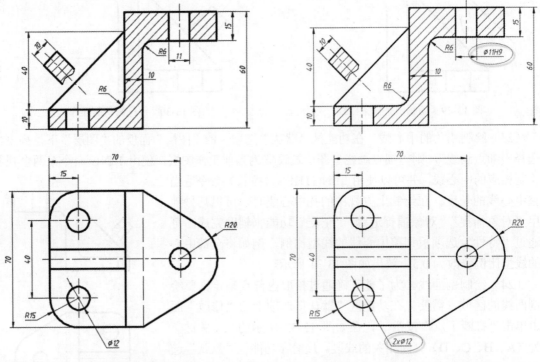

图 13-35　初步创建的尺寸标注　　　　　　　图 13-36　编辑一些尺寸标注

（28）注写表面结构要求。表面结构要求可标注在零件表面的延长线上，也可以标注在尺寸界线或其延长线上，因此在注写某些表面的表面结构要求之前，可以使用直线工具绘制相应的延长线。在功能区"默认"选项卡的"块"面板中单击"插入块"按钮并选择"更多选项"以打开"插入"对话框，从"名称"下拉列表框中选择所需要的一种表面结构要求符号块（所选样板文件已经预定义好的属性块），本例选择"表面结构要求 h3.5-去除材料"，并根据需要设置相应的选项、参数，如图 13-37 所示，单击"确定"按钮。

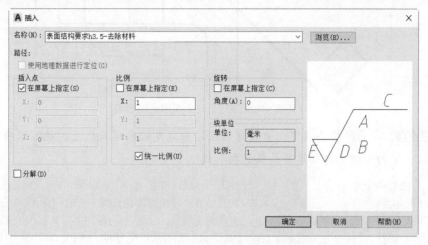

图 13-37　"插入"对话框

　　指定表面结构要求符号的插入点如图 13-38 所示，接着在弹出的"编辑属性"对话框中填写单一的表面结构要求为 Ra 3.2（Ra 和数值 3.2 之间有一个空格），如图 13-39 所示，然后单击"确定"按钮。

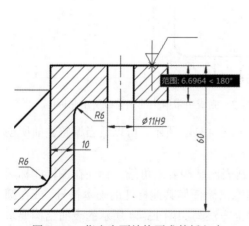

图 13-38　指定表面结构要求的插入点　　　　　　图 13-39　输入相关属性值

标注的第一个表面结构要求如图 13-40 所示。

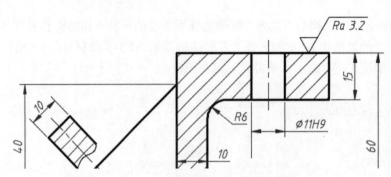

图 13-40   完成注写第一个表面结构要求

📢 **知识点拨：** 表面结构要求可以直接标注在轮廓线或相应延长线上，也可以用带箭头的指引线引出标注。下面介绍如何创建带箭头的指引线。

```
命令：LEADER↙                    //输入 LEADER 并按 Enter 键
指定引线起点：                     //在尺寸界线或轮廓线延长线上选定一点 A，如图 13-41 所示
指定下一点：<正交 关>              //关闭正交模式，并指定如图 13-41 所示的 B 点
指定下一点或 [注释(A)/格式(F)/放弃(U)] <注释>：<正交 开>
                                  //启用正交模式，指定如图 13-41 所示的 C 点
指定下一点或 [注释(A)/格式(F)/放弃(U)] <注释>：↙    //按 Enter 键
输入注释文字的第一行或 <选项>：↙ //按 Enter 键
输入注释选项 [公差(T)/副本(C)/块(B)/无(N)/多行文字(M)] <多行文字>：N↙  //选择"无(N)"
选项
```

然后在该指引线上注写表面结构要求，结果如图 13-42 所示。

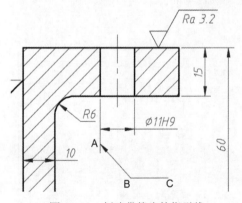

图 13-41   创建带箭头的指引线

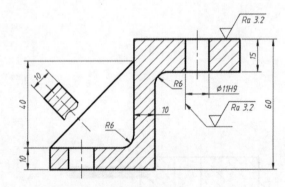

图 13-42   完成用带箭头的指引线引出此标注

使用相同的方法继续在视图中注写表面结构要求，如图 13-43 所示。可以适当调整先前所创尺寸的放置位置以便于注写表面结构要求。

如果在工件的多数表面有相同的表面结构要求，则其表面结构要求可统一标注在图样的标题栏附近，此时表面结构要求的符号后面应有在圆括号内给出无任何其他标注的基本符号，或在圆括号内给出不同的表面结构要求。在本例中，在标题栏上方注写如图 13-44 所示的表面结构要求内容，其中圆括号可以使用"多行文字"按钮 **A** 来绘制。

（29）绘制剖切符号（短粗实线）与注写剖视图名称。

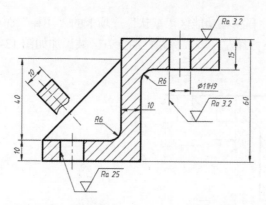

图 13-43 再在视图中注写一个表面结构要求

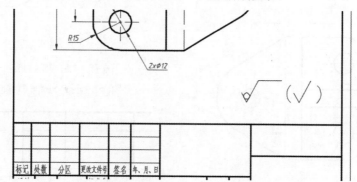

图 13-44 在标题栏附近注写其余表面结构要求

在功能区"默认"选项卡的"绘图"面板中单击"直线"按钮／，在下方的主视图中绘制剖切符号的各短直线段，在绘制时需要启用"正交""对象捕捉""对象捕捉追踪""极轴追踪"等模式功能。绘制好相应短直线段后选择它们，接着在功能区"默认"选项卡的"特性"面板的"线宽"下拉列表框中选择 0.5mm，从"对象颜色"下拉列表框中选择"黑色"。按 Esc 键后，可以看到绘制好剖切符号的视图效果，如图 13-45 所示。

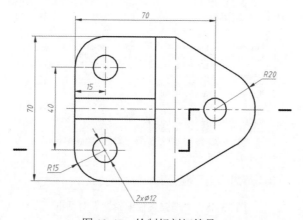

图 13-45 绘制好剖切符号

在功能区"默认"选项卡的"注释"面板中单击"多行文字"按钮 A，注写剖视图名称，如图 13-46 所示，注意设置剖视图名称文本的文字样式和大小等。

（30）添加技术要求注释。在功能区"默认"选项卡的"注释"面板中单击"多行文字"按钮**A**，在图框中主视图的下方靠左区域、标题栏的上方区域添加如图 13-47 所示的技术要求注释。

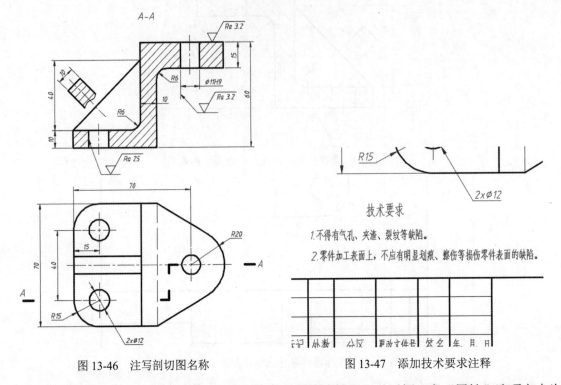

图 13-46　注写剖切图名称

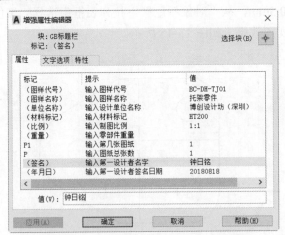

图 13-47　添加技术要求注释

（31）填写标题栏。双击标题栏，弹出"增强属性编辑器"对话框，在"属性"选项卡中为相关的属性标记指定属性值，如图 13-48 所示。然后在"增强属性编辑器"对话框中单击"确定"按钮，填写好相关属性值的标题栏如图 13-49 所示。

图 13-48　"增强属性编辑器"对话框

（32）检查图形和尺寸，例如检查各视图中有无疏漏的轮廓线，如果有漏掉的轮廓线，则及时补齐。可以在满足投影对齐的条件下调整视图间的放置间隙。满意后，在快速访问工具栏中单击"保存"按钮 ，进行保存图形文件的操作。

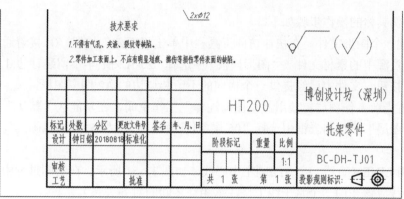

图 13-49　填写标题栏

13.2　圆柱齿轮零件图

在机械制图中，齿轮是较为常见的一类传动零件。对于单个圆柱齿轮，其齿顶圆和齿顶线用粗实线绘制，分度圆和分度线用细点画线绘制，齿根圆和齿根线用细实线绘制（也可省略不画）。在单个齿轮的剖视图中，沿轴线剖切时，轮齿规定不剖，齿根线用粗实线绘制。对于斜齿轮和人字齿轮等，可用 3 条细实线表示齿线的方向。本例要完成的圆柱齿轮零件图如图 13-50 所示。

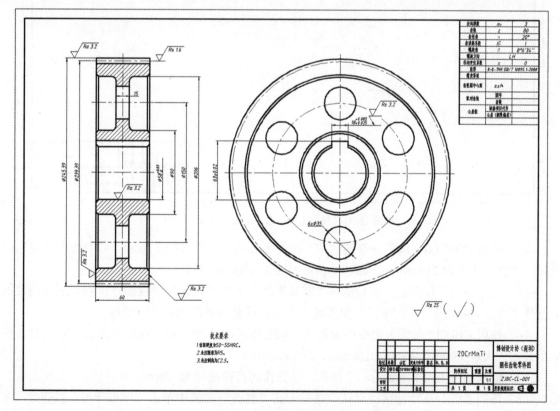

图 13-50　圆柱齿轮零件图

本综合范例具体的操作步骤如下。

（1）新建一个图形文件。在快速访问工具栏中单击"新建"按钮，接着通过弹出的对话框从本书配套资源中的素材文件夹"图形样板"中选择"ZJ-A2 横向-不留装订边.dwt"图形样板，单击"打开"按钮。文件中已经提供一个横向的不留装订边的 A2 图幅图框。

（2）设置当前工作图层。使用"草图与注释"工作空间，在功能区"默认"选项卡的"图层"面板的"图层"下拉列表框中选择"05 层-细点画线"，则"05 层-细点画线"图层被设置为当前工作图层。

（3）使用 LINE（直线）命令绘制主中心线，如图 13-51 所示。在绘制过程中，注意两个视图的水平中心线应该在同一个水平线上（注意相互之间的对齐关系）。

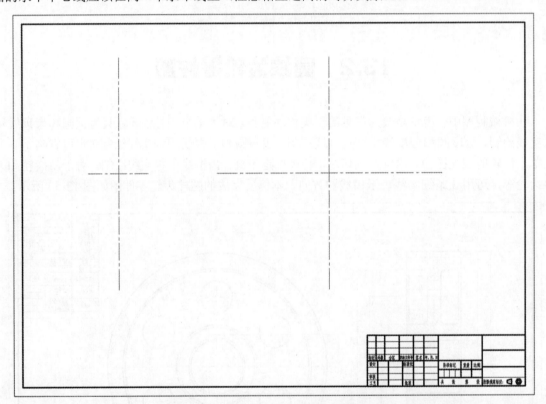

图 13-51　使用 LINE 命令绘制主中心线

（4）使用 CIRCLE（圆）命令绘制两个圆的中心线，如图 13-52 所示，其中较大的圆为分度圆，其直径尺寸为 239.39mm，而较小的圆直径为 150mm。

（5）更改当前工作图层。在功能区"默认"选项卡的"图层"面板的"图层"下拉列表框中选择"01 层-粗实线"，则"01 层-粗实线"图层被设置为新的当前工作图层。

（6）使用 CIRCLE（圆）命令绘制如图 13-53 所示的 4 个以粗实线显示的圆，它们的直径从小到大依次是 58mm、90mm、206mm、245.39mm。

（7）绘制如图 13-54 所示的一个圆孔，该圆孔的直径尺寸为 35mm。

（8）阵列圆孔。在功能区"默认"选项卡的"修改"面板中单击"环形阵列"按钮，选择如图 13-55 所示的圆孔作为要阵列的图形对象，按 Enter 键确认，选择如图 13-56 所示的交点或圆心作为该环形阵列的中心点，在功能区出现的"阵列创建"上下文选项卡中设置项目数为 6，"介于"角度值为 60°（那么"填充"角度值自动显示为 360°），行数和级别数均为 1，取消选中"关联"按钮，其他特性采用默认设置，单击"关闭阵列"按钮，阵列结果如图 13-57 所示。

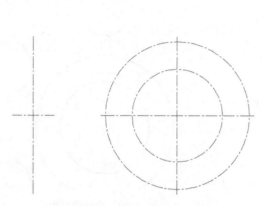

图 13-52　绘制两个圆形中心线

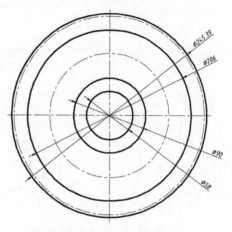

图 13-53　绘制 4 个圆

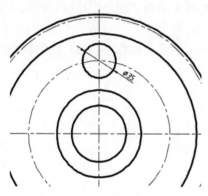

图 13-54　绘制一个圆孔

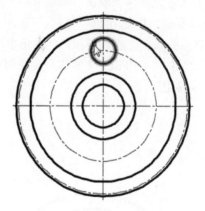

图 13-55　选择要阵列的图形

图 13-56　指定阵列的中心点

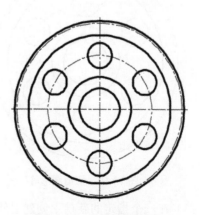

图 13-57　环形阵列结果

（9）使用 OFFSET（偏移）命令创建 3 条偏移中心线，如图 13-58 所示，图中特意给出了相应的偏移距离。

（10）使用 LINE（直线）命令根据辅助线连接相应的交点来绘制如图 13-59 所示的 3 小段连续的轮廓线。

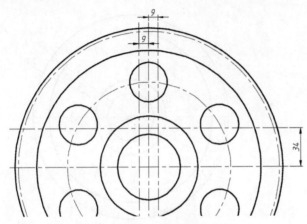

图 13-58　创建 3 条偏移中心线

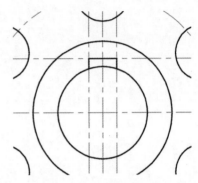

图 13-59　绘制轮廓线

（11）在功能区"默认"选项卡的"修改"面板中单击"修剪"按钮，在刚绘制轮廓线的地方修剪图形，并在功能区"默认"选项卡的"修改"面板中单击"删除"按钮删除刚用到的 3 条偏移中心线，完成该步骤后的图形参考效果如图 13-60 所示。

（12）使用 OFFSET（偏移）命令创建如图 13-61 所示的几条偏移中心线，图中特意给出了相应的偏移距离。

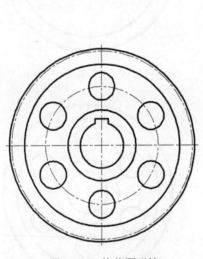

图 13-60　修剪图形等

图 13-61　创建 4 条偏移中心线

（13）在一个指定的新层上创建射线。在功能区"默认"选项卡的"图层"面板的"图层"下拉列表框中选择"16 层-中心线"，则"16 层-中心线"图层被设置为当前工作图层。接着在功能区"默认"选项卡的"绘图"面板中单击"射线"按钮 （对应 RAY 命令）分别创建如图 13-62 所示的 13 条水平射线，注意这些水平射线的起点要正确。

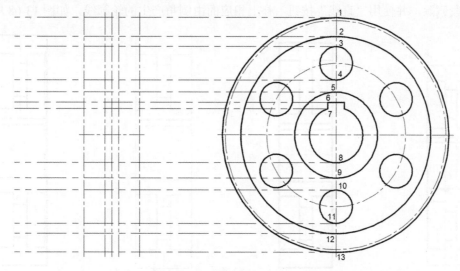

图 13-62　绘制 13 条水平射线

（14）绘制齿轮剖视图的一些剖面轮廓线。在功能区"默认"选项卡的"图层"面板的"图层"下拉列表框中选择"01 层-粗实线"，则"01 层-粗实线"图层被设置为当前工作图层。接着使用 LINE（直线）命令，参照水平射线与相关的辅助中心线绘制主要的剖面轮廓线，如图 13-63 所示。

（15）关闭射线所在的图层。在功能区"默认"选项卡的"图层"面板中展开"图层"下拉列表框中，从中单击"16 层-中心线"的图层"开/关图层"图标以关闭该层，如图 13-64 所示。

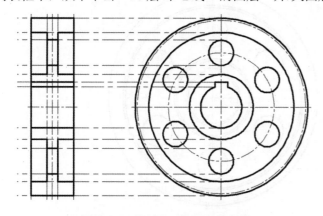

图 13-63　绘制主要的剖面轮廓线

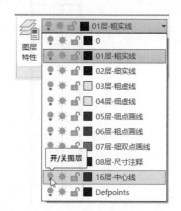

图 13-64　关闭射线所在的图层

（16）在功能区"默认"选项卡的"修改"面板中单击"删除"按钮 ，选择 13-65 所示的 4 条竖直的辅助中心线，按 Enter 键结束命令，此时齿轮剖视图的图线显示如图 13-66 所示。

（17）创建倒角。在功能区"默认"选项卡的"修改"面板中单击"倒角"按钮 ，设置倒角修剪模式选项为"不修剪(N)"，第一个倒角距离和第二个倒角距离均为 2.5mm，选择"多个(M)"选项，分别选择第一条直线和第二条直线来绘制相应的倒角，一共创建 12 个 C2.5 倒角，如图 13-67

所示。

（18）在功能区"默认"选项卡的"修改"面板中单击"修剪"按钮对各倒角处预留的多余短线段删除，并使用"直线"按钮补上相应的由倒角产生的轮廓线，如图 13-68 所示。

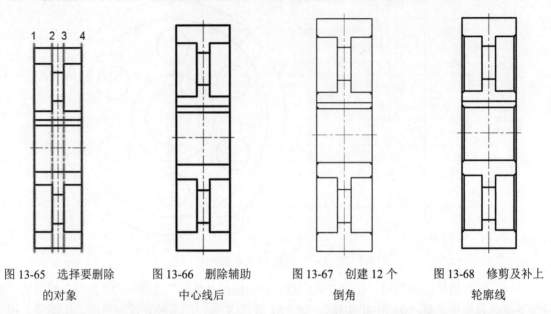

图 13-65　选择要删除　　　图 13-66　删除辅助　　　图 13-67　创建 12 个　　　图 13-68　修剪及补上
　　　　　的对象　　　　　　　　　中心线后　　　　　　　　　倒角　　　　　　　　　　轮廓线

（19）根据两个视图间倒角的对应关系，在右边的一个视图中绘制相对应的圆形轮廓线。可以使用 OFFSET（偏移）命令，也可以使用 CIRCLE（圆）命令并灵活应用"对象捕捉"和"对象捕捉追踪"等功能辅助来完成，如图 13-69 所示。

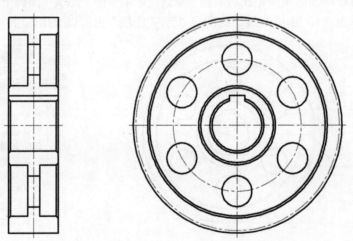

图 13-69　在右边的视图中绘制倒角对应的轮廓线

（20）在齿轮剖视图中补齐中心线。在功能区"默认"选项卡的"图层"面板的"图层"下拉列表框中选择"05 层-细点画线"，则"05 层-细点画线"图层被设置为当前工作图层。接着使用 LINE（直线）命令，利用"对象捕捉"和"对象捕捉追踪"等功能参照另一个视图中分度圆的对齐关系来在齿轮剖视图中补齐两条分度线，并使用同样的方法补齐两个圆孔的相应中心线，如图 13-70 所示。

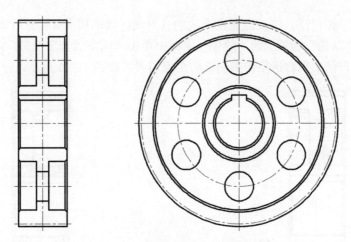

图 13-70　在齿轮剖视图中补齐相应的中心线

（21）在齿轮剖视图中按照以下步骤来完成齿根线的绘制。

① 使用 OFFSET（偏移）命令创建如图 13-71 所示的两条偏移中心线，图中给出了相应的偏移距离，偏距距离均为 117mm。

② 选择刚创建的两条偏移中心线，在功能区"默认"选项卡的"图层"面板的"图层"下拉列表框中选择"01 层-粗实线"图层，从而将所选的这两条图线改为粗实线，如图 13-72 所示。

③ 使用 TRIM（修剪）命令进行修剪，修剪结果如图 13-73 所示。

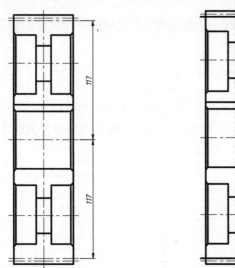

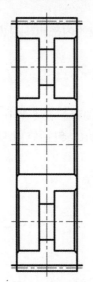

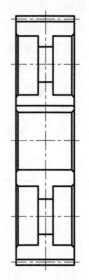

图 13-71　创建两条偏移中心线　　　图 13-72　改为粗实线　　　图 13-73　修剪结果

（22）创建圆角。在功能区"默认"选项卡的"修改"面板中单击"圆角"按钮，分别绘制如图 13-74 所示的 8 个圆角，这些圆角均为 R5。

（23）绘制剖面线，方法技巧如下。

① 在功能区"默认"选项卡的"图层"面板的"图层"下拉列表框中选择"02 层-细实线"，则"02 层-细实线"图层被设置为当前工作图层。

② 为了能正确定义要绘制剖面线的区域，可以先在功能区"默认"选项卡的"修改"面板

中单击"打断于点"按钮□，在要绘制剖面线的各封闭区域的顶点处创建打断点。

③ 在功能区"默认"选项卡的"绘图"面板中单击"图案填充"按钮▨，选择 ANSI31 图案，接着使用以下方法的组合确定图案填充的全部边界，如图 13-75 所示。

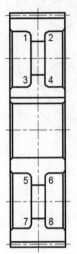
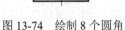

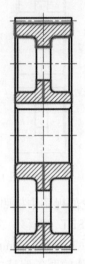

图 13-74　绘制 8 个圆角　　　　　　　　　图 13-75　确定图案填充的全部边界

☑　单击"选择边界对象"按钮▨，选择形成封闭区域的对象，根据形成封闭区域的选定对象确定图案填充边界。

☑　单击"拾取点"按钮▨拾取相应的内部点（根据围绕指定点形成封闭区域的现有对象确定图案填充边界）。

④ 单击"关闭图案填充创建"按钮✔。

（24）绘制并填写齿轮参数表。

① 使用 LINE（直线）、OFFSET（偏移）命令等在图框右上角绘制如图 13-76 所示的表格。

② 对表格进行编辑，如图 13-77 所示，包括修剪编辑和将左侧竖直表格线改为粗实线。

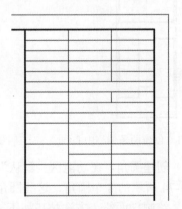

图 13-76　初步绘制表格　　　　　　　　　图 13-77　对表格进行编辑

③ 在功能区"默认"选项卡的"图层"面板的"图层"下拉列表框中选择"08 层-尺寸注释"，从而将"08 层-尺寸注释"图层设置为新的当前工作图层。

④ 在功能区"默认"选项卡的"注释"面板中单击"多行文字"按钮**A**，在相应表格单元中指定对角点，设置文字样式均为 ZJBZ-X5，对正方式为"正中 MC"，输入填写内容。直到填写完如图 13-78 所示的齿轮参数信息。注意个别单元格要填写的内容较多时，可以根据情况单独设置其字高以匹配该单元格大小。

法向模数	m	3
齿数	z	80
齿形角	α	20°
齿顶高系数	h_α^*	1
螺旋角	β	8°6'34''
螺旋方向		LH
径向变位系数	x	0
齿厚		8-8-7HK GB/T 10095.1-2008
精度等级		
齿轮副中心距	$a \pm f_a$	
配对齿轮	图号	
	齿数	
公差组	检验项目代号	
	公差（极限偏差）	

图 13-78　使用 MTEXT 命令填写齿轮参数表

（25）初步标注尺寸。在功能区"默认"选项卡的"注释"面板的溢出列表中，将 WZ-X5 文字样式设置为当前文字样式，将 ZJBZ-X5 标注样式设置为当前标注样式。接着使用"注释"面板中的相关尺寸标注工具初步标注尺寸，并使用 TEXTEDIT 命令对其中一些尺寸注释进行编辑，参考效果如图 13-79 所示。

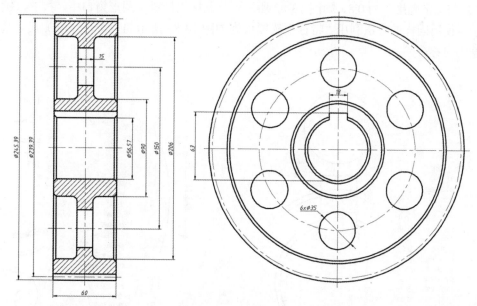

图 13-79　初步标注尺寸

（26）选择如图 13-80 所示的一个尺寸，在功能区"默认"选项卡的"修改"面板中单击"分

解"按钮，从而分解该尺寸对象，接着将其上端的箭头和尺寸界线删除，并使用 TEXTEDIT
命令将该尺寸的注释文本修改为%%C58+0.03^ 0（^和 0 之间特意留一个空格），选择+0.03^ 0，
单击"堆叠"按钮，然后单击"关闭文字编辑器"按钮，则该尺寸被修改为如图 13-81 所示，
这样该尺寸便能表示齿轮中心孔的真实直径及其尺寸公差。

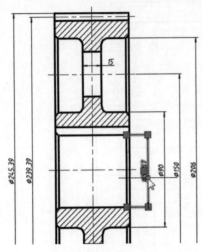

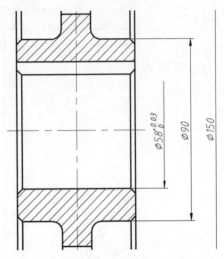

图 13-80　选择要编辑的一个尺寸　　　　　　图 13-81　真实表达中心孔的直径及其尺寸公差

（27）使用"特性"选项板为指定尺寸添加尺寸公差。按 Ctrl+1 快捷键快速打开"特性"
选项板，或者在快速访问工具栏中单击"特性"按钮以打开"特性"选项板，在图形窗口中选
择一个数值为 18 的距离尺寸，在"特性"选项板的"公差"选项组中，从"显示公差"的选项
框中选择"极限偏差"，设置"公差上偏差"为 0.085、"公差下偏差"为-0.025、"公差精度"为
0.000、"公差文字高度"为 0.8，如图 13-82 所示。将鼠标指针置于图形窗口中，按 Esc 键退出当
前选择。再使用同样的方法利用"特性"选项板为如图 13-83 所示的一个尺寸添加尺寸公差，其
尺寸公差为对称公差。

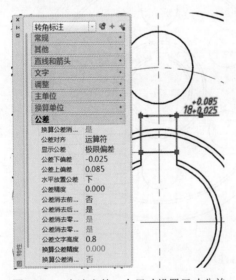

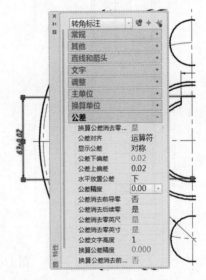

图 13-82　为选定的一个尺寸设置尺寸公差　　　图 13-83　为另外选定的一个尺寸设置尺寸公差

（28）进行表面结构要求标注。

表面结构要求可以标注在轮廓线、尺寸界线及相应延长线上，还可以标注在引出线上等。因此要根据视图的注释布置情况考虑是否要绘制哪些延长线，或者哪些地方需要用 LEADER 命令创建一条带箭头的引出线。下面先介绍如何注写第一个表面结构要求符号。

在功能区"默认"选项卡的"块"面板中单击"插入块"按钮并选择"更多选项"以打开"插入"对话框，从"名称"下拉列表框中选择所需要的一种表面结构要求符号块（所选图形样板文件已经预定义好的属性块），本例选择"表面结构要求 h5-去除材料"，并根据需要设置相应的选项、参数，如图 13-84 所示，单击"确定"按钮。

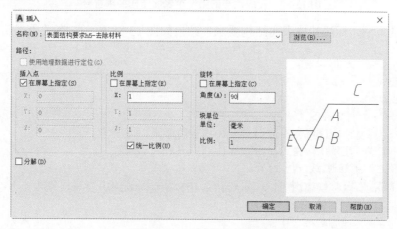

图 13-84 "插入"对话框

在齿轮剖视图一个面的轮廓线上指定一点作为块插入点，如图 13-85 所示，接着在弹出的如图 13-86 所示的"编辑属性"对话框填写表面结构要求的单一要求为 Ra 3.2（Ra 和 3.2 之间有一个空格），单击"确定"按钮，完成注写的第一个表面结构要求符号如图 13-87 所示。

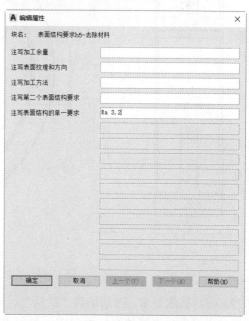

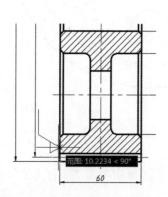

图 13-85 指定插入点（放置点）

图 13-86 "编辑属性"对话框

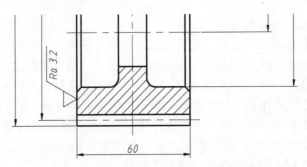

图 13-87　完成注写的第一个表面结构要求符号

　　使用同样的方法，标注其他表面结构要求，结果如图 13-88 所示。有关带箭头的指引线的创建方法如下。

```
命令：LEADER↙
指定引线起点：
指定下一点：＜正交 关＞
指定下一点或 [注释(A)/格式(F)/放弃(U)] ＜注释＞：＜正交 开＞
指定下一点或 [注释(A)/格式(F)/放弃(U)] ＜注释＞：↙
输入注释文字的第一行或 ＜选项＞：↙
输入注释选项 [公差(T)/副本(C)/块(B)/无(N)/多行文字(M)] ＜多行文字＞：N↙
```

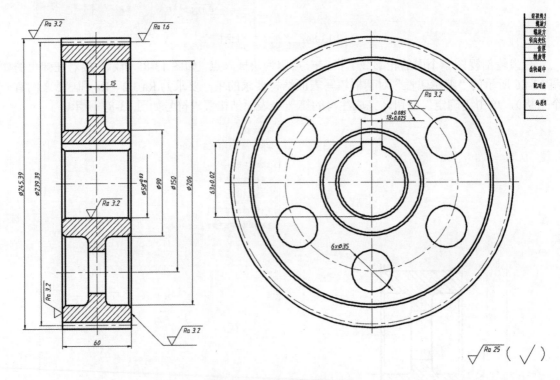

图 13-88　标注表面结构要求

　　（29）注写技术要求。在功能区"默认"选项卡的"注释"面板中单击"多行文字"按钮**A**，在标题栏的左侧空白区域注写技术要求，如图 13-89 所示。

技术要求
1.齿面硬度为50~55HRC.
2.未注圆角为R5.
3.未注倒角为C2.5.

图 13-89 注写技术要求

（30）填写标题栏。双击标题栏框线，弹出"增强属性编辑器"对话框，在"属性"选项卡中为相关的属性标记指定属性值，如图 13-90 所示，然后在"增强属性编辑器"对话框中单击"确定"按钮。填写好相关属性值的标题栏如图 13-91 所示。

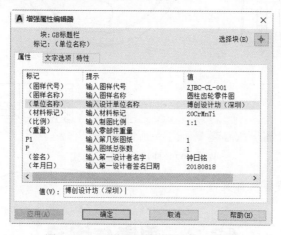

图 13-90 "增强属性编辑器"对话框

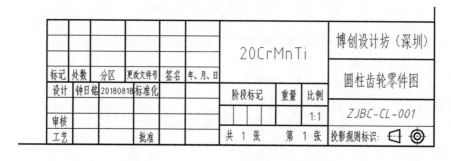

图 13-91 填写好主要属性值的标题栏

（31）认真对零件图进行检查，如果发现有疏漏或问题，应及时改正过来。另外，可以对与注释对象有相交重叠的中心线实施打断操作，以使图面更清晰整齐。在状态栏中单击"全屏显示切换"按钮以启动全屏显示模式，接着在命令行中执行以下操作以在当前屏幕上能显示零件图的全部可见图面信息，此时如图 13-92 所示。

命令： Z✓
ZOOM

指定窗口的角点，输入比例因子 (nX 或 nXP)，或者 [全部(A)/中心(C)/动态(D)/范围(E)/上一个(P)/比例(S)/窗口(W)/对象(O)] <实时>：A↙

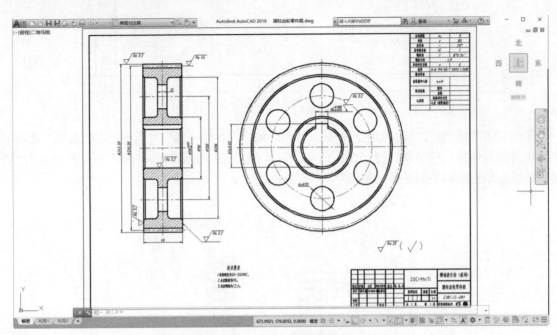

图 13-92　使用全屏显示模式

满意后按 Ctrl+S 快捷键保存文件。

13.3　思考与练习

（1）一个完整的零件图应该包含哪些要素？

（2）在 AutoCAD 中，如何快速填写标题栏？

（3）在 AutoCAD 中，如何注写表面粗糙度？

（4）参考 13.1 节，执行设计一个托架零件图。

（5）参考 13.2 节，自行设计一个小型的圆柱齿轮零件图。

附录 A　快捷键参考表

在 AutoCAD 中，可以将默认的快捷键用作创建自有快捷键时的样例。下面以表的形式列出 AutoCAD 快捷键对应的默认操作。

表 A-1　AutoCAD 快捷键参考表

快捷键	说明
Alt+F11	显示 "Visual Basic 编辑器"（仅限于 AutoCAD）
Alt+F8	显示 "宏" 对话框（仅限于 AutoCAD）
Ctrl+F2	显示文本窗口
Ctrl+0	切换 "全屏显示"
Ctrl+1	切换 "特性" 选项板
Ctrl+2	切换设计中心
Ctrl+3	切换 "工具选项板" 窗口
Ctrl+4	切换 "图纸集管理器"
Ctrl+6	切换 "数据库连接管理器"（仅限于 AutoCAD）
Ctrl+7	切换 "标记集管理器"
Ctrl+8	切换 "快速计算器" 选项板
Ctrl+9	切换 "命令行" 窗口
Ctrl+A	选择图形中未锁定或冻结的所有对象
Shift+Ctrl+A	切换组
Ctrl+B	切换捕捉
Ctrl+C	将对象复制到 Windows 剪贴板
Shift+Ctrl+C	使用基点将对象复制到 Windows 剪贴板
Ctrl+D	切换动态 UCS（仅限于 AutoCAD）
Ctrl+E	在等轴测平面之间循环
Ctrl+F	切换执行对象捕捉
Ctrl+G	切换栅格
Ctrl+H	切换 PICKSTYLE
Shift+Ctrl+H	使用 HIDEPALETTES 和 SHOWPALETTES 切换选项板的显示
Ctrl+I	切换坐标显示（仅限于 AutoCAD）
Shift+Ctrl+I	切换推断约束（仅限于 AutoCAD）
Ctrl+J	重复上一个命令
Ctrl+K	插入超链接
Ctrl+L	切换正交模式
Shift+Ctrl+L	选择以前选定的对象

续表

快　捷　键	说　明
Ctrl+M	重复上一个命令
Ctrl+N	创建新图形
Ctrl+O	打开现有图形
Ctrl+P	打印当前图形
Shift+Ctrl+P	切换"快捷特性"界面
Ctrl+Q	退出应用程序
Ctrl+R	循环浏览当前布局中的视口
Ctrl+S	保存当前图形
Shift+Ctrl+S	显示"另存为"对话框
Ctrl+T	创建新的选项卡（"切换为数字化仪"模式不再适用）
Ctrl+V	粘贴 Windows 剪贴板中的数据
Shift+Ctrl+V	将 Windows 剪贴板中的数据作为块进行粘贴
Ctrl+W	切换选择循环
Ctrl+X	将对象从当前图形剪切到 Windows 剪贴板中
Ctrl+Y	取消前面的"放弃"动作
Ctrl+Z	恢复上一个动作
Ctrl+[	取消当前命令
Ctrl+\	取消当前命令
Ctrl+Page Up	移动到上一个布局
Ctrl+Page Down	移动到下一个布局选项卡
Ctrl+Tab	移动到下一个文件选项卡
F1	显示帮助
F2	当"命令行"窗口是浮动时，展开"命令行"历史记录，或当"命令行"窗口是固定时，显示"文本"窗口
F3	切换 OSNAP
F4	切换 TABMODE
F5	切换 ISOPLANE
F6	切换 UCSDETECT（仅限于 AutoCAD）
F7	切换 GRIDMODE
F8	切换 ORTHOMODE
F9	切换 SNAPMODE
F10	切换"极轴追踪"
F11	切换对象捕捉追踪
F12	切换"动态输入"
Shift+F1	子对象选择未过滤（仅限于 AutoCAD）
Shift+F2	子对象选择受限于顶点（仅限于 AutoCAD）
Shift+F3	子对象选择受限于边（仅限于 AutoCAD）
Shift+F4	子对象选择受限于面（仅限于 AutoCAD）
Shift+F5	子对象选择受限于对象的实体历史记录（仅限于 AutoCAD）